计算机系列教材

曲海平　刘 飞　编著

Linux 应用与实训教程

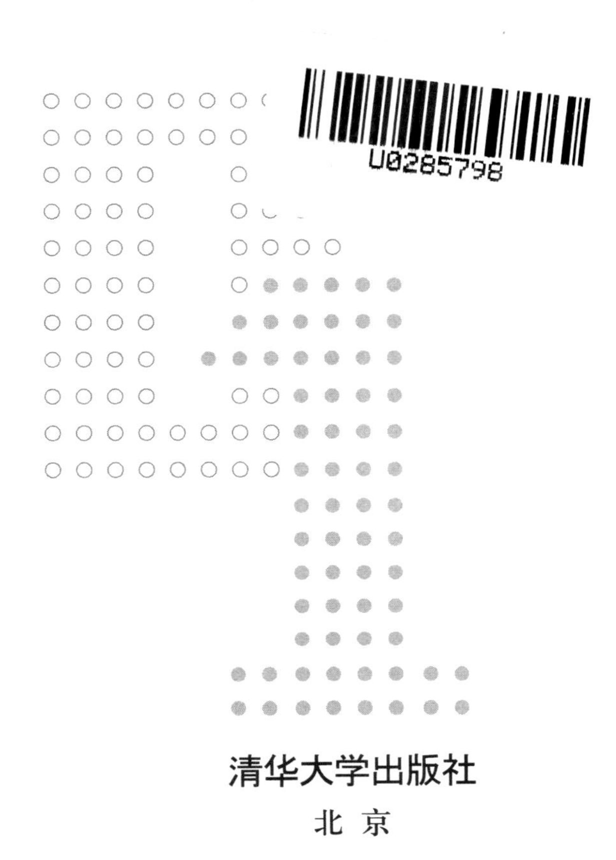

清华大学出版社
北 京

内容简介

本书以 Fedora 操作系统为例，全面介绍 Linux 操作系统的配置与管理，以培养技能型人才为目标，注重知识的实用性和可操作性，强调实践技能训练。每章均采用教、学、做相结合的模式展开，首先深入浅出地讲解 Linux 的相关基本概念，然后以案例的方式详尽解析各种功能与命令，最后配以完整的实践手册，提高学生的分析问题和实际动手解决问题的能力。

本书适合作为各类高等院校计算机专业及理工科类非计算机专业的学生学习 Linux 操作系统的入门教材，也是广大 Linux 爱好者不可多得的入门级参考书。

图书在版编目（CIP）数据

Linux 应用与实训教程/曲海平，刘飞编著. —北京：清华大学出版社，2021.8
计算机系列教材
ISBN 978-7-302-58684-5

Ⅰ. ①L… Ⅱ. ①曲… ②刘… Ⅲ. ①Linux 操作系统—高等学校—教材 Ⅳ. ①TP316.85

中国版本图书馆 CIP 数据核字(2021)第 142612 号

责任编辑：白立军
封面设计：常雪影
责任校对：徐俊伟
责任印制：朱雨萌

出版发行：清华大学出版社
网　　址：http://www.tup.com.cn，http://www.wqbook.com
地　　址：北京清华大学学研大厦 A 座　　**邮　　编**：100084
社 总 机：010-62770175　　**邮　　购**：010-83470235
投稿与读者服务：010-62776969，c-service@tup.tsinghua.edu.cn
质量反馈：010-62772015，zhiliang@tup.tsinghua.edu.cn
课件下载：http://www.tup.com.cn，010-83470236
印 装 者：三河市铭诚印务有限公司
经　　销：全国新华书店
开　　本：185mm×260mm　　**印　　张**：22.25　　**字　　数**：528 千字
版　　次：2021 年 9 月第 1 版　　**印　　次**：2021 年 9 月第 1 次印刷
定　　价：69.00 元

产品编号：076091-01

前　言

Linux 正成为越来越多的企业用户和个人用户的选择，网络服务器多以 Linux 操作系统为平台搭建，使用者迫切需要掌握 Linux 系统的搭建、配置与管理的相关技能。本书以 Fedora 发行版为操作平台，讲授 Linux 系统管理员所该掌握的各种命令的使用方法，内容突出“基础”“全面”“深入”的特点，同时强调“实战”效果，因为只理解技术而不去实际应用，是无法掌握技术的。具体内容包括 Linux 的起源与简介、Linux 的安装与界面、Linux 文件与目录管理、Linux 磁盘与文件系统管理、Linux 的 vim 与 Bash、Shell 脚本编程、Linux 的用户与组群管理以及 Linux 的软件安装与管理 8 章内容，并在最后以附录的形式给出了模拟训练案例要求和具体的实现细节。

本书特色如下。

（1）本书以“项目实践”为导向，内容涵盖了 Linux 操作系统配置与管理的全部相关命令的操作方法，架起让学生从 Linux 理论概念走向 Linux 应用实践操作的桥梁。

（2）除第 1 章外，本书每章最后均按照“由浅入深、循序渐进”的原则设置了实验手册，激发学生实际操作的欲望，帮助其一步步成长为一个优秀的 Linux 系统管理员。

（3）本书在内容的选取、组织和编排上，强调先进性、实用性和技术性，不但适合作为学习 Linux 的教材，而且可以作为从事 Linux 管理工作的 Linux 爱好者的参考书。

本书条理清晰、结构分明、通俗易懂，实用性与可操作性强，使用了大量的图表对内容进行表述和归纳，便于读者理解及查阅，具有很强的实用性和指导性。每章从解决实际问题的角度出发，设置了大量的典型应用案例，每个实例都配有详细的命令语法、使用目的、输出结果以及常用的命令选项和特性，从而实现了理论与实践的完美结合。程序的真实输出保持原样，没有任何变动。

本书参考了国内外大量文献，借鉴了一些网络上不知名作者的素材，在此谨向这些国内外作者表示诚挚的感谢和崇高的敬意。

最后，我要特别致谢一届又一届的同学们，是他们用问题构建了本书的命令使用案例，也是他们的学习热情使得本书的内容更加完善充实，谨以此书献给追求卓越的莘莘学子，也献给参与本书文本与命令校验工作的季书成、周阳、徐攀、刘承浮、宋义邦、王诗博、王传玺、赵文政等同学。

由于作者水平有限，书中难免存在错误与不足，敬请读者批评指正。愿本书与读者一起成长，感谢读者对本书的厚爱与支持。

曲海平

2021 年 1 月

目　录

第1章　Linux 的起源与简介

学习目标

(1) 了解有关操作系统的基础知识。
(2) 了解 Linux 的起源及发展。
(3) 了解 Linux 的特点及版本。

Linux 从20世纪中期产生到如今一直呈现着良好的发展态势。其诞生和发展给全球的软件行业带来了新的机遇,也使微软公司的 Windows 操作系统面临着威胁。由于 Linux 属于自由软件,其源代码是公开的,并遵循公共版权许可证(General Public License,GPL),用户可以免费使用,让 Linux 在极短的时间内就成为了一套成熟而且稳定的操作系统。Linux 系统现已在系统级的数据库、Web 应用、消息管理、桌面管理、嵌入式开发等领域应用广泛,已经成功地应用于金融、电信、制造、教育、能源等行业,得到了学术界和工业级的充分肯定。

1.1　UNIX 和 GNU

UNIX 是用 C 语言编写的一套操作系统,与 C 语言相辅相成,共为一体。由于 UNIX 安全可靠高效强大的特点,在 GNU/Linux 开始流行前一直是各类型计算机所使用的主流操作系统。GNU 计划是由 Richard Stallman 发起的,以建立一套完全自由的操作系统为目标,后来又写出了 GPL 用于 GNU 计划。本节首先简单地介绍操作系统的基本概念,然后再了解一下 UNIX 的历史以及关于 GPL 有关的知识。

1.1.1　操作系统基础

操作系统是裸机上的第一层软件,与硬件关系十分密切,其定义为:操作系统是控制和管理计算机系统内各种硬件和软件资源、有效地组织多套程序运行的系统软件(或程序集合),是用户与计算机的接口。操作系统的功能体现在三个方面。

1. 从资源管理的观点——资源管理器

操作系统作为资源管理器的观点是目前人们对操作系统认识的一个主要观点,根据此观点,人们将计算机资源划分为四大类:处理机、存储器、I/O 设备以及信息(程序与数据)。相应可将操作系统分为四类管理器:处理机管理、存储管理、设备管理以及信息管理(文件系统)。操作系统的首要任务是管理计算机系统中硬件与软件资源,使其得到充分而有效的利用。

(1) 跟踪资源状态:时刻掌握计算机系统中资源的使用情况。

(2) 分配资源:处理对资源的使用请求,协调冲突,确定资源分配算法。

(3) 回收资源:回收用户释放的资源,以便下次重新分配。

(4) 保护资源:负责对系统资源的保护,避免受破坏。

2. 从软件分层、扩充机器的观点——虚拟机

虚拟机:使用户和程序员在不必涉及和了解硬件工作细节的情况下能方便地使用计算机,从而为用户所提供一个等价的扩展计算机,称为虚拟计算机。操作系统需要提供硬件的高层界面(虚拟机),从而取消硬件限制。

(1) 操作系统提供无限的内存和 CPU。

(2) 扩充机器,功能更强大,使用更方便。

3. 从服务用户的观点——用户与裸机间的接口

如图 1.1 所示,操作系统为方便用户使用计算机提供了以下三个用户访问接口。

(1) 命令接口:命令行。

(2) 调用接口:形式上类似于过程调用,在应用编程中使用。

(3) 图形接口:图形用户界面 GUI,方便用户使用,编程更为容易,软件可移植性增强,使用更为方便。

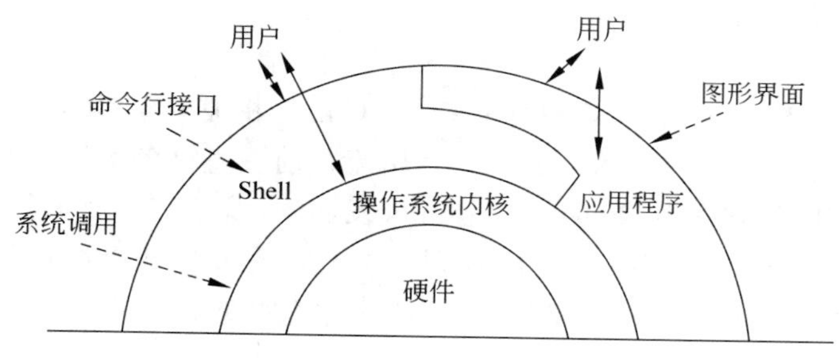

图 1.1　操作系统三种接口的关系

操作系统从内部结构划分,通常包含两部分:一是内核部分,二是核外部分,其余通常是一些实用程序。操作系统的内核是对硬件的首次扩充,是实现操作系统各项功能的基础。系统必须有一个部分能对硬件处理器及有关资源进行首次改造,以便给进程的执行提供良好运行环境,这个部分就是操作系统的内核。

操作系统的内核结构有微内核(Micro kernel)和单内核(Monolithic kernel)之分。微内核是提供操作系统核心功能的内核的精简版本,它设计成在很小的内存空间内增加移植性,提供模块化设计,以使用户安装不同的接口。单内核或称强内核是一个很大的进程,它的内部又被分为若干模块(或者是层次),模块间的通信是通过直接调用其他模块中的函数实现的,而不是消息传递。微内核与单内核之间的区别:微内核是一个信息中转站，自身完成很少功能，主要是传递一个模块对另一个模块的功能请求；而单内核则是一个大主管，把内存管理、文件管理等全部接管。

从理论上来看，单内核的功能块之间的耦合度太高造成修改与维护的代价太高，而微内核的思想更好些，微内核把系统分为各个小的功能块，降低了设计难度，系统的维护与修改也容易；但是从实用性来看，功能块之间的通信带来的效率损失严重限制了微内核的实用价值，所以目前使用的操作系统，如UNIX、Linux、Windows都大致是单内核结构的基础上借鉴了微内核的一些思想。Linux就是一个单内核结构，同时又吸收了微内核的优点：模块化设计、支持动态装载内核模块等；同时Linux还避免了微内核设计上的缺陷，让一切都运行在内核态，直接调用函数，无须消息传递。

从功能的角度，操作系统可以分为以下五种类型。

1）批处理操作系统

批处理操作系统是一种早期的大型机操作系统，可对用户作业成批处理，期间无需用户干预，分为单道批处理系统和多道批处理系统，如图1.2所示。

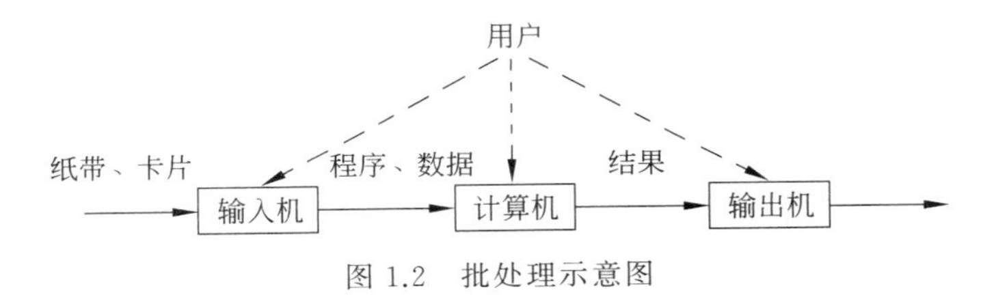

图1.2　批处理示意图

其主要优点如下。

（1）资源利用率高，多道程序共享计算机资源，从而使各种资源得到充分利用。

（2）系统吞吐量大，CPU和其他资源保持“忙碌”状态。

同时也存在如下明显缺点。

（1）用户作业的等待时间长，往往要经过几十分钟、几小时，甚至几天。

（2）不提供人机交互能力，用户既不能了解自己程序的运行情况，也不能控制计算机。

2）分时操作系统

在分时操作系统中，分时主要是指若干并发程序对CPU时间的共享，而每个程序分享的时间单位称为时间片。

分时操作系统的基本特征可概括为四点。

（1）同时性：若干用户可同时上机使用计算机系统。

（2）交互性：用户能方便地与系统进行人-机对话。

（3）独立性：系统中各用户可以彼此独立地操作，互不干扰或破坏。

（4）及时性：用户能在很短时间内得到系统的响应。

分时操作系统的主要优点如下。

（1）用户提供了友好的接口。

（2）促进了计算机的普通应用。

(3) 便于资源共享和交换信息,为软件开发和工程设计提供了良好的环境。

其主要缺点是无法满足实时要求,系统较庞大,管理较复杂。

3) 实时操作系统

实时操作系统是指当外界事件或数据产生时,能够接受并以足够快的速度予以处理,其处理的结果又能在规定的时间之内来控制生产过程或对处理系统做出快速响应,调度一切可利用的资源完成实时任务,并控制所有实时任务协调一致运行的操作系统。实时操作系统的主要特点就是提供及时响应和高可靠性,有软实时系统和硬实时系统两种,其具体如下。

(1) 在软实时系统中系统的宗旨是使各个任务运行得越快越好,并不要求限定某一任务必须在多长时间内完成。

(2) 在硬实时系统中,各任务不仅要执行无误而且要做到绝对准时。

4) 网络操作系统

网络操作系统是网络上各计算机能方便而有效地共享网络资源,为网络用户提供所需的各种服务的软件和有关规程的集合。借助网络达到互相传递数据与各种消息,分为服务器(Server)及客户机(Client)。服务器的主要功能是管理服务器和网络上的各种资源及网络设备的共用,加以统合并控管流量,避免系统瘫痪的可能性;而客户机有着能接收服务器所传递的数据来运用的功能,让客户机可以清楚地搜索所需的资源。网络操作系统除了应具有通常操作系统所具有的处理机管理、存储器管理、设备管理和文件管理外,还应具有以下两大功能。

(1) 提供高效、可靠的网络通信能力。

(2) 提供多种网络服务功能,如远程作业录入并进行处理的服务功能;文件传输服务功能;电子邮件服务功能;远程打印服务功能。

5) 分布式操作系统

分布式操作系统(Distributed Operating System,DOS)是管理分布式系统资源的操作系统。分布式操作系统通过共享资源、加强通信、负载平衡提高系统的效率,扩充了系统能力。其主要优点如下。

(1) 更经济。分布式操作系统有较高的性价比。

(2) 速度更快。分布式操作系统平均响应时间比大型机系统短。

(3) 适应性强。分布式操作系统对固有分布性问题求解的适应性强。

(4) 可扩充性。分布式操作系统的构成比较松散,使得节点的增减很容易。

(5) 更可靠。分布式操作系统自动降级运行保障,故障时不停机,安全更加具有保障性。

(6) 宽适应性。分布式操作系统增加了对分散用户要求协同的支持,满足了用户的需求。

1.1.2 UNIX 的诞生与流行

1. Bell、MIT 和 GE 的 Multics 系统

在 20 世纪 60 年代初期,计算机的架构是很难使用的,除了指令周期不快之外,操作

接口也十分麻烦,输入设备只有卡片阅读机,输出设备只有打印机,用户也无法与操作系统互动,并且主机少、用户多,仅等待就会耗费很多时间。基于此,麻省理工学院(MIT)开发了分时操作系统(Compatible Time-Sharing System,CTSS),它可以让大型主机通过多个终端机(Terminal)以连接进入主机从而利用主机的资源进行运算工作。

在1965年前后,为了加强大型主机的功能,让主机的资源可以提供给更多用户使用,由贝尔实验室(Bell)、麻省理工学院(MIT)及通用电气公司(GE)共同发起了Multics的项目,其目的是为了开发出一套安装在大型主机上多人多工的分时操作系统。后来由于资金短缺,整个目标过于庞大,糅合了太多的特性等问题,贝尔实验室退出了该项目的研究。

2. C语言写出的第一个正式的UNIX内核

贝尔实验室的Ken Thompson由参与Multics项目得到了启发,他继续在GE-645上开发软件,并最终编写了一个太空旅行游戏(Space Travel)。经过实际运行后,他发现游戏速度很慢而且耗费昂贵——每次运行费用为75美元。在Dennis Ritchie(图1.3为两人的合影)的帮助下,Ken Thompson用PDP-7的汇编语言重写了这个游戏,并使其在DEC PDP-7上运行起来。这次经历加上Multics项目的经验,促使Ken Thompson和Dennis Ritchie领导一组开发者,开发了一个新的多任务操作系统,这个系统包括命令解释器和一些实用程序,Multics是MULTiplexed Information and Computing System的缩写,在1970年,那台PDP-7却只能支持两个用户,他们的系统就被开玩笑地戏称是UNiplexed Information and Computing System,缩写为UNICS。后来,大家取其谐音UNIX。

图1.3 Ken Thompson和Dennis Ritchie

1971年,Ken Thompson在一台PDP-11/24的机器上完成UNIX第一版。这台计算机只有24 KB的物理内存和500 KB磁盘空间。UNIX占用了12 KB的内存,剩下的一半内存可以支持两用户进行太空旅行游戏。而著名的fork()系统调用也就是在这时出现的。

后来这个系统在贝尔实验室经过广为流传和多次改版,Ken Thompson与Dennis Ritchie感觉汇编语言移植太让人头疼,于是他们合作想将UNICS改用更高级的程序语言来编写,在当时他们的这个思想是很疯狂的,一开始他们想尝试用FORTRAN,可是失败了。后来他们用一个叫作BCPL(Basic Combined Programming Language)的语言开发,整合了BCPL形成B语言。后来Dennis Ritchie觉得B语言还是不能满足要求,1972年,在B语言的基础上最终设计出了一种新的语言,他取了BCPL的第二个字母作为这种语言的名字,这就是C语言。

1973年初,C语言的主体完成后,Ken Thompson和Dennis Ritchie便迫不及待地开始用它完全重写了 UNIX。此时，编程的乐趣使他们已经完全忘记了那个太空旅行游戏，一门心思地投入到了 UNIX 和 C 语言的开发中。随着 UNIX 的发展，C 语言自身也在不断地完善。直到今天，各种版本的 UNIX 内核和周边工具仍然使用 C 语言作为最主要的开发语言，其中还有不少继承 Ken Thompsonn 和 Dennis Ritchie 之手的代码。

1977 年，Dennis Ritchie 发表了不依赖于具体机器系统的 C 语言编译文本《可移植的 C 语言编译程序》。1988 年，随着微型计算机的日益普及，C 语言出现了许多版本。由于没有统一的标准，使得这些 C 语言之间出现了一些不一致的地方。为了改变这种情况，美国国家标准研究协会（ANSI）为 C 语言制定了一套 ANSI 标准，该标准描述的 C 语言也被称作 ANSI C。后来，该标准经过格式上的调整，被国际标准化组织（ISO）采纳成为 ISO/IEC 9899—1990 国际标准。因此，ANSI C 有时又被称为 ANSI/ISO C、C89 和 C90，或者被直接称作标准 C。C 语言的诞生产生了巨大的影响，之后的 C＃、C++、Java 等语言都是以 C 语言为基础发展而来的。

3. UNIX 的分裂

在 UNIX 诞生后 10 年间，UNIX 在学术机构和大型企业中得到了广泛的应用，当时的 UNIX 拥有者 AT&T 公司以低廉甚至免费的许可将 UNIX 源码授权给学术机构做研究或教学之用，许多机构在此源码基础上加以扩充和改进，形成了所谓的“UNIX 变种”，这些变种反过来也促进了 UNIX 的发展，其中最著名的变种之一是由加州大学伯克利分校开发的 BSD 产品。BSD UNIX 在 UNIX 的历史发展中具有相当大的影响力，被很多商业厂家采用，成为很多商用 UNIX 的基础。BSD 使用主版本加次版本的方法标识，如 4.2 BSD、4.3 BSD，在原始版本的基础上还有派生版本，这些版本通常有自己的名字，如 4.3 BSD-Net/1、4.3 BSD-Net/2 等。

后来 AT&T 意识到了 UNIX 的商业价值，不再将 UNIX 源码授权给学术机构，并对之前的 UNIX 及其变种声明了版权权利，于是开始了一场旷日持久的版权官司。这场官司一直打到 AT&T 将自己的 UNIX 系统实验室卖掉，新接手的 Novell 公司采取了一种比较开明的做法，允许加州大学伯克利分校自由发布自己的 BSD，但是前提是必须将来自于 AT&T 的代码完全删除，于是诞生了 4.4 BSD Lite 版。由于这个版本不存在法律问题，4.4 BSD Lite 成为了现代 BSD 系统的基础版本。尽管后来，非商业版的 UNIX 系统又经过了很多演变，但其最终都是创建在 BSD 版本上（Linux 除外）。所以从这个角度上看，4.4 BSD 又是所有自由版本 UNIX 的基础，它们和 System V 及 Linux 等共同构成 UNIX 操作系统这片璀璨的星空。BSD 在发展中也逐渐派生出 3 个主要的分支：FreeBSD、OpenBSD 和 NetBSD。

4. UNIX 的持续发展

此后的几十年中，UNIX 仍在不断变化，其版权所有者不断变更，授权者的数量也在增加。UNIX 的版权曾经为 AT&T 所有，之后 Novell 拥有了 UNIX，再之后 Novell 又将版权出售给了 SCO，但不包括知识产权和专利权（这一事实双方尚存在争议）。有很多大公司在取得了 UNIX 的授权之后，开发了自己的 UNIX 产品，比如 IBM 的 AIX、HP 的

HP-UX、SUN 的 Solaris 和 SGI 的 IRIX。UNIX 因为其安全可靠、高效强大的特点，即便在 GNU/Linux 流行的今天，仍然在服务器领域有着广泛的应用。

1.1.3 GNU 与 GPL

GNU(GNU's Not UNIX 的递归缩写)计划，是由 Richard Stallman(见图 1.4)在 1983 年 9 月 27 日公开发起的。它的目标在于建立一个完全相容于 UNIX 的自由软件环境，GNU 计划形象照如图 1.5 所示。

图 1.4 Richard Stallman

图 1.5 GNU 计划形象照

1985 年，Richard Stallman 又创立了自由软件基金会(Free Software Foundation)，他信奉的箴言是：如果我喜欢一个程序，就必须同其他喜欢这个程序的人一起共享。他在 GNU 声明里写出对于 free 一词作为“自由”和“免费”两种不同理解进行了仔细的区分。他认为自由软件指用户可自由修改和发布的软件，某些自由软件用户可以免费获得，而某些自由软件则需要用户为软件付费，这部分资金将有助于改善软件的性能。这里“自由”强调的是拥有软件副本的每个用户，在使用软件的同时可自由地同其他用户交流合作。

GPL 软件许可协议也是由 Richard Stallman 撰写，并用于 GNU 计划。Richard Stallman 的目标就是创造出一种四海之内皆可使用的许可协议，保证自由软件对所有用户是自由的，这样就能为许多源代码共享计划带来福音。GPL 适用于大多数自由软件基金会的软件，以及由使用这些软件而承担义务的作者所开发的软件。所有 GPL 协议下的自由软件都遵循着 Richard Stallman 的“Copyleft”(非版权)原则：自由软件允许用户自由复制、修改和销售，但是对其源代码的任何修改都必须向所有用户公开。GPL 禁止任何人不承认你的权利，或者要求你放弃这些权利，如果你修改了自由软件或者发布了软件的副本，这些规定就转化为你的责任。例如，如果你发布这样一个程序的副本，不管是收费的还是免费的，你必须将你具有的一切权利给予你的接受者；你必须保证他们能收到或得到源程序；并且将这些条款给他们看，使他们知道他们有这样的权利。

GUN 为 Linux 的诞生做好了充足的准备，GNU 计划写出一套和 UNIX 兼容，但又是自由软件的 UNIX 系统，到了 1990 年，GNU 完成了大部分外围工作，包括一个功能强大的文字编辑器 Emacs,C 语言编译器 GCC,以及大部分 UNIX 系统的程序库和工具等,最终 Linux 内核为 GNU 工程划上了一个完美句号。

1.2　Linux 的诞生

Linux 是 Linus Torvalds 在 Minix 的基础上,依照 POSIX 标准开发而来的,后来以 Internet 为平台,众多公司与个人的卓越努力贡献,实现了 Linux 的迅速发展。本节对 Linux 的诞生过程及其发展历程做一个简要的介绍。

1.2.1　从 Minix 到 Linux

Minix 是荷兰阿姆斯特丹的 Vrije 大学计算机科学系的 Andrew S. Tanenbaum 教授 1987 年开发的一个类 UNIX 操作系统。因为 AT&T 的政策改变,在 Version 7 UNIX 推出之后,发布新的使用条款,将 UNIX 源代码私有化,在大学中不再能使用 UNIX 源代码进行教学。Tanenbaum 教授为了能在课堂上教授学生操作系统运作的具体细节,决定在不使用任何 AT&T 的源代码前提下,自行开发与 UNIX 兼容的操作系统,以避免版权上的争议。他以小型 UNIX(Mini-UNIX)之意,将它称为 Minix。

Minix 全部的程序码共约 12 000 行,并置于 Tanenbaum 教授的著作 *Operating Systems: Design and Implementation* 的附录里作为范例。Minix 1.0 版是设计在 20 世纪 80 年代到 90 年代的 IBM PC 和 IBM PC/AT 兼容计算机上运行的;Minix 1.5 版也可以移植到以 Motorola 68000 系列 CPU 为基础的计算机上(如 Atari ST、Amiga 和早期的 Apple Macintosh)和以 SPARC 为基础的机器(如 Sun 公司的工作站);而 Minix 2.0 版则只有 x86 架构的版本。全套 Minix 除了系统启动的部分以汇编语言编写以外,其他大部分都是纯粹用 C 语言编写的,共分为内核、内存管理及文件管理三部分。

Minix 最有名的学生用户是 Linus Torvalds,正在赫尔辛基大学主修计算机专业的 Linus Torvalds 开始了他与 Minix 的"邂逅"。Linus Torvalds 及其简介如图 1.6 所示。

Linus Torvalds (1969 年—) ,Linux 的发起人与倡议者,也是目前 Linux 世界的精神领袖。著名的计算机程序员、黑客,毕业于赫尔辛基大学,是 Linux 内核的发明人及该计划的合作者。因为成功地开发了操作系统 Linux 内核而荣获 2014 年计算机先驱奖。

图 1.6　Linus Torvalds

Tanenbaum 教授最初只是打算将 Minix 这个操作系统作为一个教学辅助工具,刻意限制了很多功能,当 Torvalds 真正买到他朝思暮想的 Minix 系统时发现 Minix 系统好多地方不能让他满意，最不能满意的地方是它的终端仿真程序，于是他自己启动了一个项目——编写他自己的终端仿真程序，在他逐步的测试与修正过程中Linux雏形就诞生了。

1991年，Torvalds在BBS上贴了一则消息，宣称他以GNU的Bash、gcc等工具写了一个小小的内核程序，这个内核程序可以在Intel的x86机器上运行，可以读取Minix的文件系统，但是仍有不足之处，所以发布出来希望得到大家的一些改进建议。

POSIX(Portable Operating System Interface of UNIX)是由IEEE和ISO/IEC开发的一簇标准。该标准是基于现有的UNIX实践和经验，描述了操作系统的调用服务接口。用于保证开发的应用程序可以在源代码一级上在多种操作系统上移植和运行。在20世纪90年代初，POSIX标准的制定正处在最后投票敲定的时候，那是1991—1993年。此时正是Linux刚刚起步的时候，这个UNIX标准为Linux提供了极为重要的信息，使得Linux能够在标准的指导下进行开发，并能够与绝大多数UNIX操作系统兼容。在最初的Linux内核源代码中(0.01版和0.11版)就已经为Linux系统与POSIX标准的兼容做好了准备工作，使得Linux在最初起步阶段就有了优良的特质。

与此同时，Internet的普及为Linux的获取、交流与改进提供了便利，经过众多公司与个人的卓越努力与贡献，实现了Linux功能的完善与性能的可靠，并进一步促进了Linux使用率的快速增长。

在正式发布Linus 2.0版本时，Linus Torvalds对小时候去动物园咬过他一口的企鹅念念不忘，于是就用了企鹅作为Linux的吉祥物，如图1.7所示。

图1.7　Linux吉祥物

1.2.2　Linux的历史变革

Linux系统的兴起是Internet创造的一个奇迹，在大家的努力下，Linux系统1.0版本在不到三年的时间里成为了一个功能完善、性能稳定可靠的操作系统。表1.1概述了Linux发展史。

表1.1　Linux发展史

时间	事件发展
1991年	芬兰大学生Linus Torvalds在新闻组comp.os.minix发布了有一万多行代码的Linux 0.01版本
1992年	大约有1000人使用Linux系统
1993年	100余名程序员参与了Linux内核代码编写修改工作，其中核心组由5人组成，此时Linux 0.99版本的代码有10万余行，用户大约10万人
1994年	Linux 1.0版本发布，代码有17万余行，并正式采用GPL协议
1995年	Linux可在Intel、Digital以及Sun SPARC处理器上运行，用户超过90万人

续表

时间	事件发展
1996 年	Linux 2.0 版本内核发布，此时代码有 40 余万行，支持多个处理器，Linux 系统进入实用阶段，全球用户大约 350 万人
1998 年	Red Hat 高级研发实验室成立；Mozilla 代码发布，成为 Linux 图形界面上的王牌浏览器
1999 年	IBM 公司与 Red Hat 公司建立伙伴关系；第一届 Linux World 大会的召开，象征 Linux 时代的来临；SGI 公司向 Linux 移植其先进的 XFS 文件系统；IBM 公司启动对 Linux 的支持服务并发布了 Linux DB2，从此结束了 Linux 得不到支持服务的历史，这可以视作 Linux 真正成为服务器操作系统一员的重要里程碑
2000 年	Red Hat 发布了嵌入式 Linux 的开发环境，Linux 系统在嵌入式开发行业的潜力逐渐被发掘；中国科学院与新华科技合作开发红旗 Linux
2001 年	红色代码病毒爆发，许多站点纷纷从 Windows 操作系统转向 Linux 操作系统；Red Hat 为 IBM s/390 大型计算机提供了 Linux 解决方案
2003 年	NEC 公司宣布将在其手机中使用 Linux 操作系统，这代表 Linux 成功进军手机领域
2004 年	美国斯坦福大学 Linux 大型机系统被黑客攻陷，证明了没有绝对安全的操作系统；6 月份统计报告显示 Linux 操作系统抢占了之前各种 UNIX 系统的份额
2007 年	Linux 基金会由开源发展实验室(OSDL)和自由标准组织(FSG)联合成立。这个基金会目的是赞助 Linux 创始人 Linus Torvalds 的工作
2011 年	Google I/O 大会发布了 Chrombook，这是一款运行着所谓云操作系统 Chrome OS 的笔记本。Chrome OS 是基于 Linux 内核的。6 月份 Linus Torvalds 发布了 Linux 3.0 版本
2013 年	Valve 公司发布基于 Linux 的 Steam OS 操作系统，这是一个视频游戏控制台系统
2015 年	4 月份 Linus Torvalds 发布了 Linux 4.0 版本
2016 年	截至 2016 年 2 月，Fedora 大约有 120 万用户，11 月份基于 Linux 4.8 版本的 Fedora 25 系统发布
2019 年	3 月份 Linus Torvalds 发布了 Linux 5.0 版本，4 月份基于 Linux 5.0 版本的 Fedora 30 系统发布
2020 年	10 月 27 日基于 Linux 5.8 内核版本的 Fedora 33 系统发布

1.2.3 Linux 的发展及前景

自 1991 年开始，Linux 的发展速度远远超出了 Linus Torvalds 的想象，各类规模的企业服务器都在使用 Linux，多年来 Linux 一直作为全球最快、最强大的超级计算机的运转核心。这一趋势在 2016 年仍在继续保持。在 2016 年的全球超算五百强榜单中，有 497 台设备采用 Linux 系统，这意味着 99.4%的超级计算机都依赖于 Linux。其余三台则采用 IBM 的 AIX(一款 UNIX 衍生型系统)。

同时 Linux 还运行在各类移动设备乃至联网硬件平台上。因为 Linux 具有强大的内存管理和进程管理方案、基于权限的安全模式、支持共享库、经过认证的驱动模型以及 Linux 本身就是开源项目的特性，所以手机操作系统 Android 也是基于 Linux 内核进行开发的。但是 Android 与 Linux 并不完全一样：①它没有本地窗口系统；②它没有 glibc

的支持；③它并不包括一整套标准的Linux使用程序；④它增强了Linux以支持其特有的驱动。

过去几年来，微软公司一改积极打击Linux及开源运动的态度，转而公开向其示好，2016年微软公司更是以一系列举动震惊世人——微软公司作为白金会员加入Linux基金会。另外，PowerShell与SQL Server 2016如今也开始支持Linux，而Windows 10则支持Bash Shell。

事实上，凭借其良好的可移植性、出色的可靠性与灵活性，作为一个开放源代码，具有多任务、多用户的能力优秀的操作系统，Linux已经成为关键性基础设施内不可或缺的核心要素，在政府、企业、OEM乃至个人领域必将得到越来越广泛的应用。

1.3 Linux简介

Linux这个词本身只表示Linux内核，但实际上人们已经习惯了用Linux来形容整个基于Linux内核，并且使用GNU各种工具和数据库的操作系统（GNU/Linux），其版本分为内核版本和发行版本。本节就来进一步了解一下Linux这个操作系统。

1.3.1 Linux的组成

Linux系统一般有三个主要部分：内核、Shell和应用程序（图形与命令行），具体组成如图1.8所示。

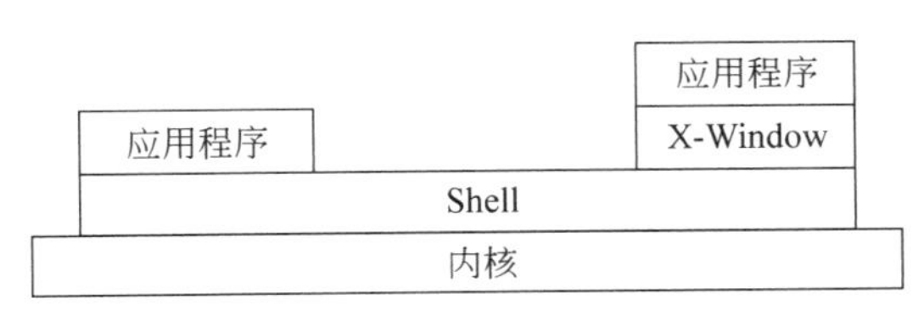

图1.8 Linux的组成

1. 内核

内核（Kernel）是整个操作系统的核心，管理着整个计算机系统的软硬件资源，主要由五个子系统组成。

(1) 进程调度（SCHED），控制进程对CPU的访问。当需要选择下一个进程运行时，由调度程序选择最值得运行的进程。可运行进程实际上是仅等待CPU资源的进程，如果某个进程在等待其他资源，则该进程是不可运行进程。Linux使用了比较简单的基于优先级的进程调度算法选择新的进程。

(2) 内存管理（MM），允许多个进程安全地共享主内存区域。Linux的内存管理支持虚拟内存，即在计算机中运行的程序，代码、数据、堆栈的总量可以超过实际内存的大小，操作系统只是把当前使用的程序块保留在内存中，其余的程序块则保留在磁盘中。必要时，操作系统负责在磁盘和内存间交换程序块。内存管理从逻辑上分为硬件无关部分和硬件有关部分，硬件无关部分提供了进程的映射和逻辑内存的对换；而硬件有关部分则为内存管理硬件提供了虚拟接口。

(3) 虚拟文件系统(Virtual File System，VFS)，隐藏了各种硬件的具体细节，为所有的设备提供了统一的接口，VFS 提供了多达数十种不同的文件系统。虚拟文件系统可以分为逻辑文件系统和设备驱动程序。逻辑文件系统指 Linux 所支持的文件系统，如 ext2、fat 等，设备驱动程序指为每一种硬件控制器所编写的设备驱动程序模块。

(4) 网络接口(NET)，提供了对各种网络标准的存取和各种网络硬件的支持。网络接口可分为网络协议和网络驱动程序：网络协议部分负责实现每一种可能的网络传输协议；网络设备驱动程序负责与硬件设备通信，每一种可能的硬件设备都有相应的设备驱动程序。

(5) 进程间通信(IPC)，支持进程间的各种通信机制。

内核的源代码通常安装在/usr/src/linux 目录，可供用户查看和修改。

2. Shell

Shell 俗称壳(用来区别于核)，是指提供使用者使用界面的软件(命令解析器)。用于接收用户命令，然后调用相应的应用程序。作为命令语言，它交互式解释和执行用户输入的命令或者自动地解释和执行预先设定好的一连串的命令。

Shell 这个单词具有二义性，首先 Shell 是一种具备特殊功能的程序，是介于使用者和操作系统之间核心程序(Kernel)的一个接口。为了对用户屏蔽内核的复杂性，也为了保护内核以免用户误操作造成损害，在内核的周围建了一个外壳，用户向 Shell 提出请求，其解释并将请求传给内核；然后 Shell 又是一门编程语言，Shell 语言具有普通编程语言的很多特点，用这种编程语言编写的 Shell 程序与其他应用程序具有同样的效果。

每个 Linux 系统的用户可以拥有自己的用户界面或 Shell，用以满足专门的 Shell 需要。同 Linux 本身一样，Shell 也有多种不同的版本。

(1) Bourne Shell：是贝尔实验室开发的初始版本。

(2) Bash：是 GNU 的 Bourne Again Shell，是大多数 Linux 的默认 Shell 版本。

(3) Korn Shell：是对 Bourne Shell 的发展，在大部分内容上与 Bourne Shell 兼容。

(4) C Shell：其语法类似于 C 编程语言。

不论是哪一种 Shell，它最主要的功用都是解译使用者在命令行提示符号下输入的指令。另外，Shell 还管理输入输出及后台处理(Background Processing)。

3. 应用程序

标准的 Linux 系统一般都有一套称为应用程序的程序集，它包括文本编辑器、编程语言、X-Window、办公套件、Internet 工具和数据库等。

1.3.2 Linux 版本概述

Linux 版本分为两类：内核版本和发行版本。内核版本是指在 Linus Torvalds 领导下的开发小组开发出来的系统内核版本号;发行版本是指以 Linux Kernel 为核心,搭配各种应用程序和文件,包装起来,并提供安装界面和系统设置及管理工具,构成发行版本。

1. Linux 的内核版本

版本号形如 X.Y.Z,其各个含义如下。

X:表示主版本号,通常在一段时间内比较稳定。

Y:表示次版本号,如果是偶数,代表这个内核版本是正式版本,可以公开发行。而如果是奇数,则代表是测试版本,还不太稳定仅供测试。

Z:表示修改号,这个数字越大,则表明修改的次数越多,版本相对更完善。

Linus Torvalds 于 2016 年 12 月 11 日正式发布了 Linux 内核 4.9 的正式版本,Linux 的内核在这 20 多年的时间里被逐渐完善得更优秀。

(1) 1991 年 10 月,Torvalds 将 Linux 0.02 版本内核发到了 Minix 新闻组,经由网上热心支持者的帮助,相继在 11 月和 12 月推出了 Linux 0.10 版本和 Linux 0.11 版本。

(2) 1992 年,Linux 发布第一个 GPL 版本,最初是依据一些商业限制进行许可。

(3) 1994 年 3 月,Linux 1.0 版本正式发布,唯一支持的机器是单处理器的 i386 计算机。Linux 系统的核心开发队伍开始建立起来。

(4) 1999 年,Linux 2.2 版本发布,Torvalds 将 Linux 的维护工作交给 Alan Cox。

(5) 2001 年,Linux 2.4 版本发布,IBM 公司承诺在 Linux 上花费 10 亿美元进行相应开发。

(6) 2003 年,Linux 2.6 版本发布,支持多处理器配置、64 位计算、实现高效率线程处理的本机 POSIX 线程库(NPTL),Linux 内核的 2.6 时代跨度是非常大的,从 2.6.1(2003 年 12 月发布)到 2.6.39(2011 年 5 月发布),跨越了 39 个大版本,进入 2.6 之后,每个大版本跨度开发时间是 2 到 3 个月。

(7) 2011 年,Linux 3.0 版本发布。

(8) 2015 年,Linux 4.0 版本发布:实时补丁,可以对系统内核进行更新而不用重启。

(9) 2016 年,据统计有超过 1300 家公司的 135 000 多名开发人员对 Linux 的内核做出了贡献,提供了近 22 万行代码。

2. Linux 的发行版本

就 Linux 的本质来说,它只是操作系统的核心,负责控制硬件、管理文件系统、程序进程等,并不给用户提供各种工具和应用软件。所谓工欲善其事,必先利其器,一套再优秀的操作系统核心,若没有强大的应用软件可以使用,如 C/C++ 编译器、C/C++ 库、系统管理工具、网络工具、办公软件、多媒体软件、绘图软件等,也无法发挥它强大的功能,用户也无法仅仅使用这个系统核心进行工作。因此,人们以 Linux 内核为中心,再集成搭配各种各样的系统管理软件或应用工具软件组成一套完整的操作系统,这种组合便称为 Linux 发行版,主要的发行版本具体如下。

(1) Red Hat,应称为 Red Hat 系列,包括 RHEL(Red Hat Enterprise Linux,为收费版本)、Fedora Core(由 Red Hat 桌面版本发展而来,免费)、CentOS(RHEL 的社区克隆

版本,免费)。Red Hat 可以说是在国内使用最多的 Linux 版本,甚至有人将 Red Hat 等同于 Linux。Red Hat 系列版本的特点就是使用人数多、资源多,而且网上的许多 Linux 教程也都以 Red Hat 为例进行讲解。Red Hat 系列的包管理方式采用的是基于 RPM 包的 DNF 管理方式。RHEL 和 CentOS 的稳定性非常好,非常适合于服务器使用。

(2) Fedora 是 Red Hat 系列的一个 Linux 发行版,是一款由全球社区爱好者构建的面向日常应用的快速、稳定、强大的操作系统。Fedora 项目的目标是创建一套新颖、多功能并且自由和开源的操作系统。Fedora 项目以社区的方式工作,引领创新并传播自由代码和内容,是世界各地爱好、使用和构建自由软件的社区朋友的代名词。无论现在还是将来,Fedora 允许任何人自由地使用、修改和重发布。其功能对于用户而言,是一套功能完备、更新快速的免费操作系统,而对赞助者 Red Hat 公司而言,是许多新技术的测试平台。Fedora 版本升级很快(约 6 个月),每个版本的支持较短,约为 13 个月。2018 年 5 月 1 日,Fedora 28 正式发布,而 2018 年 10 月 31 日,Fedora 29 正式发布,而本书基于 Fedora 29 进行讲解介绍。

(3) CentOS 在 2003 年底推出,CentOS 重新编译了可安装的 Red Hat Enterprise Linux 代码,并提供及时的、安全更新的所有套装软件升级为目标的社区项目。更直接地说,CentOS 是 RHEL 的克隆免费版。两个发行版技术之间唯一的区别是品牌 CentOS 替换所有 Red Hat 的商标和标识。CentOS 常常被视为是一个可靠并免费的服务器发行版本,它继承并配备了完善的测试和稳定的 Linux 内核和软件,是兼具企业与桌面的解决方案。

(4) SUSE 公司于 1992 年末创办,开始是在 UNIX 环境下开发定制软件的,现在是 Linux 版本的第二大品牌。与 Red Hat 相比,就相当于 Intel 与 AMD 两个公司的实力对比关系,SUSE 总体落后但局部技术方面有不少亮点之处。

(5) Debian 是最古老的 Linux 发行版之一,很多其他 Linux 发行版(如 Ubuntu)都是基于 Debian 发展而来的。Debian 于 1993 年 8 月 16 日由当时还在美国普渡大学念书的 Ian Murdock 首次发表。Debian 附带了超过 43 000 个软件包,这些预先编译好的软件被打包成 deb 格式,以便于安装、卸载和升级。Debian 的包管理系统名为 dpkg(底层),前端工具有 apt、aptitude 和图形界面管理工具等,包管理系统是其最出色的特性,深受其用户的喜爱和赞赏。

(6) Ubuntu 是全球化的专业开发团队(Canonical Ltd)在 Debian 的基础上打造的开源 Linux 操作系统,它提供两个主要版本:一个是桌面版本;另一个是服务器版本,但是 Ubuntu 比较注重桌面版本。Ubuntu 在发布版本时,会发布一个 LTS 版本,这个版本会提供长达三年的升级支持。随着 Ubuntu 18.04 LTS 版本的发布,已经成为人工智能、区块链、机器人等新兴技术的核心平台操作系统。

(7) Gentoo 是一个个性色彩突出的 Linux 发行版本,追求极限的配置、性能以及顶尖的用户和开发者社区是其标志特点,它能为几乎任何应用程序或需求自动地做出优化和定制。得益于一种称为 Portage 的技术,Gentoo 能成为理想的安全服务器、开发工作站、专业桌面、游戏系统、嵌入式解决方案或者别的内容——你想让它成为什么,它就可以成为什么。

1.3.3 Linux的特性

Linux短短几年内得到迅猛的发展是因为它作为一个操作系统本身的良好特性。

1. 开放性

Linux遵循开放系统互连(OSI)国际标准，基于GPL授权之下，任何人都可以自由使用或是修改其源码。

2. 设备独立性

设备独立性是指操作系统把所有的外部设备统一当作文件来看待，很多的软件套件逐渐被这套操作系统拿来使用，很多套件也都在Linux这个操作系统上进行开发与测试，只要安装外部设备的驱动程序，任何用户都可以像使用文件一样使用这些设备，而不必知道它们的具体形式。

3. 设备要求低，不耗资源

Linux系统对计算机的硬件要求低，支持个人计算机的x86架构，流行度是比较高的。

4. 良好的用户界面

Linux向用户提供文本界面和图形界面。Linux系统的界面基于文本的命令行界面，即Shell，Shell有很强的程序设计能力，用户可以方便地用它编写程序；除此之外，Linux系统还为用户提供了图形用户界面，利用鼠标、菜单、窗口、滚动条等，给用户提供了直观、易操作、交互性强的友好图形化界面。

5. 可移植性好

Linux的可移植性非常好，广泛支持了许多不同的体系结构的计算机。可移植性为运行Linux系统的不同计算机平台与其他任何机器进行准确而有效的通信提供了可能，并且不需要另外增加特殊和昂贵的通信接口。

6. 系统稳定

Linux是与UNIX接口兼容的开源操作系统，有与UNIX系统相似的操作界面和操作方式，继承并发扬了UNIX稳定且高效的特点。

7. 可靠的系统安全

Linux系统采用了许多安全技术措施，包括对读写的权限控制、带保护的子系统、审计跟踪和核心授权等，对于网络多用户环境提供了必要的安全保障。

8. 丰富的网络功能

Linux 系统有完善的内置网络，在通信和网络功能方面优于其他操作系统，其他的操作系统没有紧密的和内核结合在一起的连接网络的能力，也没有内置这些联网特性的灵活性。

9. 多用户、多任务

每个用户可以对自己的资源有特定的权限，互不影响，每个用户登录系统的工作环境都可以不相同；Linux 系统调度每一个进程，平等地访问计算机处理器，从处理器执行一个应用程序中的一组命令到 Linux 系统调度处理器再次运行这个程序之间只有很短的时间延迟。

Windows 操作系统是目前世界上使用最多的操作系统，但是在企业级服务应用上 Linux 系统更为专业与出名。表 1.2 简要对比了一下 Linux 系统与 Windows 系统。

表 1.2　Linux 系统与 Windows 系统的比较

	Linux 系统	Windows 系统
稳定性	很好	好
安全性能	好	一般
源代码	开放	保密
硬件支持	一般	好
软件支持	好	很好
技术支持	基于社团形式的	好
系统可调节性	具有极大的可调节性	基于界面的规范性，更易调节
应用目标	定位于网络操作系统，命令设计比较简单，配置文件和数据都以文本为基础，也同样拥有非常先进的网络、脚本和安全能力	定位于个人桌面用户，易使用和维护，界面美观
图形化界面	可选的图形化界面，图形环境运行于系统之上单独的一层，同时支持图形界面和命令行界面	必选的图形界面，图形界面和命令行界面不能分开使用
文件名扩展名	根据文件的属性来识别其类型	使用文件扩展名来区分文件类型
重新引导	Linux 一旦运行就将保持良好的状态，除了 Linux 内核之外，其他软件的安装、启动、停止和重新配置都不用重新引导系统	使用 Windows 系统很长时间之后，可能已经习惯出于各种原因而重新引导系统
命令区分大小写	所有 Linux 系统下的命令、文件和口令等都区分大小写	命令和文件名不区分大小写

1.4　本章小结

操作系统是指控制和管理计算机的软硬件资源，并合理地组织调度计算机的工作和资源的分配，以提供给用户和其他软件方便的接口和环境集合。目前操作系统除了上述功能外,同时包含了日常工作所需要的各种应用软件。

C 语言是因为 UNIX 系统而诞生的,C 语言进而又实现了更强大的 UNIX 系统。UNIX 与 C 语言相辅相成共为一体。而 Linux 的诞生和发展有四大不可缺少的支柱:UNIX 最初的开放源代码版本为 Linux 提供了实现的基本原理和算法;Richard Stallman 的 GNU 计划为 Linux 系统提供了丰富且免费的各种实用工具;POSIX 标准的出现为 Linux 提供了实现与标准兼容系统的参考指南;Internet 是 Linux 成长和壮大的必要环境。

Linux 内核是整个 Linux 操作系统的核心,有内核版本和发行版本两种版本。内核版本是指在 Linus Torvalds 领导下的开发小组开发出来的系统内核版本号;以 Linux Kernel 为核心,搭配各种应用程序和文件,并提供安装界面和系统设置及管理工具,构成了 Linux 操作系统的发行版本。

Linux 具有良好的可移植性,广泛应用于个人计算机、工作站、大型机以及包括嵌入式系统在内的各种硬件设备,应用平台非常广泛。Linux 凭借其优良特性已成为目前发展潜力最大的操作系统。

1.5 习题

知识问答题

1. 什么是操作系统? 由哪几部分构成?
2. 简述 UNIX 操作系统和 C 语言的关系。
3. 简述 UNIX 与 Linux 这两个操作系统的联系,并比较两者的异同。
4. 理解 GNU 和 GPL 这两个概念,用最简短的话描述一下。
5. 简述 Minix 和 Linux 这两个操作系统的关系。
6. 简述操作系统微内核存在的问题,并分析为什么没有流行的原因。
7. 列举你所知道的 Linux 操作系统和 Windows 操作系统的区别。
8. 列举五种 Linux 发行版本的名称及其特点。
9. 简述 Linux 内核版本号的具体含义。
10. Linux 采用什么版权方式发行? 这种版权与通常的商业软件有何区别?

第 2 章　Linux 的安装与界面

学习目标

(1) 学会虚拟机 VMware 软件与 Linux 系统的安装。
(2) 了解 Linux 的图形界面与命令行界面。
(3) 熟练掌握基本常用命令。

学会 Linux 操作系统的安装是学习 Linux 系统的重要前提，对 Linux 系统的图形界面和字符界面有充分的了解是一个 Linux 学习者的基本要求。本章会对 VMware 虚拟机的安装以及 Fedora 29 操作系统的安装进行详细的讲解，同时对 Linux 系统的图形界面和字符界面进行基本的介绍。

2.1　实验环境的安装

学习 Linux 操作系统之前，首先应安装并搭建 Linux 操作系统环境，这就需要读者掌握系统的安装步骤，在本节中我们对 VMware 虚拟机的安装以及 Fedora 29 系统的安装进行详细的介绍。

2.1.1　VMware 虚拟机的安装

VMware WorkStation 能够让用户在单一主机上同时运行多个不同的操作系统。每个虚拟操作系统的磁盘分区、数据配置都是独立的，同时又可以将多台虚拟机构建为一个局域网，而且 VMware 还支持实时快照、虚拟网络、拖曳文件以及 PXE(Preboot Execute Environment，预启动执行环境)网络安装等方便实用功能。考虑到当前大部分的实验环境都是 Windows 系统，所以读者完全可以用虚拟机搭建一个 Linux 的实验环境从而减少相关系统准备的工作量。

下面介绍 VMware Workstation 的安装过程和它的一些特征。

(1) 进入安装界面，如图 2.1 所示，选择安装位置，如图 2.2 所示。

(2) 创建快捷方式界面，如图 2.3 所示，选择快捷方式在桌面，单击“下一步”按钮。

(3) 进入正在安装界面，如图 2.4 所示，根据提示进行操作。

(4) 安装成功后会显示图 2.5 所示的界面，单击“完成”按钮。

此时 VMware 就已经安装成功了，可以在上面搭建所需要的操作系统环境。

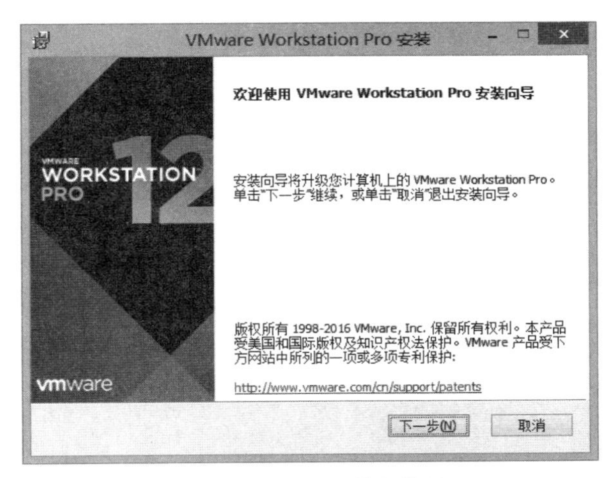

图 2.1　VMware 安装初始界面

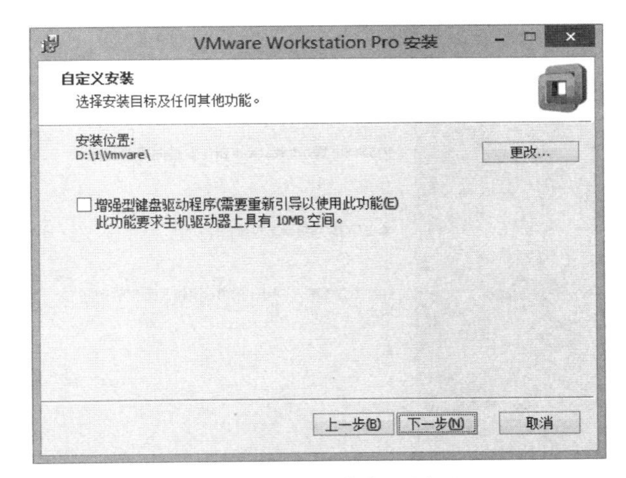

图 2.2　选择安装位置界面

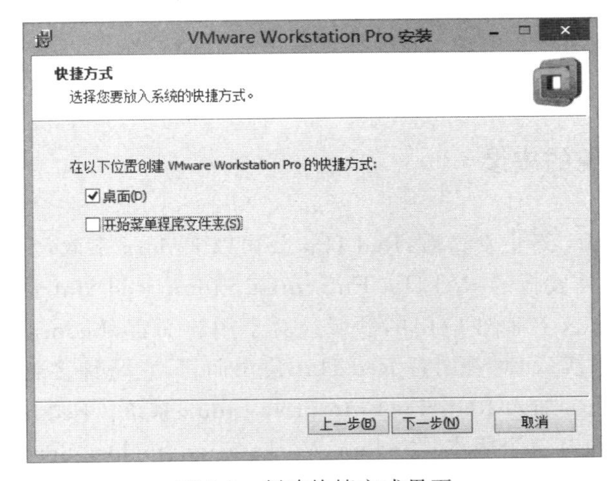

图 2.3　创建快捷方式界面

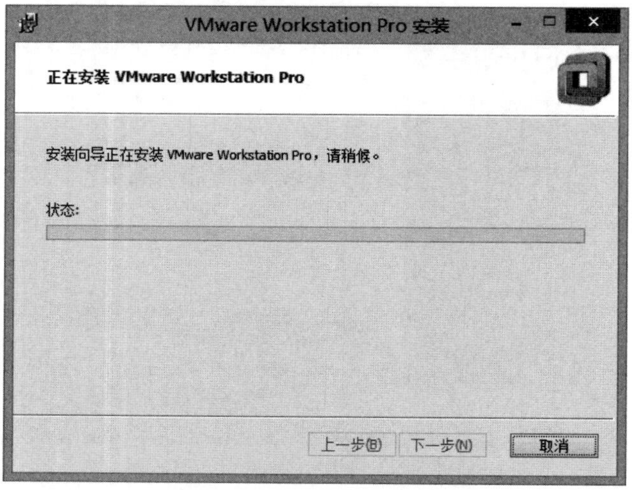

图 2.4　正在安装界面

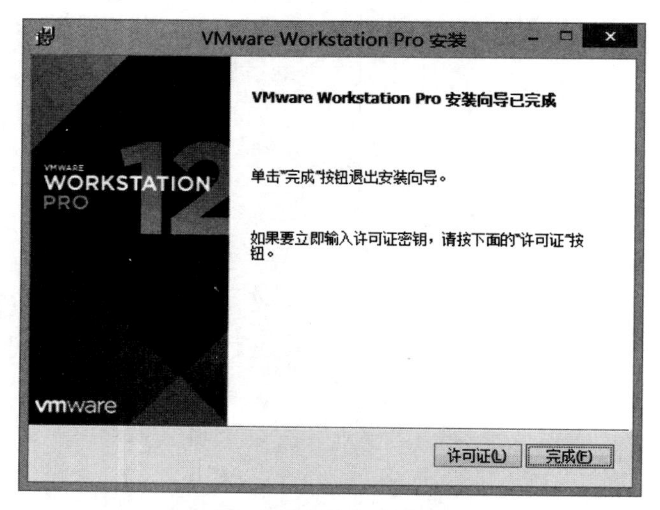

图 2.5　安装成功界面

2.1.2　Fedora 系统的安装

在 Red Hat Linux 终止发行后，Red Hat 公司以 Fedora 来取代 Red Hat Linux 在个人领域的应用，而另外发行的 Red Hat Enterprise Linux(Red Hat 企业版 Linux，RHEL)则取代 Red Hat Linux 在商业应用的领域。对于用户而言，Fedora 是一套功能完备、更新快速的免费操作系统；而对赞助者 Red Hat 公司而言，它是许多新技术的测试平台，被认为可用的技术最终会加入 Red Hat Enterprise Linux 系统。Fedora 大约每六个月发布新版本。Fedora 目前有三个版本：Fedora Workstation、Fedora Server、Fedora Cloud。

(1) Fedora Workstation 为笔记本电脑和台式机提供优雅、易用的操作系统，包含各类开发者和创客所需要的整套工具。

(2) Fedora Server 是一款强大而灵活的操作系统,包括了最好、最新的数据中心技术。它可以操控全部基础架构和服务。

(3) Fedora Cloud 为公有云和私有云环境提供最小化的 Fedora 镜像。它只包含必备组件,资源占用非常轻量,但足以运行云应用。

Fedora 官网地址:https://getfedora.org/。本书基于 Fedora 29 进行介绍,所以选用的是 64 位 Fedora 29 Workstation Live 镜像,大家在学习时可以直接访问 Fedora 的官网下载地址 https://getfedora.org/zh_CN/workstation/download/下载并安装最新的 Fedora 版本。因为本书仅仅涉及了 Linux 操作系统最基础的命令的介绍和操作,所以本书的所有章节内容适用于 Fedora 22(安装包 dnf 替代 yum)及之后的所有版本(包括最新的 Fedora 3 *)。同时本书讲解的绝大部分命令都能在诸如 Ubuntu 等非 Fedora 的 Linux 操作系统环境中正常运行。

Fedora Workstation Live 镜像可以为自己的计算机制作完整的立即可用的 Fedora Workstation 系统介质。可以使用 Live 镜像测试体验 Fedora,同时无须改动磁盘内容。满意之后可以从 Live 镜像安装 Fedora 到磁盘。有两种安装方式:简易安装和自定义安装。首先把下载好的 Fedora 29 镜像文件存入计算机中,进入虚拟机主界面,如图 2.6 所示。选择"创建新的虚拟机",进入安装选择界面,此时选择"典型"单选按钮,如图 2.7 所示。

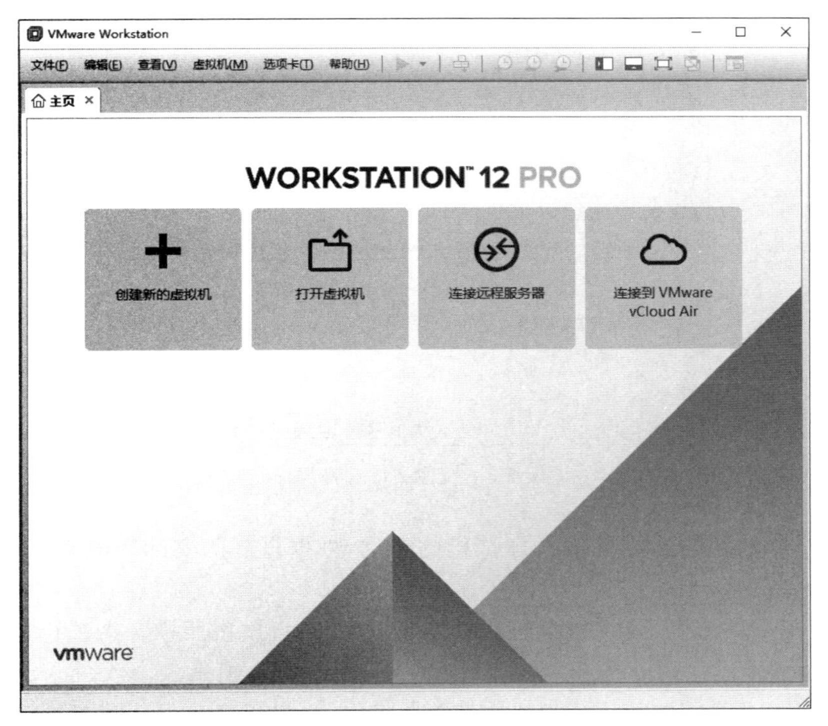

图 2.6 虚拟机主界面

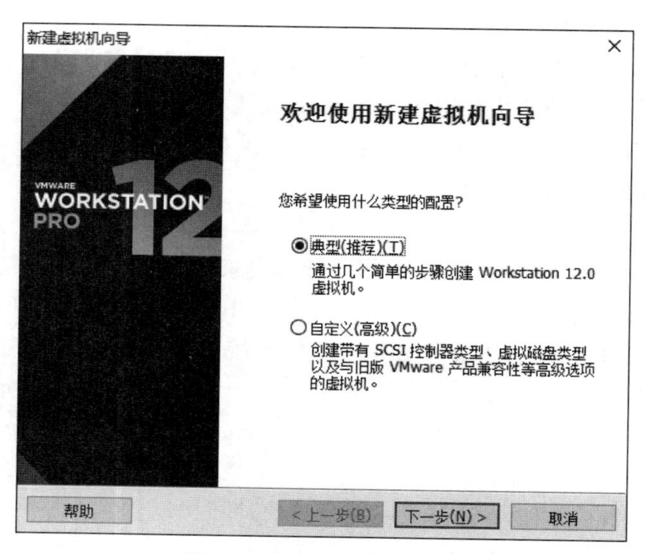

图 2.7　典型安装选择界面

单击"下一步"按钮进入镜像文件选择界面,单击"浏览"按钮,选择提前下载的镜像文件,如图 2.8 所示。

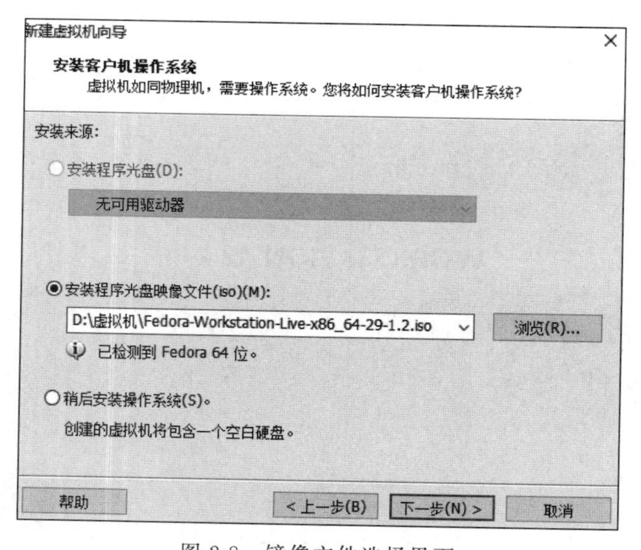

图 2.8　镜像文件选择界面

接下来选择安装位置,并输入虚拟机的名称,根据自己的实际情况来进行选择和输入,如图 2.9 所示。

单击"下一步"按钮,进入虚拟机的磁盘选择界面,可以按照推荐来进行选择,也可以自行设置,最大磁盘大小一般选择默认 20.0 GB,如图 2.10 所示。

单击"下一步"按钮,进入虚拟机硬件配置界面,如图 2.11 所示,可以默认推荐直接单击"完成"按钮,也可以自定义硬件配置,当然还可以按照推荐继续,等安装完系统后根据

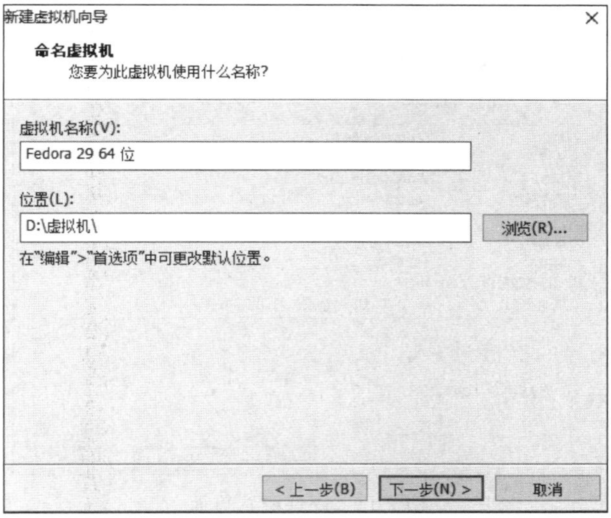

图 2.9　安装位置选择界面

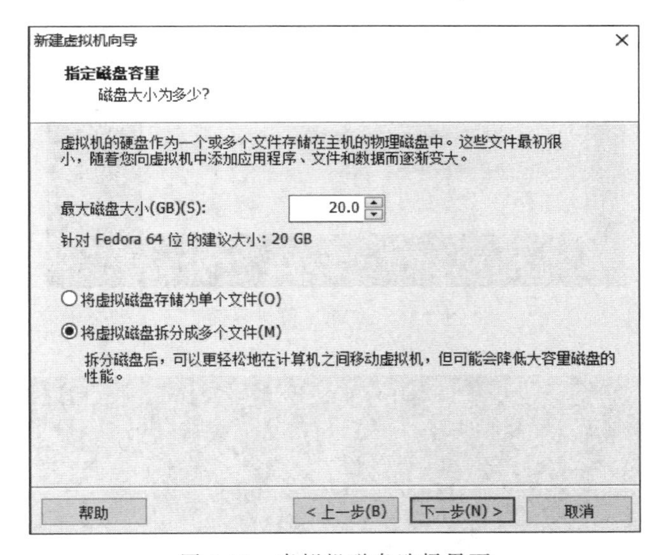

图 2.10　虚拟机磁盘选择界面

系统的运行情况再次进行修改。

单击“完成”按钮后，进入 Fedora 的启动安装界面，但有的机器会出现图 2.12 所示的报错。如果遇到该问题，可先关闭 VMware 软件，打开虚拟机的安装位置，找到 vmx 文件(按照上面的安装步骤，对应文件名应该为 Fedora 29 64 位.vmx)，用记事本打开文件，查找到 vmci0.present = "TRUE"，将 TURE 更改为 FALSE，保存并关闭，再打开虚拟机即可进入图 2.13 所示 Fedora 29 的启动界面，选择第一个选项启动系统。之后在图 2.14 所示安装界面上选择 Install to Hard Drive 按钮，开始安装 Fedora 到本地磁盘。

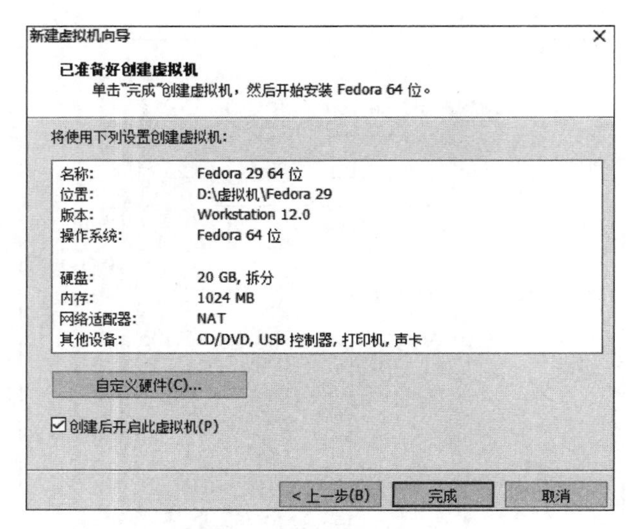

图 2.11　硬件配置界面

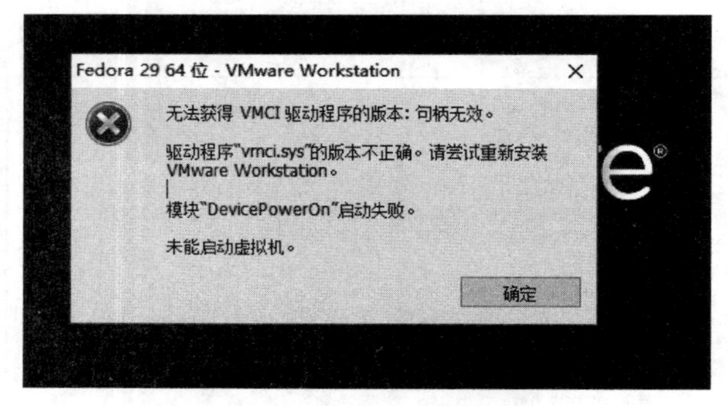

图 2.12　VMCI 报错界面

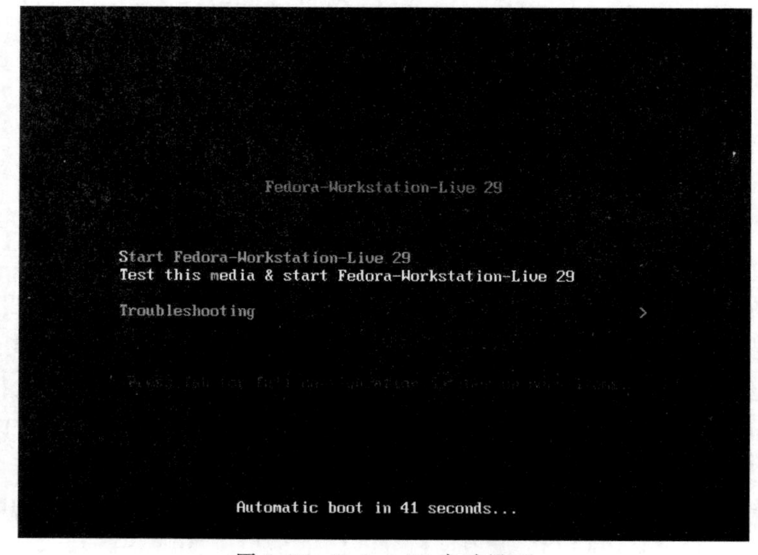

图 2.13　Fedora 29 启动界面

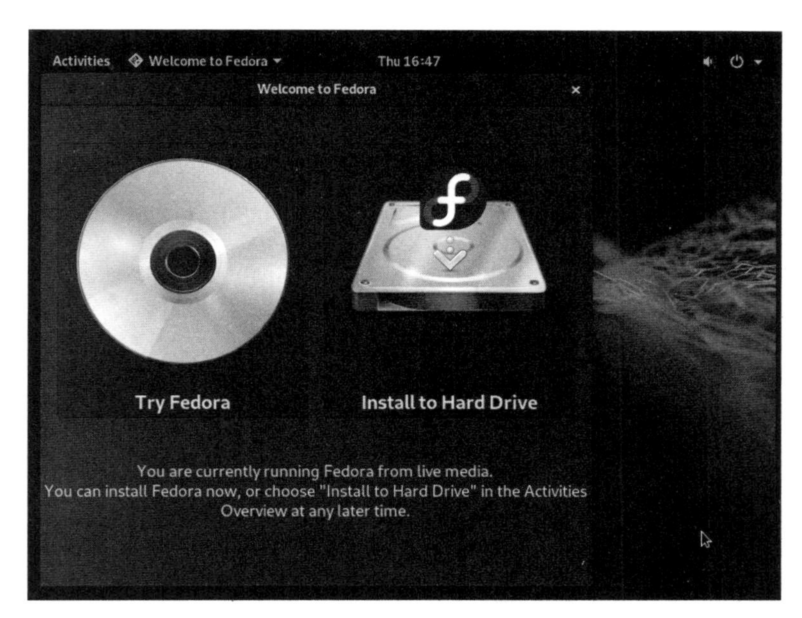

图 2.14 Fedora 29 本地安装界面

单击“继续”按钮，进入安装信息摘要界面，如图 2.15 所示，可以对键盘、安装位置以及时间和日期这三部分进行设置，之后单击“开始安装”按钮进入图 2.16 所示界面，开始软件包的安装，安装完成后界面如图 2.17 所示。

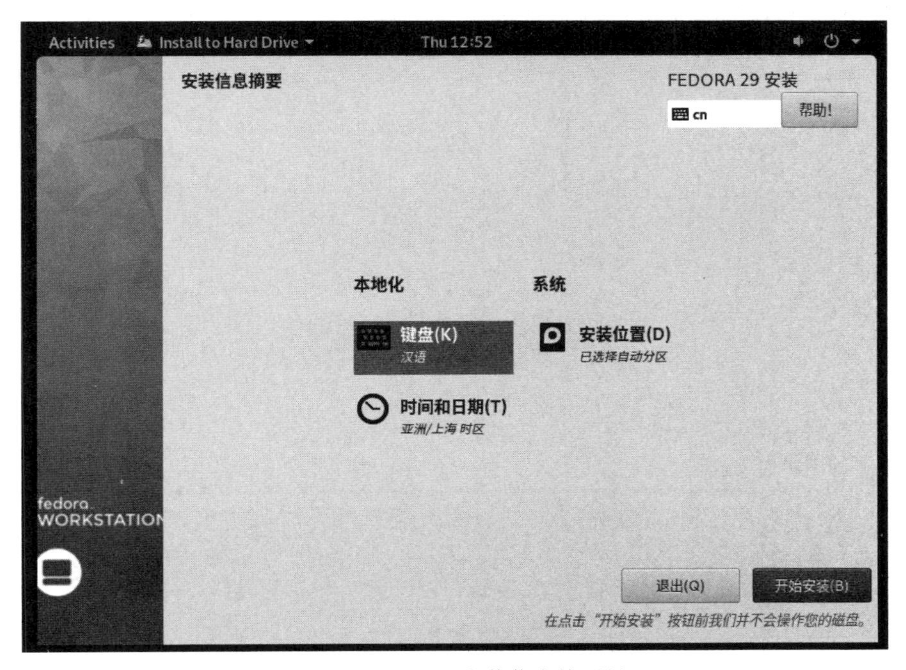

图 2.15 Fedora 29 安装信息摘要界面

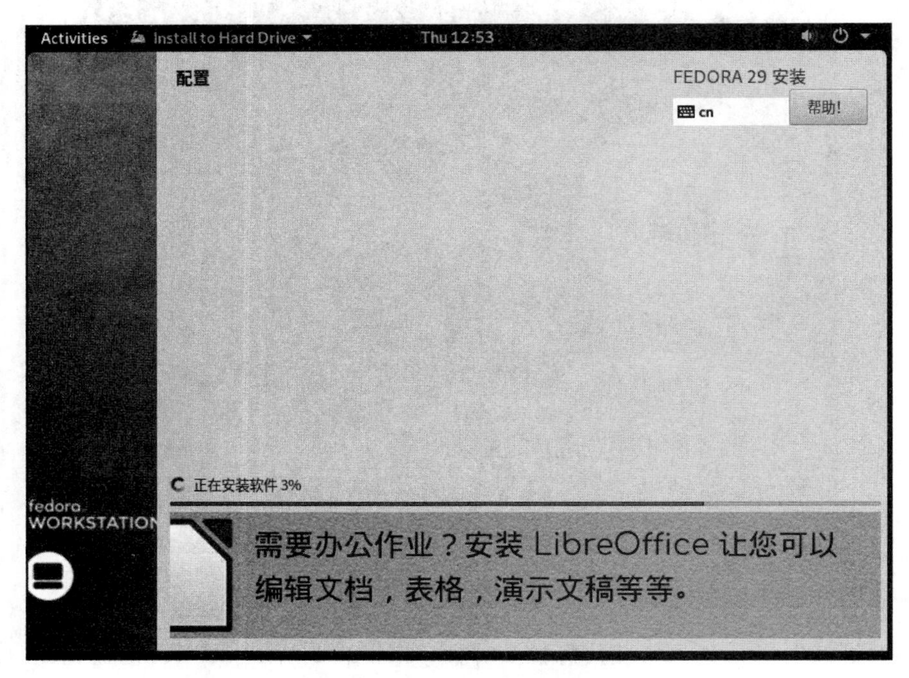

图 2.16 Fedora 29 安装过程界面

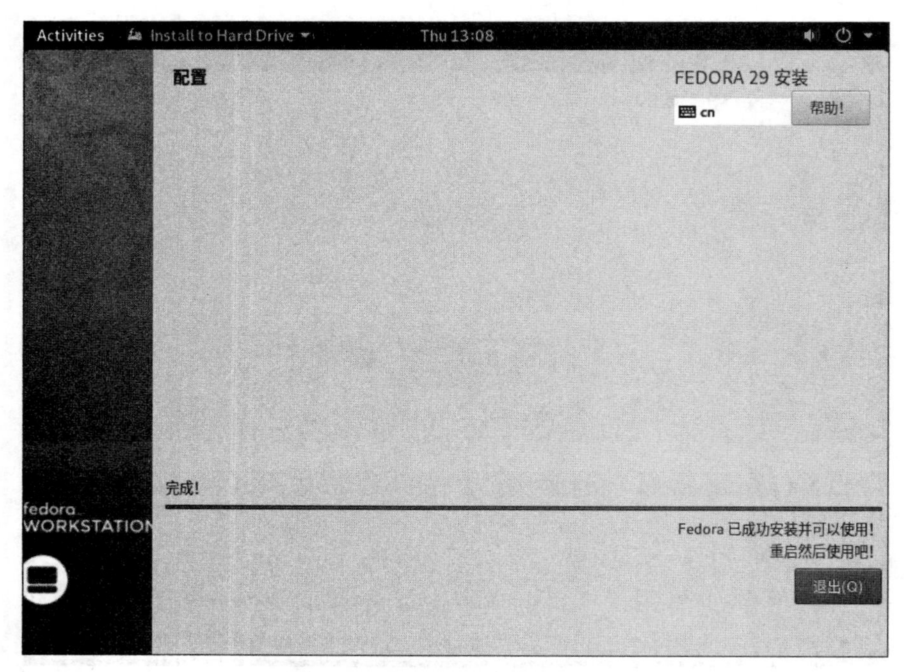

图 2.17 Fedora 29 安装完成界面

所有的软件都成功安装后退出安装界面，重启系统进入欢迎界面设置用户信息与密码，完成 Fedora 29 系统的安装，如图 2.18 所示。单击“开始使用”按钮，进入系统主界面，如图 2.19 所示(为了突出显示，更改了默认壁纸)，之后就可以尽情地使用 Fedora 29 操作系统了。

📖操作演示

Fedora 首次启动设置

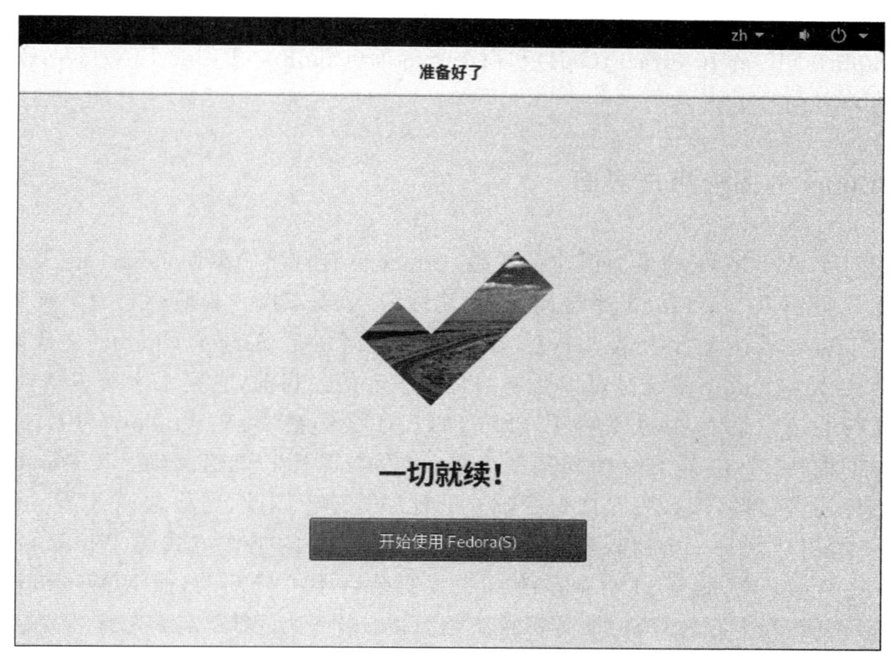

图 2.18　Fedora 29 欢迎界面

图 2.19　Fedora 29 主界面

2.2 Linux 的界面

Linux 素来以高效、强大的字符界面著称，其灵活多变的 Shell 脚本非常有利于服务器端的管理。近年来，随着 X Window 系统的发展，Linux 的图形界面日渐成熟，也使 Linux 在操作的直观性、易用性上有了突飞猛进的进步。本节将对 Linux 下的图形用户界面(Graphical User Interface，GUI)和命令行界面(Command Line Interface，CLI)做一个初步的介绍。

2.2.1 Linux 的图形用户界面

人们对于 Windows 的桌面都非常熟悉，Linux 也有自己的桌面系统，Linux 图形化管理系统主要是基于 X Window 系统构建的，简称为 X 或 X11。为何称之为系统呢？这是因为 X Window 系统又分为 X Server 与 X Client，既然是 Server/Client（主从架构)，这就表示其实 X Window 系统是可以跨网络且跨平台的。目前，它是 UNIX 及类 UNIX 系统中最流行的视窗系统，并几乎可用于所有的现代操作系统，X Window 为 GUI 环境提供了基本的框架：在屏幕上绘图和移动窗口，以及与鼠标和键盘互动。X Window 并没有管辖到使用者接口，因为它是由每个独立的程序处理。因此，严格地说 X Window 系统并不是一个软件，而是一个协议(Protocol)。X Window 的工作方式与 Windows 有着本质的不同。Windows 的 GUI 是跟系统核心紧密结合不可分开的，而 X Window 则是在系统核心(Kernel)上以客户机/服务器模式运行的一个应用程序，具有易于安装、删除、更改和独立于操作系统平台等特性。X Window 不是操作系统内核的组件，如果它异常中断，只会影响图形系统，不会影响操作系统的正常运行。X Window 支持个性化的图形界面，具有良好的网络支持特性。

X Window 系统最早是由麻省理工学院计算机科学研究室于 1984 年发布，在开发 X 时，开发者就希望这个窗口接口不要与硬件有强烈的相关性，这是因为如果与硬件的相关性高，那就等于是一个操作系统了，如此一来应用性会比较局限。因此，X 在一开始就是以应用程序的概念来开发的，而非以操作系统。X 的功能一直持续在加强，到 1987 年更改 X 版本到 X11，这一版 X 取得了明显的进步，后来的窗口接口都是架构于此版本。因此，后来 X 窗口也被称为 X11。这个版本持续在进步当中，1994 年发布了新版的 X11R6，后来的架构都是沿用此版本，所以后来的版本定义就变成了类似 1995 年的 X11R6.3 之类的样式

1992 年 XFree86 (http://www. xfree86. org/)计划顺利展开，该计划持续维护 X11R6 的功能性，包括对新硬件的支持以及更多新增的功能等。当初定名为 XFree86，其实是根据“ X+ Free software + x86 硬件”而来的。早期 Linux 所使用的 X Window 的主要核心都是由 XFree86 这个计划所提供的。因此，常常将 X 系统与 XFree86 画上等号。

不过，由于一些授权的问题导致 XFree86 无法继续提供类似 GPL 的自由软件，后来

Xorg 基金会接手 X11R6 的维护。Xorg (http://www.x.org/)利用当初 MIT 发布的类似自由软件的授权,将 X11R6 拿来进行维护,并且在 2004 年发布了 X11R6.8 版本,更在 2005 年后发布了 X11R7.x 版。现在这个 X11R6/X11R7 的版本是自由软件。因此,很多组织都利用这个架构去设计自己的图形接口

基于 X Window,Linux 最常用的桌面环境有 GNOME 和 KDE。Fedora 29 只默认安装 GNOME,采用它作为默认的桌面环境。GNOME(GNU Network Object Model Environment,GNU 网络对象模型环境)计划,于 1997 年 8 月由 Miguel de Icaza 和 Federico Mena 发起,目的是取代 KDE。GNOME 的兴起很大程度上是因为 KDE 中使用的 Qt 链接库最初并未采用开源协议,限制了其应用。GNOME 是 GNU 计划的正式桌面,也是开放源码运动的一个重要组成部分,在 GNOME 环境下已经开发和移植了大量的应用软件,包括文字处理软件 Go、电子表格软件 Gnumeric、日历程序 GNOMEcal、图形图像处理软件 The GIMP 等,大多以"G"开头,都是优秀、免费的自由软件。

GNOME 桌面主要包含了面板(用来启动程序和显示系统目前的工作状态)、桌面(应用程序和文件放置的地方)以及一系列的标准桌面工具和应用程序。桌面上的图标可以是文件夹、应用程序快捷图标或光盘、软盘之类的可移动设备被挂载后出现的快捷图标。菜单系统可以通过单击"主菜单"按钮来进入。GNOME 桌面的工作方式和 Windows 操作系统的桌面工作方式基本一样。Fedora 29 的 GNOME 桌面如图 2.20 所示。

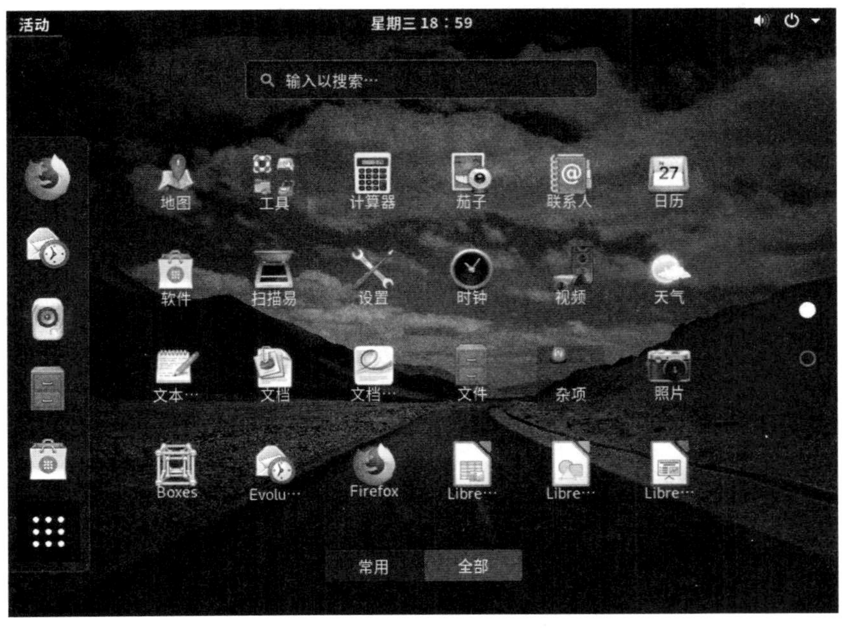

图 2.20　Fedora 29 的 GNOME 桌面

注意:在 Fedora 系统中 KDE 和 GNOME 看起来十分相似。但是从底层上看,KDE 和 GNOME 有非常明显的区别,只是通过开发人员的修改,使得图标、菜单、面板和许多

系统工具在这两个不同的桌面环境中看起来是一致的。

2.2.2 Linux 的字符界面

虽然图形用户界面操作简单直观，但命令行的人机交互模式仍然沿用至今，并且依然是 Linux 系统配置和管理的首选方式。因此，掌握一定的命令行知识，是学习 Linux 的过程中一个必不可少且至关重要的步骤。

Shell 就是系统的用户界面，提供了用户与内核进行交互操作的一种接口。Windows XP 中的 Shell 为命令行提示符 CMD 和窗口管理器 Explorer。目前，Linux 下可用的 Shell 也有很多种，如 Bourne Shell、C Shell、Korn Shell 以及 Bash 等。在 Fedora 29 中可以通过使用终端仿真器的方法登录字符界面，在桌面系统中依次单击“活动”→“显示应用程序”（左侧栏的最下面）→“工具”命令，最后在出现的诸多图标中单击进入“终端”即可，如图 2.21 所示。为了方便今后的使用，可以直接将“终端”图标拖到左侧栏中。

图 2.21　启动终端控制台

GNOME 的终端控制台如图 2.22 所示，下面通过终端使用 sudo su、sudo passwd 命令设置 root 密码（注意在这里仅仅通过这样一个系统配置来熟悉终端，具体命令的细节将在下面章节中具体介绍）。在 2.1.2 节Fedora 29 的安装过程中，没有设置用户账号，也没有设置管理员 root 密码的界面；而在安装完成后重启系统，会出现用户引导界面，然后才出现普通用户及其用户密码设置的环节，但是依然没有管理员 root 密码的设置。

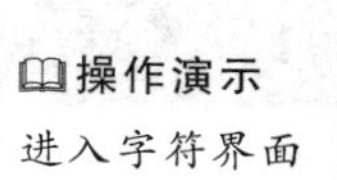

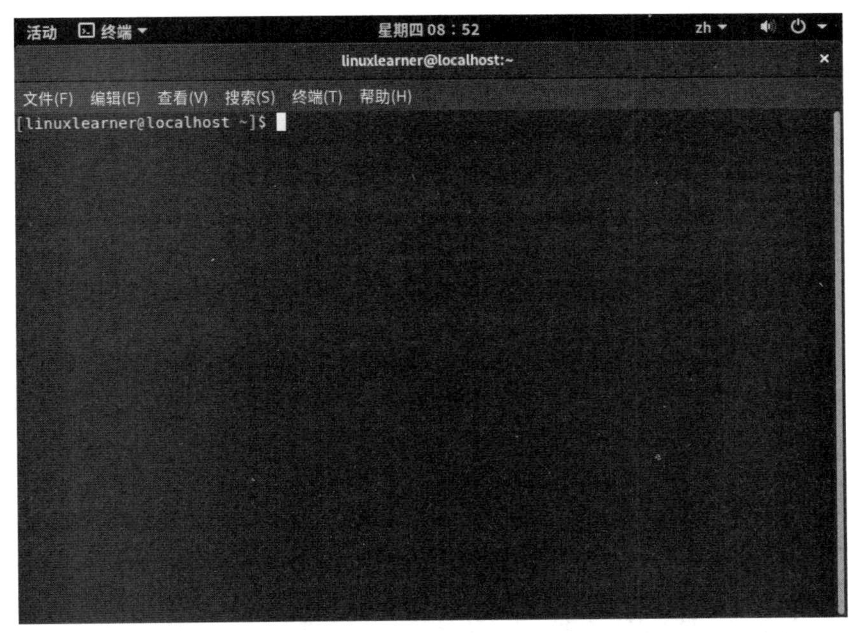

图 2.22 GNOME 的终端控制台

```
[linuxlearner@localhost ~]$sudo su
[sudo] linuxlearner 的密码:
//赋予用户临时 root 权限,然后输入用户密码获得临时 root 权限
[root@localhost linuxlearner]#sudo passwd
更改用户 root 的密码。
新的密码:
重新输入新的密码:
passwd:所有的身份验证令牌已经成功更新。
//完成管理员 root 的密码的设置
```

虽然在普通用户的模式下,可以通过 su 命令登录 root 用户,但是为了在接下来的学习操作过程中更加方便,希望能在开机时就能登录 root 用户。在设置好 root 的密码后,可以在图 2.23 所示的系统登录界面,单击“未列出”,然后输入用户名 root 及其密码,就可以直接以 root 登录系统,本书后续的所有命令和操作都是默认以 root 登录系统的(终端界面的[]内@符号前面的字符串标明了当前登录系统的用户名)。

注意:出于系统安全的考虑,希望在个人的学习环境中才以 root 登录系统,而在真实的工作环境下,请依照安全规范,务必以普通用户登录系统。

在 Fedora 29 系统的使用过程中,可以根据个人需求进行个性化的软件配置、安装、升级,这部分内容会在下面的章节中进行介绍,当然感兴趣的读者也可以先自行通过网络搜索进行学习。这里仅仅介绍一下 VMware 虚拟机下 Fedora

操作演示
虚拟机硬件配置的更改

29 系统硬件配置的更改。虚拟机关机的状态下，在 Fedora 29 主界面单击“编辑虚拟机设置”，进入图 2.24 所示的该虚拟机的硬件配置修改界面。在该界面下可以对内存、磁盘以及网络适配器等部件进行更改。

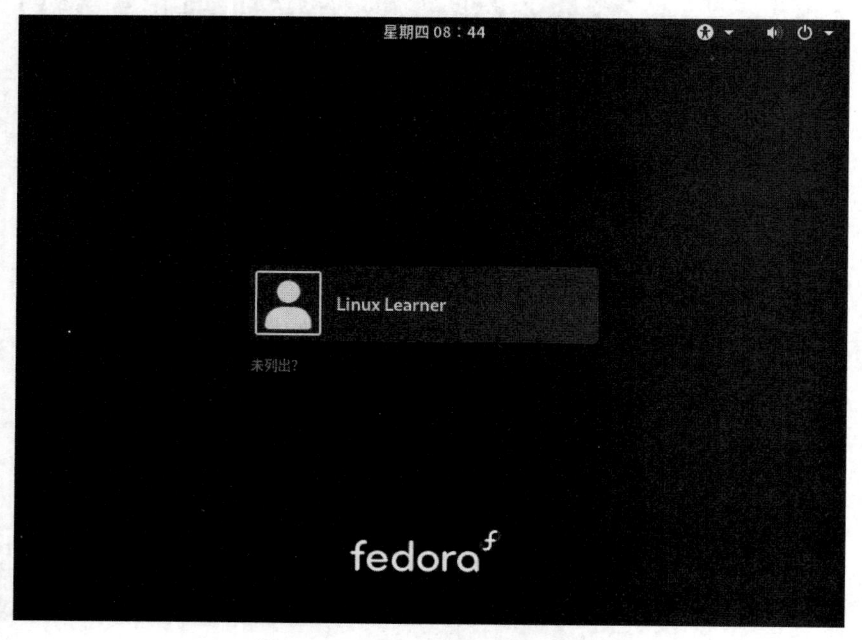

图 2.23　Fedora 29 系统登录界面

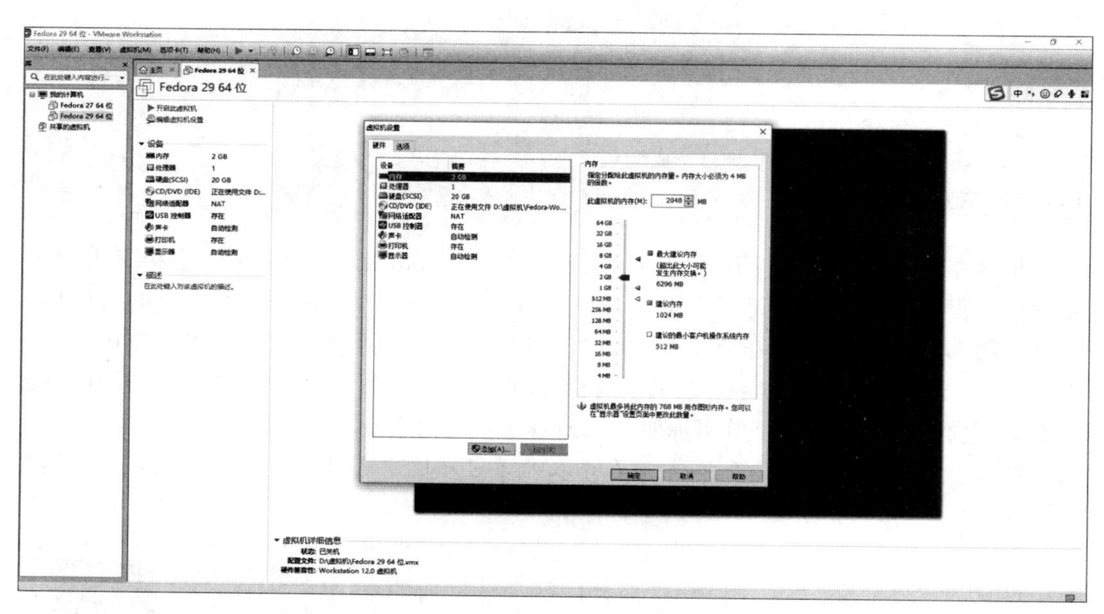

图 2.24　Fedora 29 硬件配置修改界面

虚拟机不可避免地比物理机要慢一些，提高内存的大小是最直接有效的方法。可以考虑设置虚拟机内存大小为物理内存的一半，Fedora 29 建议内存大小至少 2 GB。对虚拟机进行磁盘的添加和移除操作非常方便，单击“添加”按钮进入图 2.25 所示的添加硬件向导界面，依次单击“下一步”按钮，完成磁盘的添加。

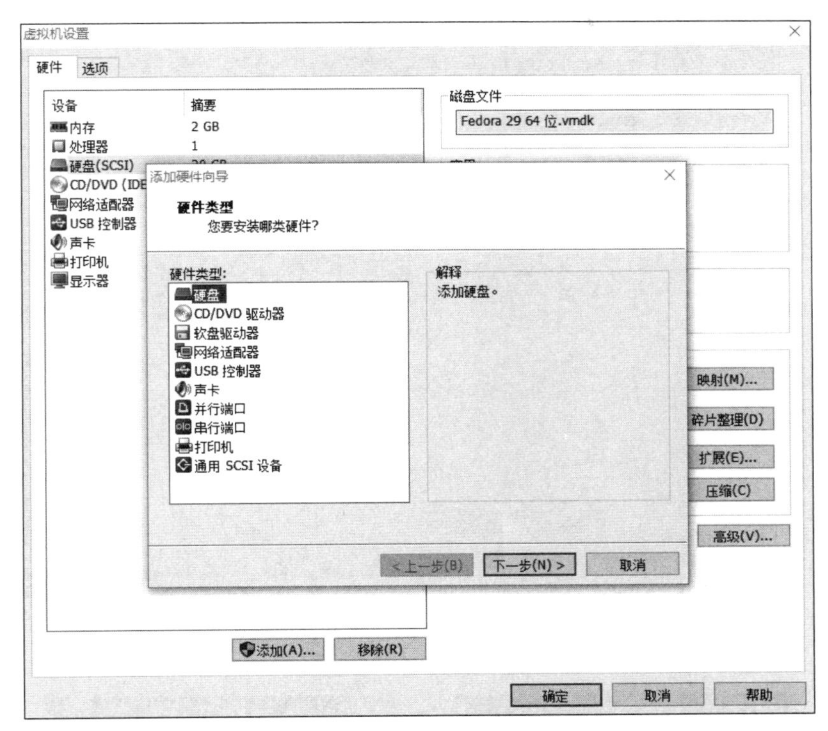

图 2.25 虚拟机添加硬件向导界面

VMware 提供了三种网络适配器的工作模式，它们是桥接模式(bridged 模式)、NAT 模式(网络地址转换模式)和仅主机模式(host-only 模式)。网络管理和维护中主要用到前两种模式。

(1)在桥接模式下，VMware 虚拟出来的操作系统就像是局域网中的一台独立的主机，它可以访问网内任何一台机器。在 bridged 模式下，需要手工为虚拟机配置 IP 地址、子网掩码，而且还要和物理机器处于同一网段，这样虚拟机才能和物理机器进行通信。使用 bridged 模式的虚拟机和物理机器的关系，就像连接在同一个 Hub 上的两台计算机。如果想利用 VMware 在局域网内新建一个虚拟服务器，为局域网用户提供网络服务，就应该选择 bridged 模式，当然前提是可以得到一个以上的 IP 地址。

如图 2.26 所示，将虚拟机 Fedora 29 的网络连接模式设置为桥接模式，开机进入系统后，在没有 DHCP 服务器的网络环境下，在界面右上角会如图 2.27 所示，出现“有线连接已关闭”信息，这说明当前虚拟机无法联网，需要进行 IP 地址的手动配置。单击“有线设置”进入图 2.28 所示的网络设置界面；再单击有线连接右侧按钮，选中 IPv4 标签，选中

图 2.26　设置虚拟机网络连接为桥接模式

图 2.27　桥接模式下 Fedora 29 系统网络显示界面

“手动”，进入图 2.29 所示 IPv4 地址设置界面，请注意虚拟机与物理机的 IP 地址一定要在同一个网段，例如当前演示环境的物理机 IP 地址为 192.168.48.223，选择该网段一个没有被占用的 IP 地址 192.168.48.208 作为当前虚拟机的 IP 地址。单击"应用"按钮后，回到图 2.28 所示界面，单击"关闭"左侧按钮，使得有线连接处于"打开"状态，同时界面右上角出现一个"组网"的标识，如图 2.30 所示，表明此时该虚拟机处于联网状态，可以访问外网。请注意如果组网标识上有一个"?"，说明给虚拟机配置的 IP 地址已经被占用，需要重新设置一个新的 IP 地址。

图 2.28　Fedora 29 网络设置界面

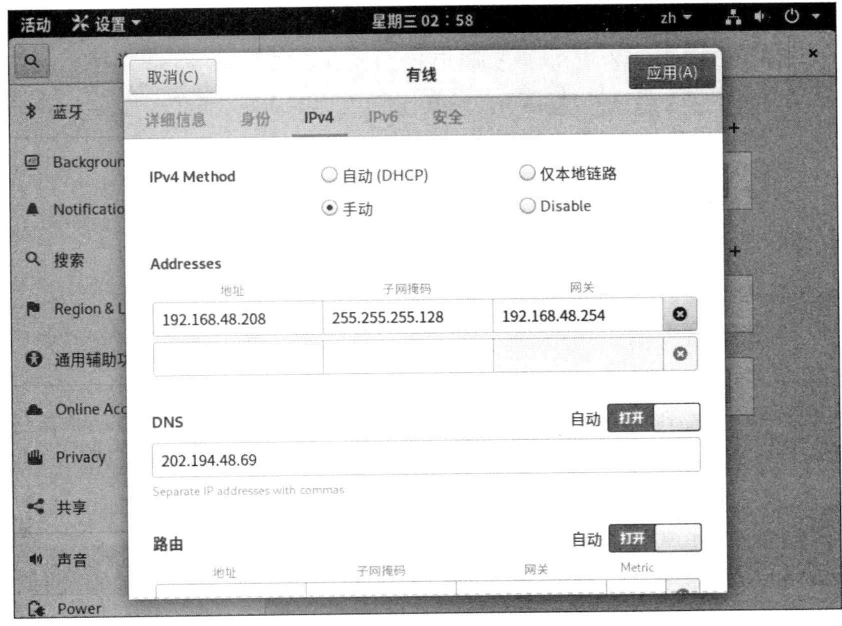

图 2.29　Fedora 29 IPv4 地址设置界面

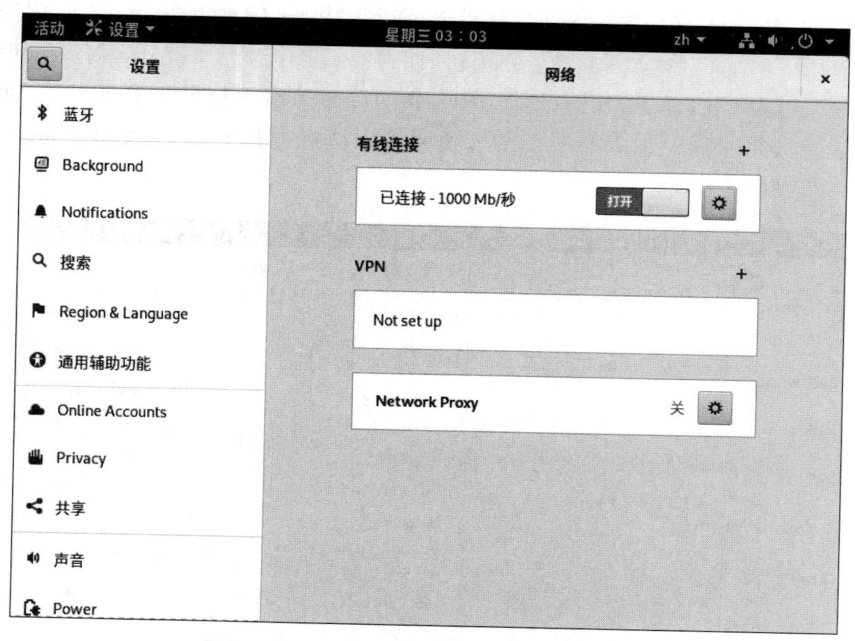

图 2.30　Fedora 29 虚拟机网络已连接界面

桥接模式下 IP 地址设置好之后，也可以在终端字符界面通过 ifconfig 命令查看对应地址，ifconfig 命令还可以直接进行 IP 地址的修改，大家可以通过 man 命令学习该命令的具体使用方法。

```
[root@localhost ~]#ifconfig ens33
ens33: flags=4163<UP,BROADCAST,RUNNING,MULTICAST>  mtu 1500
        inet 192.168.48.208  netmask 255.255.255.128  broadcast 192.168.48.255
        inet6 fe80::e540:7b54:8222:8fbf  prefixlen 64  scopeid 0x20<link>
        ether 00:0c:29:0f:e5:55  txqueuelen 1000  (Ethernet)
        RX packets 3460  bytes 2075826 (1.9 MiB)
        RX errors 0  dropped 0  overruns 0  frame 0
        TX packets 2859  bytes 348185 (340.0 KiB)
        TX errors 0  dropped 0 overruns 0  carrier 0  collisions 0
[root@localhost ~]#man  ifconfig
...
```

注意：众所周知，在计算机中是采用二进制，每 1024byte 为 1KB，每 1024KB 为 1MB，每 1024MB 为 1GB，每 1024GB 为 1TB，为此国际电工协会(IEC)拟定了 KiB、MiB、GiB 的二进制单位，也是全书程序中的输出的单位，在这里统一说明。

(2) 使用 NAT 模式，就是让虚拟机借助 NAT(网络地址转换)功能，通过物理机器所在的网络来访问互联网。NAT 模式下的虚拟机的 TCP/IP 配置信息是由 VMnet8(NAT)虚拟网络的 DHCP 服务器提供的，无法进行手工修

操作演示
NAT 模式

改,因此虚拟系统也就无法和本局域网中的其他真实主机进行通信。采用 NAT 模式最大的优势是虚拟机接入互联网非常简单,不需要进行任何其他的配置,只需要物理机能访问互联网即可。如果计算机上安装了一个虚拟机,然后和计算机同在一个局域网的另一台计算机又想访问这个虚拟机,使用 NAT 模式是无法访问的,虚拟机必须改用桥接模式。

如图 2.31 所示,将虚拟机 Fedora 29 的网络连接模式设置为 NAT 模式,开机进入系统后,虚拟机直接处于联网状态,如图 2.32 所示,而具体 IP 地址的详细信息可以通过图 2.33 的界面进行查看,但是该 IP 地址是自动分配的,不可以进行修改。当然也可以在终端使用 ifconfig 命令查看对应的 IP 地址。

```
[root@localhost ~]#ifconfig ens33
ens33: flags=4163<UP,BROADCAST,RUNNING,MULTICAST>  mtu 1500
        inet 192.168.134.132  netmask 255.255.255.0  broadcast 192.168.134.255
        inet6 fe80::e540:7b54:8222:8fbf  prefixlen 64  scopeid 0x20<link>
        ether 00:0c:29:0f:e5:55  txqueuelen 1000  (Ethernet)
        RX packets 240  bytes 79162 (77.3 KiB)
        RX errors 0  dropped 0  overruns 0  frame 0
        TX packets 392  bytes 38255 (37.3 KiB)
        TX errors 0  dropped 0 overruns 0  carrier 0  collisions 0
```

图 2.31　设置虚拟机网络连接为 NAT 模式

图 2.32　NAT 模式下 Fedora 29 系统网络显示界面

图 2.33　NAT 模式下 Fedora 29 IPv4 地址显示界面

2.3　实验手册

实验目标：通过终端界面，熟悉并掌握 Linux 的一些常用命令的使用。

说明：从本章开始，每章的最后都会有一节实验手册的内容，本章的实验手册的实验

1是简单命令，因为非常易懂就不再单独讲解，直接通过命令的演示来学习掌握；而实验2和实验3涉及的命令，在本次实验过程中，只需要完成输入并得到具体结果即可，命令的详细用法会在下面的章节中进行详细介绍与讲解。

实验1 若干简单常用命令。

1. 时间相关的命令

（1）date：显示当前时间，并可按照格式[MMDDhhmm[YYYY]]（月-日-时-分-年）对当前时间进行设置。

```
[root@localhost ~]#date
2019年 04月 10日星期三 15:29:57 CST
[root@localhost ~]#date 032210152013
2013年 03月 22日星期五 10:15:00 PDT
[root@localhost ~]#date
2019年 04月 10日星期三 15:29:57 CST
```

（2）cal：显示当前月的日历，并可以指定某年某月的日历。

```
[root@localhost ~]#cal
四月 2019
日  一  二  三  四  五  六
    1   2   3   4   5   6
 7  8   9  10  11  12  13
14  15  16  17  18  19  20
21  22  23  24  25  26  27
28  29  30
[root@localhost ~]#cal 05 2019
五月 2019
日  一  二  三  四  五  六
            1   2   3   4
 5   6   7   8   9  10  11
12  13  14  15  16  17  18
19  20  21  22  23  24  25
26  27  28  29  30  31
```

2. echo命令

类似于C语言的printf函数，实现相关参数的输出。

```
[root@localhost ~]#echo  "hello world"
hello world
[root@localhost ~]#echo $SHELL
/bin/bash
```

3. history

查看刚才的所有使用过的历史命令。如果后面加数字如 5,则查看最近执行过的 5 条命令(请注意当前命令包含在内)。

```
[root@localhost ~]#history
...
[root@localhost ~]#history 5
   26  date
   27  cal
   28  cal 05 2019
   29  clear
   30  history 5
```

4. 查看根目录

(1) pwd:确认当前在哪个目录。

(2) cd:切换到根目录。

(3) ls 与 ll:查看其子目录与文件的信息。需要注意命令 ll 其实是一个命令别名,等价于 ls -l。

```
[root@localhost ~]#pwd
/root
[root@localhost ~]#cd
[root@localhost ~]#ll
总用量 36
drwxr-xr-x. 2 root root 4096 4月  10 2019 公共
drwxr-xr-x. 2 root root 4096 4月  10 2019 模板
drwxr-xr-x. 2 root root 4096 4月  10 2019 视频
drwxr-xr-x. 2 root root 4096 4月  10 2019 图片
drwxr-xr-x. 2 root root 4096 4月  10 2019 文件
drwxr-xr-x. 2 root root 4096 4月  10 2019 下载
drwxr-xr-x. 2 root root 4096 4月  10 2019 音乐
drwxr-xr-x. 2 root root 4096 4月  10 2019 桌面
-rw-------. 1 root root  899 4月   5 01:00 anaconda-ks.cfg
[root@localhost ~]#ls
公共模板视频图片文件下载音乐桌面  anaconda-ks.cfg
[root@localhost ~]#ls  -l
总用量 36
drwxr-xr-x. 2 root root 4096 4月  10 2019 公共
drwxr-xr-x. 2 root root 4096 4月  10 2019 模板
drwxr-xr-x. 2 root root 4096 4月  10 2019 视频
```

```
drwxr-xr-x. 2 root root 4096 4月   10 2019 图片
drwxr-xr-x. 2 root root 4096 4月   10 2019 文件
drwxr-xr-x. 2 root root 4096 4月   10 2019 下载
drwxr-xr-x. 2 root root 4096 4月   10 2019 音乐
drwxr-xr-x. 2 root root 4096 4月   10 2019 桌面
-rw-------. 1 root root  899 4月   5 01:00 anaconda-ks.cfg
//可以看到命令的运行结果跟命令 ll 一样,两者的具体关系将在 5.3 节介绍
```

5. 帮助命令

大家不可能对 Linux 的每个命令及其参数都了如指掌,所以 Linux 提供了丰富的帮助手册,可以使用 man 和 info 命令来查看一些不熟悉的命令的使用方法,还可以用来查询系统库文件中的一些函数定义和使用方法,也可以在命令后面使用--help 来获取帮助。

```
[root@localhost ~]#man  ifconfig
…
[root@localhost ~]#info  ifconfig
…
[root@localhost ~]#ifconfig  --help
Usage:
  ifconfig [-a] [-v] [-s] <interface> [[<AF>] <address>]
  [add <address>[/<prefixlen>]]
  [del <address>[/<prefixlen>]]
  [[-]broadcast [<address>]]  [[-]pointopoint [<address>]]
  [netmask <address>]  [dstaddr <address>]  [tunnel <address>]
  [outfill <NN>] [keepalive <NN>]
  [hw <HW><address>]  [mtu <NN>]
  [[-]trailers]  [[-]arp]  [[-]allmulti]
  [multicast]  [[-]promisc]
  [mem_start <NN>]  [io_addr <NN>]  [irq <NN>]  [media <type>]
  [txqueuelen <NN>]
  [[-]dynamic]
  [up|down] …
//通过运行结果比较这三种方式的区别,man 和 info 命令需要输入"q"退出
```

6. Fedora 29 的关机和重启

(1) 关机命令包括 halt、poweroff、init 0、shutdown -h now、shutdown -h 10(10 分钟后自动关机)。

(2) 重启命令包括 reboot、shutdown -r now、init 6。

还可以通过图形用户界面单击选择相关的关机或重启操作。

实验2 非交互命令的退出方式。

上面实验中大部分命令(man 和 info 命令除外)按 Enter 键后直接给出执行结果后立刻退出,这些命令称之为交互式命令,但是有些命令是非交互式的,需要手动退出,以计算器命令 bc 为例演示非交互命令的三种退出方式。

📖**操作演示**
非交互命令的退出

(1) quit、exit 或 q:第一种退出方式,即输入对应的字符串或字母后,命令自动退出,每个命令的退出标记都不同,但大体为上述三种。例如,命令 bc 的退出是 quit,而打印负载信息的命令 top 的退出则是字母 q。

```
[root@localhost ~]#bc
bc 1.06.95
Copyright 1991 - 1994, 1997, 1998, 2000, 2004, 2006 Free Software
Foundation, Inc.
This is free software with ABSOLUTELY NO WARRANTY.
For details type `warranty'.
20*50
1000
quit
[root@localhost ~]#
```

(2) kill 命令杀掉对应的命令进程:第二种退出方式。

在终端界面下,单击文件选择新建标签页,新建一个标签后在这个新标签下输入命令 ps aux | grep bc(管道"|"的作用是将前面命令的输出作为后面命令的输入),查看第二列获得 bc 进程的 PID,例如 5037,此时输入 kill -9 5037 命令,回到第一个标签下,可以看到计算器 bc 这个进程已被杀死退出。

```
//在第二个标签下进行操作
[root@localhost ~]#ps -aux | grep bc
root   5037  0.0  0.1  6340  1048 pts/0   S+   05:16   0:00 bc
root   5055  0.0  0.0  6096   744 pts/1   S+   05:17   0:00 grep --color=auto bc
[root@localhost ~]#kill -9 5037

//再返回第一个标签,发现刚才还在运行的bc已被杀死
[root@localhost ~]#bc
bc 1.06.95
Copyright 1991 - 1994, 1997, 1998, 2000, 2004, 2006 Free Software
Foundation, Inc.
This is free software with ABSOLUTELY NO WARRANTY.
For details type `warranty'.
已杀死
[root@localhost ~]#
```

(3) 按Ctrl+Z或者Ctrl+C组合键强制退出：第三种退出命令的方式，即强制退出。

```
[root@localhost ~]#bc
bc 1.06.95
Copyright 1991 - 1994, 1997, 1998, 2000, 2004, 2006 Free Software
Foundation, Inc.
This is free software with ABSOLUTELY NO WARRANTY.
For details type `warranty'.
^C
(interrupt) Exiting bc.
[root@localhost ~]#
[root@localhost ~]#bc
bc 1.06.95
Copyright 1991 - 1994, 1997, 1998, 2000, 2004, 2006 Free Software
Foundation, Inc.
This is free software with ABSOLUTELY NO WARRANTY.
For details type `warranty'.
^Z
[1]+  Stopped     bc
[root@localhost ~]#
```

实验3 命令行方式获取系统相关的信息。

(1) 获取CPU的信息。

```
[root@localhost ~]#cat  /proc/cpuinfo
processor      : 0
vendor_id      : GenuineIntel
cpu family     : 6
model          : 78
model name     : Intel(R) Core(TM) i5-6200U CPU @2.30GHz
stepping       : 3
cpu MHz        : 2399.997
cache size     : 3072 KB
fdiv_bug       : no
hlt_bug        : no
f00f_bug       : no
coma_bug       : no
fpu            : yes
...
```

(2) ifconfig：获取当前网卡的网络信息。

```
#NAT模式下的命令显示情况
[root@localhost ~]#ifconfig  ens33
```

```
ens33: flags=4163<UP,BROADCAST,RUNNING,MULTICAST>  mtu 1500
        inet 192.168.134.133  netmask 255.255.255.0  broadcast 192.168.134.255
        inet6 fe80::61df:e578:3f55:118a  prefixlen 64  scopeid 0x20<link>
        ether 00:0c:29:0f:e5:55  txqueuelen 1000  (Ethernet)
        RX packets 715044  bytes 1067072363 (1017.6 MiB)
        RX errors 0  dropped 0  overruns 0  frame 0
        TX packets 311483  bytes 18811795 (17.9 MiB)
        TX errors 0  dropped 0 overruns 0  carrier 0  collisions 0
```

(3) lspci | grep VGA：获取显卡的信息。

```
[root@localhost ~]#lspci | grep VGA
00:0f.0 VGA compatible controller: VMware SVGA II Adapter
```

(4) ps -aux：获取关于进程的信息。

```
[root@localhost ~]#ps  -aux
USER       PID %CPU %MEM    VSZ   RSS TTY      STAT START   TIME COMMAND
root         1  0.0  0.1   2932  1432 ?        Ss   10:10   0:01 /sbin/init
root         2  0.0  0.0      0     0 ?        S    10:10   0:00 [kthreadd]
root         3  0.0  0.0      0     0 ?        S    10:10   0:00 [ksoftirqd/0]
root         4  0.0  0.0      0     0 ?        S    10:10   0:00 [migration/0]
root         5  0.0  0.0      0     0 ?        S    10:10   0:00 [watchdog/0]
root         6  0.0  0.0      0     0 ?        S    10:10   0:00 [events/0]
root         7  0.0  0.0      0     0 ?        S    10:10   0:00 [cpuset]
...
```

(5) top d 1：获取关于负载的信息。

```
[root@localhost ~]#top d 1
top - 17:46:25 up 10 min,  2 users,  load average: 0.41, 0.55, 0.37
Tasks: 161 total,   1 running, 160 sleeping,   0 stopped,   0 zombie
Cpu(s): 14.0%us,  5.0%sy,  0.0%ni, 81.0%id,  0.0%wa,  0.0%hi,  0.0%si,  0.0%st
Mem:   1026000k total,   691012k used,   334988k free,    26676k buffers
Swap:  2064380k total,        0k used,  2064380k free,   522404k cached

PID USER      PR  NI  VIRT  RES  SHR S %CPU %MEM    TIME+  COMMAND
1886 root      20   0 66068  19m 5892 S 14.8  2.0   0:17.48 /usr/bin/Xorg :0 -nr
-verbose -auth /var/run/gdm/auth-for-gdm-EO
2566 root      20   0  150m  14m  11m S  3.9  1.4   0:02.07 gnome-terminal
1303 root      20   0 29076 3724 3028 S  1.0  0.4   0:01.12 /usr/sbin/vmtoolsd
2605 root      20   0  2776 1072  816 R  1.0  0.1   0:01.01 top d 1
...
```

实验4 实验环境的搭建。

在个人的笔记本电脑上构建实验环境：首先安装VMware软件，然后在Fedora官网下载最新版本的Fedora iso安装文件，在VMware的环境下完成该系统的安装。

2.4 本章小结

2.1节主要介绍了实验环境的安装和搭建，首先安装VMware软件，然后新建一个虚拟机，最后在虚拟机上面安装Fedora 29系统。

2.2节介绍了Linux的图形用户界面与命令行界面，Linux的图形用户界面与Windows的界面十分相似，主要包括基于X Window系统的GNOME和KDE桌面环境；而命令行界面至今依然是Linux系统配置和管理的首选方式。进入命令行界面的方式有两种：一种是在桌面系统中使用终端仿真器；另一种是直接在字符界面进行操作。命令行界面下各种常用命令的使用对于人们学习Linux十分重要，大家必须要掌握。然后分别介绍了桥接模式和NAT模式下虚拟机网络IP的配置方式，这是我们在Fedora 29系统能够联网的重要步骤。

在实验手册中主要介绍了Linux系统中的一些简单命令的使用，包括获取时间信息、非交互命令的三种退出方式等，然后以命令行的方式通过各种命令获取包括CPU、内存、显卡、网络等系统信息。

2.5 习题

一、知识问答题

1. 简述什么是虚拟机，并分析其与物理机、操作系统的关系。
2. 列举当前流行的虚拟机软件，并分析其各自特色。
3. 简述VMware虚拟机软件的功能。
4. 简述Fedora操作系统的定位和特点。
5. 简述Fedora操作系统当前存在的版本。
6. 对Linux的X Windows做一个简要的介绍。
7. 比较Linux的两个桌面环境系统：KDE和GNOME。
8. 简述进入字符界面有哪些方式。
9. 简述可以使用哪些命令关闭Fedora系统。
10. 简述在Linux系统中获得帮助有哪些方式。

二、命令操作题

1. 显示2020年8月的月历。

2. 将当前虚拟机的系统时间修改为当前时间的 10 个月之后。
3. 查看命令 wget 的帮助文件。
4. 查看最近的 15 条运行命令。
5. 使用 shutdown 命令设定在 30 分钟后关闭计算机系统。
6. 请以 top 命令为例演示非交互式命令的三种退出方式。

第3章　Linux文件与目录管理

学习目标

(1) 了解Linux常用文件类型。
(2) 了解Linux目录的结构。
(3) 掌握Linux文件权限与属主的设置。
(4) 掌握Linux常用的基本命令的用法。

文件管理是学习和使用Linux系统的基础，也是Linux系统管理与维护中最重要的部分之一。本章将对Linux系统的文件与目录的基础知识，以及文件管理操作中的一些重要或者常见的命令做较为详细的介绍。

3.1　Linux文件与目录的基本命令

在UNIX系统中有一个重要的概念：一切都是文件。其实这是UNIX哲学的一个体现，而Linux是重写UNIX而来，所以这个概念也就传承了下来。在UNIX系统中，把一切资源都看作是文件，包括硬件设备。UNIX系统把每一个硬件都看成是一个文件，通常称为设备文件，这样用户就可以用读写文件的方式实现对硬件的访问。

在Linux系统中，任何软件和I/O设备都被视为文件。Linux系统的文件名最大支持256个字符，分别可以用A～Z、a～z、0～9等字符来命名。与Windows不同，Linux系统文件名是区分大小写的，所有的UNIX系列操作系统都遵循这个规则。Linux下也没有盘符的概念(如Windows下的C盘、D盘)，而不同的磁盘分区是被挂载在不同的目录下的。

Linux系统的文件没有扩展名，所以Linux系统的文件名称和它的种类没有任何关系。例如，abc.exe可以是文本文件，而abc.txt也可以是可执行文件。Linux系统的文件可以分为五种不同的类型：普通文件、目录文件、链接文件、设备文件和管道文件。

1. 普通文件

普通文件一般是用一些相关的应用程序创建的，例如图像、文件、压缩包等。依照文件的内容，通常用“-”符号标识，具体有以下两种。

(1) 文本文件：它是以文本的ASCII编码形式存储，是Linux系统中最多的一种文件类型，又称为纯文字文件，是因为可以从文件中直接读到如数字、字母等数据。几乎所有系统配置的文件都属于这一文件类型。

（2）二进制文件：它是以文本的二进制形式存储，文件内容不可读，仅仅系统可以执行这些二进制文件，Linux 系统所有的命令都是这种格式。

2. 目录文件

目录文件简称目录，存储一组相关文件的位置、大小等信息。通常用“d”标识，例如 drwxrwxrwx 代表目录文件。

3. 链接文件

链接文件类似 Windows 系统中的快捷方式，用 l 标识，例如 lrwxrwxrwx 代表链接文件。链接文件可以分为以下两种。

（1）硬链接文件：保留所链接文件的索引节点（磁盘的具体位置）信息。

（2）符号链接文件：类似于 Windows 中的快捷方式，其本身并不保存文件的内容，而只记录所连接文件的路径。

4. 设备文件

设备文件是存储 I/O 设备信息的文件，Linux 系统的每个设备都用一个设备文件来表示。设备文件通常集中在/dev 目录下，通常又分为以下两种。

（1）区块设备文件：就是存储一些数据，以提供系统随机存取的接口设备。例如磁盘就可以随机在其不同区块读写，通常用 b 来标识这类文件。

（2）字符设备文件：是一些串行端口的接口设备，例如键盘、鼠标等。这些设备的特点就是一次性读取，不能够截断输出，通常用 c 来标识这类文件。

5. 管道文件

管道文件是一种特殊的文件，主要的目的是解决多个程序同时存取一个文件所造成的错误问题，通常用 p 来标识这类文件。管道是 Linux 系统很重要的一种通信方式，以|间隔两个程序，从而实现把前面一个程序的输出直接连接到后面另一个程序的输入。

Linux 系统中，文件与目录的操作是最基本、最重要的技术。用户可以方便、高效地通过系统提供的命令对文件和目录进行操作，为了更好地介绍本章内容，本节将分别对其中最常用的几个基本命令进行介绍。

3.1.1 查看文件与目录命令 ls

ls 命令是英文单词 list 的简写，这是用户最常用的命令之一，该命令的功能是输出指定目录中所有的子目录与文件的文件名以及所要求的其他信息，在默认情况下，输出条目按字母顺序排序。当未给出目录名或文件名时，就显示当前目录的信息。ls 命令常用格式如下。

操作演示

ls 命令的使用

```
ls [选项][dirname|filename]
```

该命令中的[选项]含义如下。

-a：显示指定目录下所有子目录与文件，包括隐藏文件。

-A：显示指定目录下所有子目录与文件，包括隐藏文件，但不列出“.”和“..”。

-b：对文件名中的不可显示字符用八进制字符显示。

-c：按文件的修改时间排序。

-C：分成多列显示各项。

-d：如果参数是目录，只显示其名称而不显示其下的各文件。往往与l选项一起使用，以得到目录的详细信息。

-l：以长格式来显示文件的详细信息，这个选项最常用。每行列出的信息依次是文件类型与权限、链接数、文件属主、文件属组、文件大小、建立或最近修改的时间以及名字，运行效果等同于命令ll。

```
[root@localhost ~]#ls
公共模板视频图片文件下载音乐桌面  anaconda-ks.cfg
[root@localhost ~]#ls  -a
.    模板文件桌面            .bash_logout   .cache   .esd_auth      .pki
..   视频下载  anaconda-ks.cfg  .bash_profile  .config  .ICEauthority  .tcshrc
公共图片音乐  .bash_history    .bashrc        .cshrc   .local
[root@localhost ~]#ls  -A
公共图片音乐            .bash_history  .bashrc  .cshrc         .local
模板文件桌面            .bash_logout   .cache   .esd_auth      .pki
视频下载  anaconda-ks.cfg  .bash_profile  .config  .ICEauthority  .tcshrc
// 以符号“.”开头的文件均为隐藏文件，均为系统配置文件，所以默认对用户不可见

[root@localhost ~]#ls -d /root
/root
[root@localhost ~]#ls -dl /root
dr-xr-x---. 15 root root 4096 11月  9 22:04 /root
```

3.1.2 目录的相关操作命令 pwd、cd、mkdir

1. pwd 命令

pwd命令是英文词组print working directory的缩写，作用是显示当前工作目录的路径。该命令无参数和选项，在Linux层次目录结构中，用户可以在被授权的任意目录下用mkdir命令创建新目录，也可以用cd命令从一个目录切换到另一个目录。然而，没有提示符来告知用户目前处于哪一个目录中，要想知道当前所处的目录，可以用pwd命令，该命令显示整个路径名。其实该命令显示的是当前工作目录的绝对路径。

2. cd 命令

cd 命令是英文词组 change directory 的缩写，作用是改变当前工作目录。cd 命令的常用格式如下。

```
cd [directory]
```

该命令将当前目录改变至 directory 所指定的目录。若没有指定 directory，则回到用户的主目录。为了切换到指定目录，用户必须拥有对指定目录的执行和读权限。该命令也可以使用通配符。最重要的是区分出以下命令的不同。

cd ..：回到上层目录。

cd .：什么也不做。

cd -：回到刚才目录。

cd ～：回到自己的主目录。

cd：回到自己的主目录。

从前两个命令可以明确看出符号"."和".."的含义：前者指向当前目录，即 pwd 命令所返回的目录；而后者代表当前目录的上一级目录。

3. mkdir 命令

创建目录需要使用 mkdir 命令。mkdir 命令的常用格式如下。

```
mkdir [选项] [dirname]
```

该命令创建名为 dirname 的目录，mkdir 命令要求创建目录的用户在当前的目录(即 dirname 的父目录)中具有写权限，并且 dirname 不能是当前目录中已有的目录或文件名称，否则就需要加入参数-p。

参数-p：实现递归创建目录，而如果待创建目录已经存在，则不报错误。

```
t@localhost ~]#cd
[root@localhost ~]#mkdir test
[root@localhost ~]#cd test
[root@localhost test]#pwd
/root/test
[root@localhost test]#mkdir test2/test3
mkdir: 无法创建目录 "test2/test3": No such file or directory
[root@localhost test]#mkdir -p  test2/test3
[root@localhost test]#cd test2/test3/
[root@localhost test3]#pwd
/root/test/test2/test3
//要想直接创建多级目录，就必须加入参数-p，才能实现递归创建，否则报错

[root@localhost test3]#cd ..
[root@localhost test2]#pwd
```

```
/root/test/test2
[root@localhost test2]#cd ..
[root@localhost test]#pwd
/root/test
[root@localhost test]#cd ..
[root@localhost ~]#pwd
/root
//通过三次回退到上级目录,实现从 /root/test/test2/test3 到 /root

[root@localhost ~]#mkdir test
mkdir: 无法创建目录"test": File exists
//mkdir 创建的目录如果已经存在,则报错

[root@localhost ~]#mkdir -p  test
//如果加入参数-p,则不会报错
```

3.1.3 复制、移动与删除命令 cp、mv、rm

1. cp 命令

该命令的功能是将给出的文件或目录复制到另一个文件或目录。cp 命令的常用格式如下。

```
cp [选项] [源文件或目录] [目标文件或目录]
```

操作演示
复制、移动与删除

该命令的[选项]含义如下。

-a：该选项通常在复制目录时使用，它保留链接和文件属性，并递归地复制目录，其作用等于 dpr 选项的组合。

-p：此时 cp 除复制源文件的内容外，还将修改时间和访问权限也复制到新文件中。

-d：若源文件为链接文件，则复制链接文件的属性而非文件本身。

-r：若源文件是目录文件，此时 cp 将递归复制该目录下所有的子目录和文件，此时目标文件必须是一个目录名。

-f：不询问，直接覆盖已经存在的目标文件而不提示。

-i：和-f 选项相反，在覆盖目标文件之前将给出提示要求用户确认，回答 y 时目标文件将会覆盖，是交互式复制。

需要说明的是，如果用户指定的目标文件名是一个已存在的文件名，用 cp 命令复制文件后，这个文件就会被新复制的源文件覆盖。因此，系统为防止用户在不经意的情况下用 cp 命令破坏另一个文件，默认设置了-i 选项。

```
[root@localhost ~]#mkdir -p  user/shiyan
[root@localhost ~]#touch  bbb.txt
```

```
//创建一个空白文件

[root@localhost ~]#cp bbb.txt user/shiyan/
//表示将 bbb.txt 文件复制到 user/shiyan 目录下

[root@localhost ~]#cd user/shiyan
[root@localhost shiyan]#ls -l
总用量 0
-rw-r--r-- 1 root root 0  2月  8 01:35 bbb.txt
```

2. mv 命令

用户可以使用 mv 命令为文件或目录改名或将文件由一个目录移入另一个目录中。mv 命令的常用格式如下。

```
mv [选项][源文件或目录][目标文件或目录]
```

该命令的[选项]含义如下。

-i：交互式操作，如果 mv 操作导致对已存在的目标文件的覆盖，此时系统询问是否重写，要求用户回答 y 或者 n，这样可以避免覆盖文件。

-f：禁止交互操作，在 mv 操作中覆盖已有的目标文件不给任何指示，指定此选项后，-i 选项将不再起作用。

如果所给的目标文件（不是目录）已存在，此时该文件的内容将被新文件覆盖。为防止用户在不经意的情况下用 mv 命令破坏另一个文件，建议用户在使用 mv 命令移动文件时，最好使用-i 选项。需要注意的是，mv 和 cp 的结果不同，mv 好像文件搬家，文件个数并未增加；而 cp 则是对文件进行复制，文件个数增加了。

```
[root@localhost ~]#mkdir  -p  test
[root@localhost ~]#cd test
[root@localhost test]#cp  /proc/cpuinfo  cpuinfo2
[root@localhost test]#ll
总用量 4
-r--r--r--. 1 root root 1091 11月 17 10:40 cpuinfo2
[root@localhost test]#mv  cpuinfo2  cpuinfo3
[root@localhost test]#ll
总用量 4
-r--r--r--. 1 root root 1091 11月 17 10:40 cpuinfo3
```

3. rm 命令

对于无用的文件，用户可以用 rm 命令将其删除，该命令的功能为删除一个目录中的一个或多个文件，它也可以将某个目录及其下的所有文件、子目录均删除；对于链接文件，只是删除了链接，原有文件均保持不变。rm 命令的常用格式如下。

```
rm [选项] 文件名
```

该命令的[选项]含义如下。

-f：忽略不存在的文件，从不给出提示。

-r：指示 rm 将参数中列出的全部目录和子目录均递归地删除。

-i：进行交互式删除。

使用 rm 命令要格外小心，因为一旦一个文件被删除，它是不可能被恢复的，所以系统默认设置了-i 这个选项。

```
[root@localhost ~]#rm  bbb.txt
rm:是否删除普通空文件 "bbb.txt"?y
[root@localhost ~]#ls -l bbb.txt
ls: 无法访问 bbb.txt: 没有那个文件或目录
[root@localhost ~]#rm  -rf user
[root@localhost ~]#ls  -l  user
ls: 无法访问 user: 没有那个文件或目录
```

3.2 Linux 目录与目录配置

在计算机系统中存在大量的文件，如何有效地组织和管理它们，并为用户提供一个方便的接口是文件系统的主要任务。Linux 系统以文件目录的方式来组织和管理系统中的所有文件。所谓文件目录就是将所有文件的说明信息采用树状结构组织起来，目录也是其中一种类型的文件，各个目录节点之下都会有一些文件和子目录，所以 Linux 目录为管理文件提供了一个方便的途径。

3.2.1 Linux 的目录树

因为利用 Linux 开发应用软件产品或系统发行版的团队实在太多，如果每个人都用自己的想法来配置文件放置的目录，那么将可能造成很多管理上的困扰。所以，Linux 目录的配置依据 FHS(Filesystem Hierarchy Standard)规范。根据 FHS 的官方文件指出，主要目的是希望让用户可以了解到数据通常放置于哪个目录下。也就是说，FHS 的重点在于规范每个特定的目录下应该要放置什么样的数据。FHS 定义出两层规范：第一层是根目录(/)底下的各个目录应该要放置什么样内容的文件数据，例如，/etc 应该要放置系统配置文件，/bin 和/sbin 则应该放置可执行程序等；第二层则是针对/user 和/var 这两个目录的次目录来定义的，例如，/var/log 放置系统登录文件，/user/share 放置共享数据等。

在 Linux 系统中，所有的文件与目录都是从根目录(/)开始的，然后再一个一个地分支下来，像是树枝状。因此，人们也称这种目录配置方式为目录树(Directory Tree)。这个目录树具有以下特性。

(1) 目录树的起始点为根目录(/)。

(2) 每一个目录不仅能使用本地端分区的文件系统,也可以使用网络上的文件系统。例如可以利用 Network File System(NFS)服务器挂载某特定目录等。

(3) 每一个文件在此目录树中的文件名(包括完整路径)都是独一无二的。

目录可以分成四种类型。

(1) 可分享的目录:指的是可以分享给其他系统挂载的目录。

(2) 不可分享的目录:系统或程序相关的配置文件等,由于与自身机器有关,所以不适合分享给其他主机。

(3) 不变的目录:不变的数据。

(4) 可变的目录:可变的数据。

FHS 规范将目录分为四种交互作用的形态,如表 3.1 所示。

表 3.1 目录四种交互作用形态

种　　类	可分享的(shareable)	不可分享的(unshareable)
不变的(static)	/usr(常用软件)	/etc(配置文件)
	/opt(第三方软件)	/boot(与系统启动有关的文件)
可变的(variable)	/var/mail(使用者邮件信箱)	/var/run(程序相关)
	/var/spool/news(新闻组)	/var/lock(程序相关)

目录树的形式如图 3.1 所示,而从根目录(/)分支下来的众多目录应放置的文件内容如表 3.2 所示,其中有 5 个目录不可与根目录分开放在不同的分区。这 5 个目录分别为 etc、bin、dev、lib、sbin。

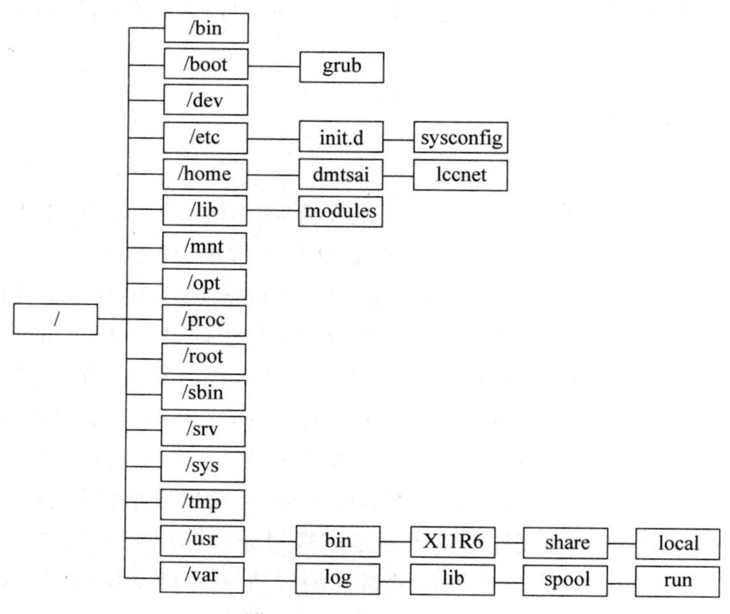

图 3.1 Linux 的目录树

表3.2 各目录应放置的文件内容

目录	应放置的文件内容
/bin	系统有很多放置执行文件的目录，但是bin比较特殊，因为bin放置的是在单用户维护模式下还能被操作的命令。在bin下面的命令可以被root与一般账号所使用，主要有cat、chmod、date、mv、mkdir、cp、bash等常用命令
/boot	主要放置开机会使用到的文件，包括Linux内核文件以及开机菜单与开机所需配置文件等，如常用文件vmlinux。如果使用的是grub引导装载程序，还会存在/boot/grub这个目录
/dev	在Linux系统中，任何设备与接口设备都是以文件的形式存储在这个目录中，只要通过访问这个目录下面的文件，就等于访问某个设备，比较重要的文件有null、zero、tty、lp*、hd*、sd*等
/etc	系统的主要配置文件几乎都放在这个目录内，例如人员的账号、密码文件，各种服务的起始文件等。一般来说，这个目录下的各文件属性可以让一般用户查阅，但只有root才有权利修改。FHS建议不要放置可执行文件(binary)，在这个目录中，比较重要的有inittab、init.d、modprobe.conf、/X11、fatab、sysconifg等。①init.d：所有服务的默认启动脚本都放在这里，例如要启动或者关闭iptables：/etc/init.d/iptables start|stop。②xinetd.d：super daemon管理的各项服务配置文件目录。③X11：与X Window有关的各种文件都放在这里，尤其是xorg和XServer的配置文件conf
/home	系统默认的用户主文件夹。当创建一个一般用户账号时，默认的用户文件夹都会放置在这里。～代表目前这个用户的主文件夹
/lib	系统的函数库非常多，而lib放置的则是开机时用到的函数库，以及bin或者sbin下面的命令会调用的函数库。modules这个目录会放置内核相关的模板(驱动程序)
/media	放置可删除的设备，例如软盘、光盘、DVD等
/mnt	如果想暂时挂载某些额外的设备，一般建议放置在此目录中
/opt	放置第三方软件的目录，以前习惯放置在/uer/local中
/root	系统管理员root的主文件夹。之所以放在这里，是因为如果进入单用户维护模式而挂载根目录时，该目录能够拥有root的主文件夹。建议放在根目录下
/sbin	放在sbin下面的为开机过程所需要的，里面包括的开机、修复、还原系统所需要的命令。例如fdisk、fsck、ifconifg、mkfs、init、mount。sbin目录下的命令普通用户都执行不了
/srv	服务启动之后需要访问的数据目录，如WWW服务需要访问的网页数据放置在/srv/www内
/tmp	放置临时文件目录，一些命令和应用程序会用到这个目录。该目录下的所有文件会被定时删除，会避免临时文件占满整个磁盘。临时文件，在系统重启时目录中文件不会保留

3.2.2 Linux的目录基本概念

在了解Linux的目录时，要了解一些常见的基本概念。下面分别介绍路径、根目录、工作目录、用户主目录等一些相关的基本概念。

1. 路径

首先了解路径的概念，掌握了路径就可以随心所欲地进入任何目录，进行各种各样的工作。所谓的路径是指从树状目录中的某个目录层次到某个文件的一条道路，路径是由目录或目录和文件名构成的，例如/etc/x11 就是一个路径，而/etc/x11/xorg.conf 也是一个路径。也就是说，路径可以是目录的组合，分级深入进去，也可以由目录＋文件构成。

路径有绝对路径和相对路径之分。在 Linux 系统中，绝对路径是从根目录(/)开始写起的文件名或目录名称，例如/user、/etc/x11 等。进入绝对路径的举例如下。

```
[root@localhost ~]#pwd
/root
[root@localhost ~]#cd /proc
[root@localhost proc]#pwd
/proc
```

相对路径是以"."或".."开始的，"."表示用户当前操作所处的位置，而".."表示上级目录，在路径中，"."表示用户当前操作所处的目录，而".."表示上级目录，要把"."和".."当成目录来看。进入相对路径的举例如下。

```
[root@localhost ~]#pwd
/root
[root@localhost ~]#cd .
[root@localhost ~]#pwd
/root
//还在当前目录下，位置没有发生变化
[root@localhost ~]#cd ..
[root@localhost /]#pwd
/
```

2. 根目录

Linux 的根目录(/)是 Linux 系统中最特殊的目录，因为所有的目录都是由根目录衍生出来的，同时根目录也与开机、还原、系统修复等动作有关。因此，FHS 标准建议：根目录(/)所在的分区越小越好，且各种应用软件最好不要与根目录放在一个分区，以保持根目录越小越好，如此不但效能最佳，根目录所在的文件系统也不容易出现问题。

3. 工作目录

从逻辑上讲，用户登录 Linux 系统之后，每时每刻都处在某个目录之中，此目录被称作工作目录或当前目录。工作目录是可以随时改变的，用"."表示，其父目录用".."表示。

4. 用户主目录

用户主目录是系统管理员在增加用户时为该用户建立起来的目录，每个用户都有自己的主目录，不同用户的主目录一般互不相同，也可以改变用户的主目录。在默认情况下，用户主目录是/home 目录下与用户名相同的目录。用户刚登录系统时，工作目录便是该用户的主目录，用户可以通过一个“～”字符来引用自己的主目录，例如，用户 lhy 的主目录/home/lhy，那么命令“ls ～/files”和命令“ls /home/lhy/files”的意义相同。

3.2.3 全局变量 PATH

命令 ls 的绝对路径是/bin/ls，但是为什么在任何目录都可以直接只输入 ls，而不用每次输入其绝对路径呢？这就是全局变量 PATH 在起作用。全局变量 PATH 决定了 Shell 将到哪些目录中寻找命令或程序，PATH 的值是一系列的目录，当运行一个程序时，Linux 在这些目录下进行搜寻编译连接。其格式如下。

```
PATH=<PATH 1>:<PATH 2>:<PATH 3>:…:<PATH N>
```

查看 PATH 环境变量，可用：

```
[root@localhost ~]#echo $PATH
/usr/local/sbin:/usr/sbin:/sbin:/usr/local/bin:/usr/bin:/bin:/root/bin
```

需要注意的是，不同用户的 $PATH 是不一样的，root 最完整，具体设置 PATH 变量的值请参见 5.4 节。

一个 PATH＝/usr/local/sbin：/usr/sbin：/sbin：/usr/local/bin：/usr/bin：/bin：/root/bin 环境变量告诉系统，当接到用户送入的命令时，依次检索/usr/local/sbin、/usr/sbin、/sbin 等目录，直到找到用户输入的命令为止，或者遍历后没有检索成功则报错退出。

```
[root@localhost ~]#lstest
//命令未找到

[root@localhost ~]#mkdir -p  /root/bin
[root@localhost ~]#cp  /bin/ls  /root/bin/lstest
[root@localhost ~]#lstest
bak  bin  公共的模板    视频图片文件下载    音乐桌面
//把 ls 命令复制到变量 PATH 所包含的目录/root/bin 并改名为 lstest 就可以运行
```

3.3 Linux 的文件权限设置

3.3.1 Linux 的文件权限

Linux 系统是一个典型的多用户系统，不同的用户处于不同的地位。为了保护系统的安全性，Linux 系统对不同用户访问同一文件的权限做了不同的规定。文件的访问权限包括读取权限(r)、写入权限(w)和执行权限(x)，下面分别对这三种权限做具体的介绍。

(1) 读取权限(r)是浏览文件或者目录中内容的权限,所以当具有读取一个目录的权限时,就可以使用 ls 这个命令将该目录的文件列表显示出来;而当具有读取一个文件的权限时,就可以显示该文件的具体内容。

(2) 写入权限(w)是修改文件内容的权限,而对于目录而言是删除、添加和重命名目录内文件的权限。

(3) 执行权限(x)对可执行文件而言是允许执行的权限,而对目录来讲是获得进入该目录的权限。

与文件权限相关的用户分类总共可分为三类:文件的所有者(Owner)、同组用户(Group)和其他用户(Other)。

```
[root@localhost ~]#ls  -l
总用量 40
drwxr-xr-x. 2 root root 4096 4月   10 23:02 公共
drwxr-xr-x. 2 root root 4096 4月   10 23:02 模板
drwxr-xr-x. 2 root root 4096 4月   10 23:02 视频
drwxr-xr-x. 2 root root 4096 4月   10 23:02 图片
drwxr-xr-x. 2 root root 4096 4月   10 23:02 文档
drwxr-xr-x. 2 root root 4096 4月   10 23:02 下载
drwxr-xr-x. 2 root root 4096 4月   10 23:02 音乐
drwxr-xr-x. 2 root root 4096 4月   10 23:02 桌面
-rw-------. 1 root root  899 4月    5 01:00 anaconda-ks.cfg
drwxr-xr-x. 3 root root 4096 4月   11 10:37 test
/* [    1   ][2][3] [4]  [5]  [      6    ]  [7]   */
```

命令的运行结果分 7 栏显示。

(1) 第一栏代表了十个属性,第一个属性代表文件的类型,例如目录标注为 d,而普通文件标注为-;剩下的三个一组:r 代表可读,w 代表可写,x 代表可执行。第一组是拥有人的权限,第二组是同群组的权限,第三组是其他用户的权限。

(2) 第二栏为连接数,表示有多少文件名连接到该节点。

(3) 第三栏代表这个文件的拥有人。

(4) 第四栏代表拥有人的群组。

(5) 第五栏代表文件的大小。

(6) 第六栏代表这个文件的创建时间或者是最后被修改的时间。

(7) 第七栏代表目录或文件的名字。

文件属性介绍示意图如图 3.2 所示。

Linux 文件的基本属性一共有九个,分别是 owner/group/other 的读取权限、写入权限和执行权限。需要注意的是,文件初始访问权限在创建时由系统赋予,文件所有者或超级用户可以修改文件权限。文件的访问权限的表示有两种方法:字母表示法和数字表示法。

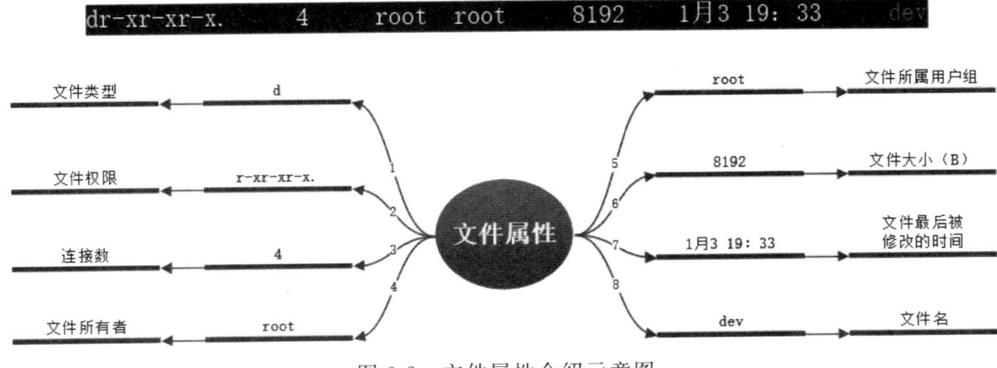

图 3.2 文件属性介绍示意图

1. 字母表示法

字母表示法是文件权限表示的一种常用的方法，具体示意如图 3.3 所示。

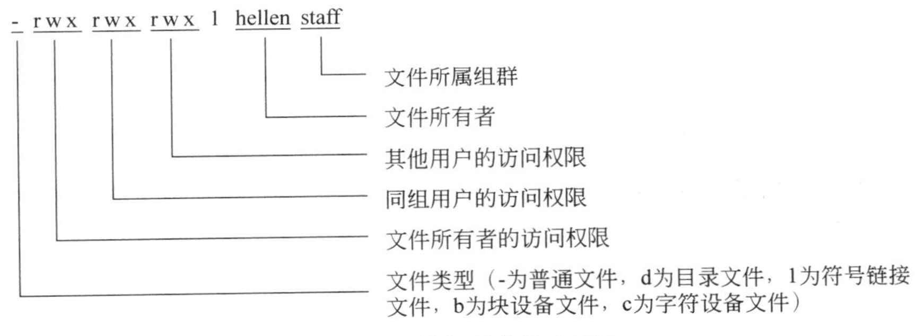

图 3.3 文件权限字母表示法

2. 数字表示法

数字表示法就是用数字表示各属性，各属性与数字的对照为 r:4、w:2、x:1。不同的组合会代表不同的数字，一共会有从 0～7 共 8 种组合：---表示 0，--x 表示 1，-w-表示 2，-wx 表示 3，r--表示 4，r-x 表示 5，rw-表示 6，rwx 表示 7。例如，当文件权限字母法表示为-rwxrwx---，即owner＝rwx＝7，group＝rwx＝7，other＝---＝0，对应的数字表示法的属性就为 770。

3.3.2 桌面环境改变文件权限

桌面环境下选中要修改文件权限的文件右击，在弹出的快捷菜单中选择“属性”命令，在弹出文件的“属性”对话框中单击“权限”选项卡。具体的操作步骤如图 3.4 和图 3.5 所示。

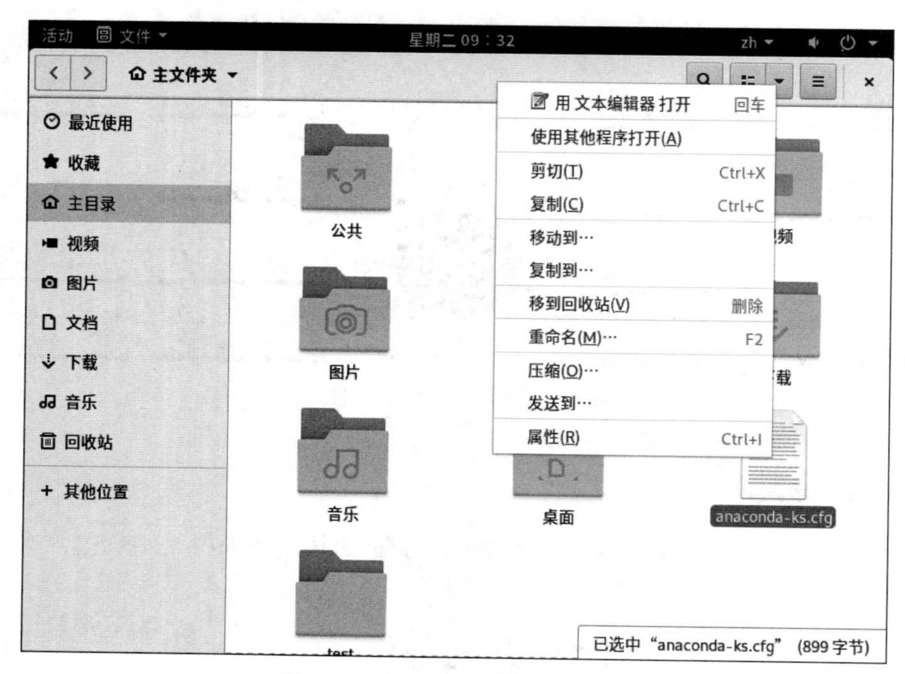

图 3.4　桌面环境下进入文件属性

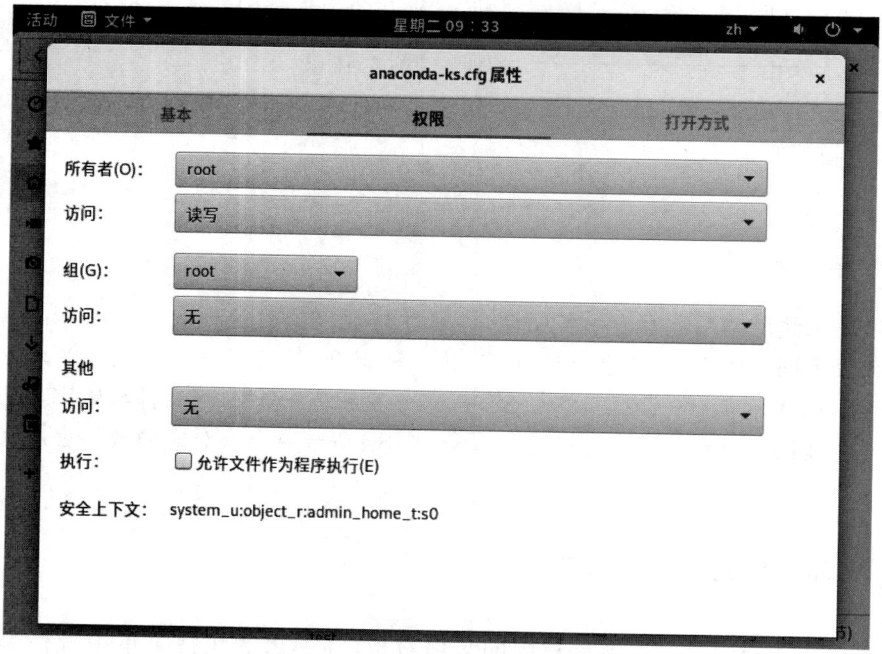

图 3.5　桌面环境下改变文件权限

3.3.3 修改文件权限的 Shell 命令

确定了一个文件的访问权限后，用户可以利用 Linux 系统提供的 chmod 命令来重新设定不同的访问权限，也可以利用 chown 命令来更改某个文件或目录的所有者，利用 chgrp 命令来更改某个文件或目录的用户组。

1. chmod 命令

chmod 命令用于改变文件或目录的访问权限。该命令有两种用法：一种是包含字母和操作符表达式的文字设定方法；另外一种是包含数字的数字设定法。所以会有如下两种格式。

📖 操作演示 chmod 命令的使用

```
chmod        数字模式      文件名
chmod        功能模式      文件名
```

数字模式为一组三个数字，在 3.3.2 节介绍的数字表示法中就已经解释了该如何用数字表示文件的访问属性。功能模式可由三部分组成，包括对象、操作符和权限。对象包括文件所有者（user）、同组用户（group）和其他用户（other），操作符包括增加权限（＋）、删除权限（－）和赋予给定权限（＝），权限有读取权限（r）、写入权限（w）和执行权限（x）。

在一个命令行中可给出多个权限方式，其间用逗号隔开。例如，chmod g＋r，o＋r aaa.txt 表示同组和其他用户对文件 aaa 有读的权限。另外在命令行中加入-R，就是对目录下的所有文件与子目录进行相同的权限变更（以递回的方式逐个变更）。

下面的两种方法，都让对应文件所有人均具有读、写、执行的权限。

（1）变更属性的指令 chmod 的数字用法如下。

```
[root@localhost ~]#cd
[root@localhost ~]#cp  anaconda-ks.cfg  test1.cfg
[root@localhost ~]#ll  test1.cfg
-rw-------. 1 root root 899 4月   16 09:46 test1.cfg
[root@localhost ~]#chmod  777  test1.cfg
[root@localhost ~]#ll  test1.cfg
-rwxrwxrwx. 1 root root 899 4月   16 09:46 test1.cfg
```

（2）变更属性的指令 chmod 的文字用法如下：

```
[root@localhost ~]#cp  anaconda-ks.cfg  test2.cfg
[root@localhost ~]#ll  test2.cfg
-rw-------. 1 root root 899 4月   16 09:46 test2.cfg
[root@localhost ~]#chmod  u+x,g+r+w+x,o+r+w+x  test2.cfg
[root@localhost ~]#ll  test2.cfg
-rwxrwxrwx. 1 root root 899 4月   16 09:46 test2.cfg
```

2. chown 命令

文件与目录不仅可以改变权限，其所有权及所属用户组也能修改，与设置权限类似，用户可以通过图形界面来设置或者执行 chown 命令来修改。chown 用法的格式如下。

📖操作演示 chown 命令的使用

```
chown 文件所有者[:组群]文件名
```

chown 的功能可以改变文件的所有者，并且如果有[:组群]可以一并修改文件的所属组群。如果在命令行中加-R，就可以把所要修改的文件下的所有文件的群组都修改。

```
[root@localhost ~]#ls -l bbb.txt
-rw-r--r-- 1 root root 0  2月  4 04:31 bbb.txt
[root@localhost ~]#chown test:test bbb.txt
[root@localhost ~]#ls -l bbb.txt
-rw-r--r-- 1 test test 0  2月  4 04:31 bbb.txt
/*  */
```

请注意上面 chmod 命令用到的普通用户 test 需要是系统真实存在的用户，否则命令会报错“无效的用户”。具体用户创建方法如图 3.6 所示，在主界面右上角，单击进入账号设置界面，如图 3.7 所示，再单击右上角“添加用户”按钮实现新用户的添加。

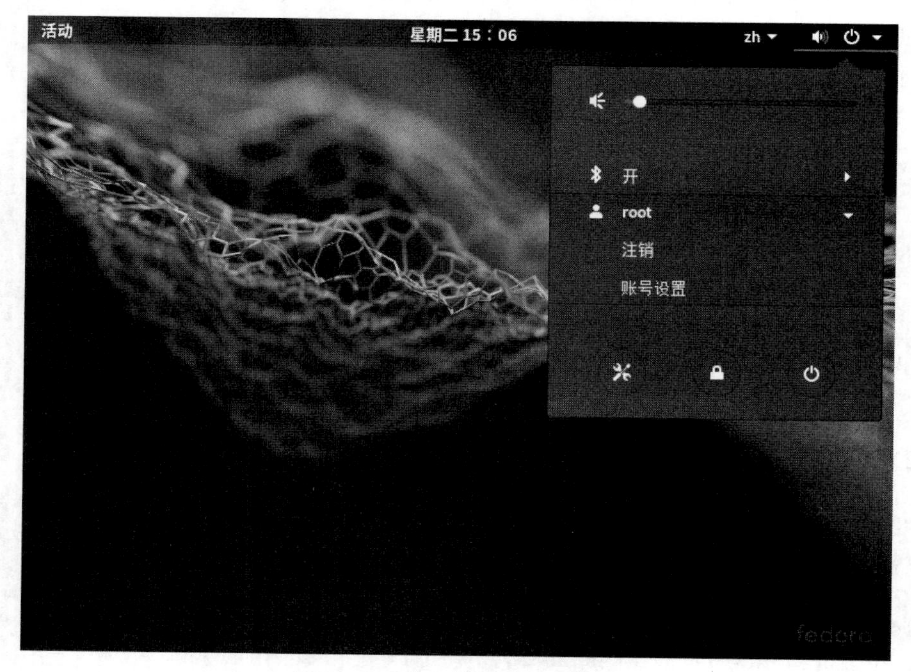

图 3.6　系统账号设置入口界面

图 3.7 系统添加用户界面

3. chgrp 命令

chgrp 命令用来改变文件或目录所属的用户群组，其中，组名可以是用户的 ID，也可以是用户组的组名，使用 chgrp 命令的格式如下。

```
chgrp    组群    文件名
```

文件名可以是由空格分开的要改变属组的文件列表，也可以是由通配符描述的文件集合。不过要改变的群组名称必须要在/etc/group 里面存在，否则会显示错误。也可以加-R 这个参数，此参数的用法和功能与介绍 chmod 时介绍的-R 是相同的。可以看到该命令的功能可以通过 chown 命令实现，所以该命令一般很少使用。

4. umask 命令

我们知道如何创建或者改变一个目录或文件的属性，不过当创建一个新的文件或目录时，它的默认权限是如何指定的，这就与 umask 命令有关了。系统管理员必须要设置一个合理的 umask 值，以确保创建的文件具有所希望的默认权限，防止其他非同组用户对文件具有写权限。在已经登录之后，可以按照个人的偏好使用 umask 命令来改变文件创建的默认权限。相应的改变直到退出该 Shell 或使用另外的 umask 命令之前一直有效。使用 umask 命令的格式如下。

```
umask [选项][掩码]
```

基本上 umask 就是指定目前用户新建文件或目录时默认的权限默认值。查看权限默认值有以下两种方法：

（1）直接输入 umask，就可以看到数字形态的权限设置数值，umask 有四组数，第一组是特殊权限用的，直接看后三组即可。

```
[root@localhost ~]#umask
0022
```

（2）加入-S 这个参数，就会以符号类型的方式来显示权限。

```
[root@localhost ~]#umask  -S
u=rwx,g=rx,o=rx
```

在默认权限属性上目录与文件是不一样的，执行权限对目录是非常重要的，但是一般文件创建时则不应该有执行的权限，因为一般的文件通常用于数据的记录。用户创建文件默认没有可执行权限，即只有读写权限，也就是最大权限是 666：-rw-rw-rw-。若用户创建目录时，由于可执行权限与是否可进入目录有关，因此默认为所有权限均开放，即最大权限是 777：drwxrwxrwx。

umask 设置了用户创建文件的默认权限，它与 chmod 的效果刚好相反，chmod 设置的是文件权限码，而 umask 设置的是权限"补码"，即 umask 是从权限中"拿走"相应的位，即文件创建时不能赋予执行权限。因此，umask 的数值指的是该默认权限值需要减掉的权限，当前 umask 的值为 022，则当前文件的权限变为文件的最大权限值(-rw-rw-rw-)-(-----w--w-)= -rw-r--r--，目录的权限变为目录的最大权限值(drwxrwxrwx)-(-----w--w-)=drwxr-xr-x。而如果运行命令 umask 003 进行权限的修改，003 表示在当前的基础上减去该值，文件的权限变为文件的最大权限值(-rw-rw-rw-)-(--------wx)=-rw-rw-r--，目录的权限变为目录的最大权限值(drwxrwxrwx)-(-------wx)=drwxrwxr--。

```
[root@localhost ~]#umask
0022
[root@localhost ~]#mkdir  -p  test
[root@localhost ~]#cd  test/
[root@localhost test]#umask  -S
u=rwx,g=rx,o=rx
[root@localhost test]#mkdir  linux
[root@localhost test]#ll
总用量 4
drwxr-xr-x. 2 root root 4096 4月  16 10:46 linux

//新建的子目录 linux 的权限确为 drwxr-xr-x

[root@localhost test]#umask  003
[root@localhost test]#mkdir linux2
[root@localhost test]#ll
```

```
总用量 8
drwxr-xr-x. 2 root root 4096 4月  16 10:46 linux
drwxrwxr--. 2 root root 4096 4月  16 13:10 linux2
//请通过这两个目录的权限的比较理解、掌握 umask 的使用
```

3.3.4 Linux 文件的时间属性

Linux 系统的文件除了对应的权限外还有三个主要的时间属性，分别是 ctime(change time)、atime(access time)和 mtime(modify time)。文件的 ctime 是在写入文件、更改所有者、权限或链接设置时随 inode 的内容更改而更改的，其实它记录该文件的 inode 节点被修改的时间，chmod 和 chown 等命令也能改变该值；文件的 atime 是在读取文件或者执行文件时更改的；文件的 mtime 是在写入文件时随文件内容的更改而更改的。可以理解为如下。

(1) ctime：最后一次改变文件或目录(改变的是原数据即属性)的时间。

(2) atime：最后一次访问文件或目录的时间。

(3) mtime：最后一次修改文件或目录的时间。

使用 stat 可以查看文件的 ctime、atime 和 mtime。

```
[root@localhost ~]#cd
[root@localhost ~]#stat  anaconda-ks.cfg
文件:anaconda-ks.cfg
大小:899            块:8            IO 块:4096   普通文件
设备:fd00h/64768d    Inode:786627       硬链接:1
权限:(0600/-rw-------)  Uid:(    0/    root)   Gid:(    0/    root)
环境:system_u:object_r:admin_home_t:s0
最近访问:2019-04-16 09:46:34.082816373 +0800
最近更改:2019-04-05 01:00:09.325027749 +0800
最近改动:2019-04-05 01:00:09.325027749 +0800
创建时间:-
```

也可以使用 ls 查看文件的 ctime、atime 和 mtime。

ls -lc filename 列出文件的 ctime。

```
[root@localhost ~]#ls  -lc  anaconda-ks.cfg
-rw-------. 1 root root 899 4月  5 01:00 anaconda-ks.cfg
```

ls -lu filename 列出文件的 atime。

```
[root@localhost ~]#ls -lu anaconda-ks.cfg
-rw-------. 1 root root 899 4月  16 09:46 anaconda-ks.cfg
```

ls -l filename 列出文件的 mtime。

```
[root@localhost ~]#ls -l anaconda-ks.cfg
-rw-------. 1 root root 899 4月  5 01:00 anaconda-ks.cfg
```

3.4 Linux 文件的查阅与创建

3.4.1 文本文件查阅命令 cat、more、less、head、tail

用户要查看一个文本文件的内容时,可以根据显示要求的不同选用以下命令。

1. cat 命令

该命令的主要功能是用来显示文件,依次读取其后所指文件的内容并将其输出到标准输出设备上。另外,还能够用来连接两个或多个文件形成新的文件,该命令的常用格式如下。

操作演示
cat 命令的使用

```
cat  [选项]文件名
```

该命令的[选项]含义如下。

-n:由 1 开始对所有输出的行数编号。

-b:和-n 相似,只不过对于空白行不编号。

-s:当遇到有连续两行以上的空白行时,就代换为一行的空白行。

其实 cat 主要有以下三大功能。

(1) 一次显示整个文件的内容。

```
[root@localhost ~]#cat  .bashrc
#.bashrc
#User specific aliases and functions
alias rm='rm -i'
alias cp='cp -i'
alias mv='mv -i'
#Source global definitions
if [ -f /etc/bashrc ]; then
    . /etc/bashrc
fi
PATH=/usr/local/arm/4.3.1-eabi-armv6/usr/bin/:$PATH:$HOME/bin
LD_LIBRARY_PATH=$LD_LIBRARY_PATH:/usr/local/arm/4.3.1-eabi-armv6/gmp/lib:/usr/local/arm/4.3.1-eabi-armv6/mpfr/lib
export PATH
export LD_LIBRARY_PATH
```

(2) 从键盘创建一个文件:**#cat > filename**(注意:只能创建新文件,不能编辑已有文件)，然后就可以录入文件的具体内容，录入完毕后按 Ctrl＋C 或 Ctrl＋D 组合键终止。

```
[root@localhost ~]#cat  >abc.txt
#include <stdio.h>
int main()
{
        printf("hello world!");
}
Ctrl+C

[root@localhost ~]#cat  > 1.txt
hello world
Ctrl+D
```

(3) 将几个文件合并成一个文件。

```
[root@localhost test]#cat > aaa.txt
1111
Ctrl+D
[root@localhost test]#cat aaa.txt
1111
[root@localhost test]#cat >bbb.txt
2222
Ctrl+D
[root@localhost test]#ll
总用量 8
-rw-r--r-- 1 root root 5  9月  9 19:37 aaa.txt
-rw-r--r-- 1 root root 5  9月  9 19:38 bbb.txt
[root@localhost test]#cat aaa.txt  bbb.txt  > ABC.txt
[root@localhost test]#ll
总用量 12
-rw-r--r-- 1 root root  5  9月  9 19:37 aaa.txt
-rw-r--r-- 1 root root 10  9月  9 19:40 ABC.txt
-rw-r--r-- 1 root root  5  9月  9 19:38 bbb.txt
[root@localhost test]#cat ABC.txt
1111
2222
```

2. more 命令

在查看文件过程中，因为有的文本过于庞大，文本在屏幕上迅速地闪过，用户来不及看清其内容。该命令就可以一次显示一屏文本，并在终端底部打印出—more—，系统还将同时显示出已显示文本占全部文本的百分比，若要继续显示，按 Enter 键或空格键即可。

该命令的常用格式如下。

```
more  [选项]文件名
```

该命令的[选项]含义如下。

+n：从第 n 行开始显示。

-n：定义屏幕大小为 n 行。

-s：把连续的多个空行显示为一行。

-u：把文件内容中的下画线去掉。

常用的操作命令如下。

Enter：向下滚动一行。

Space：向下翻一页。

/字符串：查询关键字。

q：退出 more。

```
[root@localhost test]#more ABC.txt
1111
2222
//对于内容长度不足一屏的文件,cat more 以及下面的 less,显示结果都是一样的

[root@localhost ~]#more  /etc/passwd
```

在一个目录下的文件，由于内容太多，应该学会用 more 分页表示，这就需要和管道|结合起来，举例如下。

```
[root@localhost ~]#ls -l | more -5
总用量 68
drwxr-xr-x  2 root root 4096  2月  4 04:30 aaa
drwxr-xr-x  2 root root 4096  2月  4 00:22 aaa.txt
-rw-r--r--  1 root root   61  2月  8 19:19 abc.txt
-rw-r--r--  1 root root   61  2月  8 19:23 ABC.txt
—more—
```

3. less 命令

该命令的功能和 more 命令的功能基本相同，也是用来按页显示文件。不同之处在于 less 命令在显示文件时，允许用户既可以向前又可以向后逐行翻阅文件，而 more 命令只能向后翻阅文件。该命令的常用格式如下。

```
less  [选项]文件名
```

该命令的[选项]含义如下。

-b：设置缓冲区的大小。

-e：当文件显示结束后，自动离开。

-g：只标识最后搜索关键字。

-o：将 less 输出的内容在指定文件中保存起来。

-s：显示连续空行为一行。

常用的操作命令如下。

/字符串：向下搜索"字符串"功能。

？字符串：向上搜索"字符串"功能。

PageUp：向上翻一页。

如果要向后翻阅，可以使用键盘的 PageUp 键；要向前翻阅文件，则相应地使用键盘的 PageDown 键即可；按方向键可以逐行滚动；按 q 键退出。

4. head 命令

该命令只显示文件或标准输入（通常是指从键盘、鼠标等获得的数据）的头几行内容。如果用户希望查看一个文件究竟保存的是什么内容，只要查看文件的头几行，则不必浏览整个文件，便可以使用这个命令。该命令的常用格式如下。

操作演示
head 和 tail 命令的使用

```
head  [-n number]文件名
```

该命令的[选项]含义如下。

-n：后面接数字，代表显示几行。如果在-n 后接一个负数（如－10），则除了最后 10 行外，显示剩余全部内容。

```
[root@localhost ~]#head -n  5  /etc/passwd
root:x:0:0:root:/root:/bin/bash
bin:x:1:1:bin:/bin:/sbin/nologin
daemon:x:2:2:daemon:/sbin:/sbin/nologin
adm:x:3:4:adm:/var/adm:/sbin/nologin
lp:x:4:7:lp:/var/spool/lpd:/sbin/nologin
```

5. tail 命令

与 head 命令的功能相对应，如果想查看文件的尾部，可以使用 tail 命令。该命令的常用格式如下。

```
tail  [-n number]  文件名
```

该命令的[选项]含义和命令 head 类似，不过方向相反。

```
[root@localhost ~]#tail  -n 3 /etc/passwd
vboxadd:x:980:1::/var/run/vboxadd:/sbin/nologin
tcpdump:x:72:72::/:/sbin/nologin
linuxlearner:x:1000:1000:Linux Learner:/home/linuxlearner:/bin/bash
```

要显示某文件的中间几行的内容，就需要把 head 命令与 tail 命令结合起来使用。例如，要显示/etc/passwd 文件的 11～20 行的内容，则操作如下。

```
[root@localhost ~]#head -n 20 /etc/passwd | tail -n 10
operator:x:11:0:operator:/root:/sbin/nologin
games:x:12:100:games:/usr/games:/sbin/nologin
gopher:x:13:30:gopher:/var/gopher:/sbin/nologin
ftp:x:14:50:FTP User:/var/ftp:/sbin/nologin
nobody:x:99:99:Nobody:/:/sbin/nologin
avahi - autoipd: x: 170: 170: Avahi  IPv4LL  Stack:/var/lib/avahi - autoipd:/
sbin/nologin
usbmuxd:x:113:113:usbmuxd user:/:/sbin/nologin
dbus:x:81:81:System message bus:/:/sbin/nologin
rpc:x:32:32:Rpcbind Daemon:/var/lib/rpcbind:/sbin/nologin
rtkit:x:172:172:RealtimeKit:/proc:/sbin/nologin
/*该命令用了管道文件，即先获取 passwd 文件的前 20 行内容，但是不直接打印而是把这个结果作为管道后面命令 tail 的输入，从而使得 tail 命令在这 20 行内容的基础上截取获得后 10 行*/
```

3.4.2 非文本文件查阅命令 od

用户通常使用 od 命令查看特殊格式的文件内容，这个命令默认把文件的内容用八进制的形式清晰地写在标准输出上。如果是多个文件，那么会把文件合并显示，如果没指定文件名称，那么就选择标准输入作为默认的输入。通过指定该命令的不同项可以以十进制、八进制、十六进制和 ASCII 码来显示文件。常用格式如下。

```
od [ -t 参数]文件名
```

该命令通过-t 指定数据的显示格式，主要的参数如下。

(1) c：ASCII 字符或反斜杠序列。

(2) d[SIZE]：有符号十进制数，每个整数 SIZE 字节。

(3) f[SIZE]：浮点数，每个浮点数 SIZE 字节。

(4) o[SIZE]：八进制(系统默认)，每个整数 SIZE 字节。

(5) u[SIZE]：无符号十进制数，每个整数 SIZE 字节。

(6) x[SIZE]：十六进制数，每个整数 SIZE 字节。

除了参数 c 以外的其他后面都可以跟一个十进制数 n，指定每个显示值所包含的字节数。需要说明的是，od 命令系统默认的显示方式是八进制，这也是该命令的名称的由来，但这不是最有用的显示方式，用 ASCII 码和十六进制组合的方式能提供更有价值的信息输出。

```
[root@localhost ~]#od -t c  /bin/ls
…
```

3.4.3 文件创建和生成的诸多方式

在当前目录下创建或生成新的文件，主要包括但不限于以下几种方法。

1. touch 命令创建空文件

操作演示
文件创建和生成的方式

touch 命令用来更新已有文件的时间或者创建不存在的文件，该命令的常用格式如下。

```
touch [选项]文件名
```

该命令的[选项]含义如下。

-a：只更新访问时间，不改变修改时间。

-c：不创建不存在的文件。

-m：只更新修改时间，不改变访问时间。

touch 更新已有文件的时间，touch 无选项时会同时更新文件的修改时间和访问时间。

```
[root@localhost ~]#ls  -l  bbb.txt
-rw-r--r-- 1 root root 0  2月  8 19:23 bbb.txt
[root@localhost ~]#touch  bbb.txt
[root@localhost ~]#ls  -l  bbb.txt
-rw-r--r-- 1 root root 0  2月  9 01:43 bbb.txt
```

touch 创建不存在的文件。

```
[root@localhost ~]#touch  www.txt
[root@localhost ~]#ls  -l  www.txt
-rw-r--r-- 1 root root 0  2月  9 01:50 www.txt
```

对于 touch 命令，可以用默认的当前时间来更新文件的访问时间和修改时间，但是 touch 用的最多的地方还是在创建新的空白文件上。

2. cp 复制或 mv 移动

```
[root@localhost test]#cp  /proc/cpuinfo  3.txt
```

3. 输出重定向

输出重定向的详细讲解参见 5.3.6 节，这里只是通过几个命令的使用简单介绍新文件的生成。可以通过 echo 命令实现字符串的重定向。

```
[root@localhost test]#echo  "hello world"  > 5.txt
[root@localhost test]#cat  5.txt
hello world
```

也可以通过 cat 实现多个文件的内容拼接后再重定向。

```
[root@localhost test]#cat  /proc/cpuinfo  /proc/meminfo  > 4.txt
```

4. vi 或 gedit 等编辑器新建文件

```
[root@localhost www]#vi  test.c
//或者 gedit test.c 都可以新建或打开一个文件,并通过界面完成文件内容的录入

[root@localhost www]#cat  test.c
#include <stdlib.h>
#include <stdio.h>
int main()
{
    printf("hello world in linux by C \n");
    return 0;
}
```

5. gcc 等编译器生成新的二进制文件

```
[root@localhost ~]#ll  hello
ls: 无法访问'hello': No such file or directory

//先确认没有 hello 这个文件,然后对刚才新建的 test.c 文件进行编译
[root@localhost www]#gcc  -g -o hello  test.c

[root@localhost ~]#ll  hello
-rwxr-xr-x. 1 root root 20656 12月 15 15:53 hello
//hello 这个文件被 gcc 编译后生成,并且具有执行权限,可以直接运行

[root@localhost www]#./hello
hello world in linux by C
//运行 hello 文件,打印输出对应的字符串
```

3.4.4 文件链接命令 ln

文件链接命令是指 ln 命令,该命令在文件之间创建链接,这种操作实际上是给系统中已有的某个文件指定另外一个可用于访问它的名称。对于这个新的文件名,可以为其指定不同的访问权限,以控制对信息的共享和安全性的问题。链接有两种:一种为硬链接,另一种为符号链接,也称为软链接。Linux 系统的硬链接文件

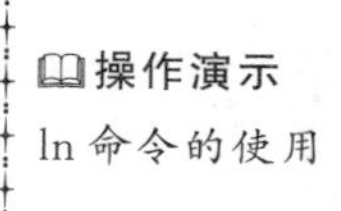

保留所链接文件的索引节点(磁盘的具体物理位置)信息,而符号链接文件类似于 Windows 中的快捷方式,其本身并不保存文件的内容,而只记录所链接文件的路径。ln 命令的常用格式如下。

```
ln  源文件 目标文件//创建源文件的硬链接
ln  -s  源文件 目标文件//创建源文件的符号链接
```

文件的硬链接,每个文件占用一个 inode,文件内容由 inode 的记录来指向想要读取的文件,必须要经过目录记录的文件名来指向到正确的 inode 号码才能读取。文件名只与目录有关,但是文件内容则与 inode 有关。硬链接只是在某个目录下新建一条文件名连接到某 inode 号码的关联记录。此命令的特别之处如下。

(1) 将任何一个文件名删除,inode 和 block 还在。

(2) 无论编辑哪个文件,最终结果都会写入相同的 inode 和 block。

(3) 此命令不能跨文件系统,也不能跨目录使用。

文件的符号链接是创建一个独立的文件,读取指向它链接的相应源文件,若源文件被删除,则链接文件也打不开。因为硬链接文件限制太多,包括无法做目录的链接,所以虽然有安全方面的问题,但符号链接的使用面还是更广泛一些。

```
[root@localhost test]#cat  > abc.txt
1111
2222
^C
[root@localhost test]#ll
总用量 4
-rw-r--r-- 1 root root 10  9月  9 20:09 abc.txt

[root@localhost test]#ln abc.txt  link.txt
[root@localhost test]#ls  -li
总用量 8
928180 -rw-r--r-- 2 root root 10  9月  9 20:09 abc.txt
928180 -rw-r--r-- 2 root root 10  9月  9 20:09 link.txt
//参数 i 可看到两个文件 inode 均为 928180,表明对这两个文件访问的是同一区域

[root@localhost test]#ln  -s  abc.txt  link2.txt
[root@localhost test]#ls  -li
总用量 8
928180 -rw-r--r-- 2 root root 10  9月  9 20:09 abc.txt
928181 lrwxrwxrwx 1 root root  7  9月  9 20:13 link2.txt -> abc.txt
928180 -rw-r--r-- 2 root root 10  9月  9 20:09 link.txt
//而 link2 的 inode 不再一样了,表明这是一个符号链接
```

3.5 Linux 文件内容的操作

3.5.1 文件内容的排序与去冗命令 sort、uniq

1. sort 命令

sort 命令的功能是对文件中的各行进行排序，该命令有许多非常实用的选项，最初是用来对数据库格式的文件内容进行各种排序操作的。实际上，sort 命令可以被认为是一个非常强大的数据管理工作，用来管理内容类似数据库记录的文件。该命令将逐行地对文件中的内容进行排序，如果两行的首字符相同，该命令将继续比较这两行的下一个字符，sort 排序是根据从输入行抽取的一个或多个关键字进行比较来完成的。

操作演示

sort 和 uniq 命令的使用

排序关键字定义了用来排序的最小的字符序列，在默认情况下，以整行为关键字按 ASCII 顺序进行排序，sort 命令的常用格式如下。

```
sort  [选项]文件名
```

该命令的[选项]含义如下。

-c：检查文件是否已经按照顺序排序。

-n：按照数值大小进行排序。

-r：以相反的顺序排序。

-k：选择以哪个区间进行排序。

-f：排序时，忽略大小写字母。

```
[root@localhost ~]#cat seq.txt
bnana
apple
pear
orange
[root@localhost ~]#sort seq.txt
apple
bnana
orange
pear
```

2. uniq 命令

文件经过处理后在它的输出条件中可能会出现重复的行，例如，用 cat 命令将两个文件合并后，再使用 sort 命令进行排序，就可能有重复行，这时可以用 uniq 命令将这些重复行从输出文件中删除，只留下每条记录的唯一样本。uniq 命令的常用格式如下。

```
uniq    [选项]文件名
```

该命令的[选项]含义如下。

-c：在每列旁边显示该行重复出现的次数。

-d：仅显示重复出现的行列。

-w：指定要比较的字符。

```
[root@localhost ~]#cat seq.txt
bnana
apple
pear
orange
bnana
[root@localhost ~]#sort seq.txt | uniq
apple
bnana
orange
pear
```

请注意 uniq 命令只能对于排序后的文件去重，所以一般跟 sort 命令同时使用。也可以直接使用 sort 的-u 参数直接删除重复行。

```
[root@localhost test]#cat  >  num.txt
111
222
555
444
222
^C
[root@localhost test]#cat num.txt
111
222
555
444
222
[root@localhost test]#uniq  num.txt
111
222
555
444
222
//可以看到对于没有排序文件，uniq 命令不能发挥作用

[root@localhost test]#sort num.txt  | uniq
```

```
111
222
444
555
[root@localhost test]#sort -u  num.txt
111
222
444
555
//上面这两个命令的效果是一样的,都在排序的同时,将多余的 222 行删除
```

3.5.2 文件内容统计命令 wc

文件内容统计命令主要是指 wc 命令,该命令统计给定文件中的字节数、字数、行数。如果没有给出文件名,则从标准输入读取。wc 同时也给出所有指定文件的总统计数,其中字是由空格字符区分开的最大字符串,wc 命令的常用格式如下。

```
wc [选项]文件名
```

该命令的[选项]含义如下。

-c：统计字节数。

-l：统计行数。

-w：统计字数,一个字被定义为由空白、跳格或换行字符分隔的字符串。

-L：打印最长行的长度。

```
[root@localhost test]#wc  /etc/passwd
  39   67  1955  /etc/passwd
[root@localhost test]#wc  -l /etc/passwd
39  /etc/passwd
[root@localhost test]#wc  -w  /etc/passwd
67  /etc/passwd
[root@localhost test]#wc  -c  /etc/passwd
1955  /etc/passwd
```

3.5.3 文件内容比较命令 comm、diff

1. comm 命令

该命令是对两个已经排好序的文件进行比较,其中 file1 和 file2 是已排序的文件(如果没有,可以使用上述的 sort 命令先进行排序)。comm 命令读取这两个文件,然后生成三列输出：仅在 file1 中出现的行;仅在 file2 中出现的行;在这两个文件中都出现的行。

如果文件名用“-”,则表示从标准输入读取。

comm 命令的常用格式如下。

```
comm  [选项]文件名
```

该命令的[选项]含义如下。

-1：不显示只在第 1 个文件里出现过的列。

-2：不显示只在第 2 个文件里出现过的列。

-3：不显示只在第 1 个和第 2 个文件里出现过的列。

```
[root@localhost ~]# cat bbb.txt
aaa
bbb
ccc
hhh
jjj
ttt
[root@localhost ~]# cat ccc.txt
111
222
aaa
bbb
ccc
ddd
eee
[root@localhost ~]# comm ccc.txt bbb.txt
111
222
		aaa
		bbb
		ccc
ddd
eee
	hhh
	jjj
	ttt
/* 第一列列出只在第一个文件出现过的,第二列列出只在第二个文件出现过的,而第三列则是
两个文件共同出现过的 */
//请比较两个没有排序过的文件,看一看 comm 报错的信息
```

2. diff 命令

diff 命令的功能为逐行比较两个文本文件或目录,如果比较的是文件,不要求事先对文件进行排序,显示出两个文件

中所有不同的行;而如果比较的是目录,就会列出两个目录的所有文件的不同之处。

diff 命令的常用格式如下。

```
diff    [选项] file1  file2
diff    [选项] dir1  dir2
```

该命令的[选项]含义如下。

-w:忽略全部的空格字符。

-r:比较子目录中的文件。

-i:不检查大小写的不同。

```
[root@localhost ~]#diff  bbb.txt ccc.txt
1,2d0
< 111
< 222
6,7c4,6
< ddd
< eee
---
> hhh
> jjj
> ttt
//仍然使用 comm 命令中的两个文件,比较 diff 与 comm 两命令运行结果的不同之处
//继续比较两个没有排序过的文件,确认 diff 能够正常工作
```

3.5.4 文件内容查询命令 grep

文件内容查询命令主要有 grep、egrep 和 fgrep,这组命令以指定的查找模式搜寻文件,通知用户在什么文件中搜索到与指定的模式匹配的字符串,并且打印出所有包含该字符串的文本行,该文本行的最前面是该行所在的文件名。

grep 命令的作用是在文件中提取和匹配符合条件的字符串行,全称是 Global Regular Expressions Print。grep 命令一次只能搜索一个指定的模式,egrep 命令检索扩展的正则表达式(包含表达式组和可选项),fgrep 命令检索固定字符串,并不识别正则表达式,是一种更为快速的搜索指令。这组命令在搜索与定位文件中特定的主题和关键词方面非常有效,可以用其他搜索文件中包含的这些关键词。总的来说,grep 命令的搜索功能比 fgrep 强大,因为 grep 命令的搜索模式可以是正则表达式,而 fgrep 却不能。这三个命令多与管道文件结合使用完成相关内容的过滤。

该组命令的常用格式如下。

```
grep   [选项][search pattern][file1,file2,…]
egrep  [选项][search pattern][file1,file2,…]
fgrep  [选项][search pattern][file1,file2,…]
```

操作演示

grep 命令的使用

常见的[选项]含义如下。

-A n：*n* 为数字，列出符合条件的行，并列出后续的 *n* 行。

-B n：*n* 为数字，列出符合条件的行，并列出前面的 *n* 行。

-c：统计找到的符合条件的字符串的次数。

-i：忽略大小写。

-n：输出行号。

-v：反向查找，也就是查询没有关键字的一行。

--color=auto：搜索出的关键字用颜色显示。

```
[root@localhost ~]#grep  root  /etc/passwd
root:x:0:0:root:/root:/bin/bash
operator:x:11:0:operator:/root:/sbin/nologin

[root@localhost test]#cat /etc/passwd  |  grep root
root:x:0:0:root:/root:/bin/bash
operator:x:11:0:operator:/root:/sbin/nologin
//上面两个操作的作用是等价的,均为显示 passwd 文件中包含单词 root 的行的内容

[root@localhost ~]#cat  -n /etc/passwd  | grep  root
1    root:x:0:0:root:/root:/bin/bash
10    operator:x:11:0:operator:/root:/sbin/nologin

[root@localhost ~]#cat  -n /etc/passwd  | grep -c  root
2

[root@localhost ~]#cat  -n /etc/passwd  | grep -n  root
1:     1    root:x:0:0:root:/root:/bin/bash
10:    10    operator:x:11:0:operator:/root:/sbin/nologin

[root@localhost ~]#cat  -n /etc/passwd  | grep -A 3  root
     1    root:x:0:0:root:/root:/bin/bash
     2    bin:x:1:1:bin:/bin:/sbin/nologin
     3    daemon:x:2:2:daemon:/sbin:/sbin/nologin
     4    adm:x:3:4:adm:/var/adm:/sbin/nologin
--
    10    operator:x:11:0:operator:/root:/sbin/nologin
    11    games:x:12:100:games:/usr/games:/sbin/nologin
    12    ftp:x:14:50:FTP User:/var/ftp:/sbin/nologin
    13    nobody:x:65534:65534:Kernel Overflow User:/:/sbin/nologin
```

3.6 Linux 的相关查找操作

3.6.1 文件的查找命令 find、locate 和 whereis

我们经常需要在系统中查找一个文件，那么在 Linux 系统中如何准确、高效地确定一个文件在系统中的具体位置呢？下面介绍在 Linux 系统中用于查找文件的几个常用命令。

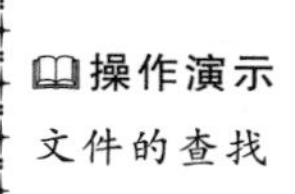

1. find 命令

find 命令是最常见和最强大的查找命令，可以用它找到任何想找的文件。它能做到实时查找，精确查找，但速度慢。

find 命令的使用格式如下。

```
find  [指定目录][指定条件][指定动作]
```

(1) 指定目录：是指所要搜索的目录和其子目录，默认为当前目录。

(2) 指定条件：是指所要搜索的文件的特点。

(3) 指定动作：是指对搜索的结果如何处理，默认打印到屏幕。

指定条件的常见选项含义如下。

-name：根据文件名称查(严格区分大小写，如果文件名中间有空格，则必须把文件名用双引号引起来)。

-iname：根据文件名查找(不区分大小写)。

-regex "PATTERN"：正则表达式匹配。

-user：根据文件属主进行查找。

-group：根据文件属组进行查找。

-uid：根据文件的 uid 查找。

-gid：根据用户的 gid 查找。

-nouser：查看所有的没有属主的文件，即文件的所属主在/etc/passwd 中不存在。

-nogroup：查看所有的没有属组的文件，即文件的所属组在/etc/group 中不存在。

-mtime：按照文件修改时间(单位天)来查找文件，-mtime ＋n 表示 n 天之前(不含 n 天本身)被更改的文件；-mtime -n 表示 n 天之内(含 n 天本身)被更改的文件。

-mmin：按照文件修改时间(单位分钟)来查找文件，其他同 mtime。

-type：查找某一类型的文件(b 为块设备文件；d 为目录文件；c 为字符设备文件；p 为管道文件；l 为链接文件；f 为普通文件)。

使用 find 命令搜索当前目录(含子目录，以下同)中，所有文件名是以 test 开头的文件(包括目录)。

```
[root@localhost ~]#find  .  -name  "test*"
./script/test_var.sh
```

```
./testuser
./testuser/test2.sh
./testuser/testif.sh
[root@localhost ~]#find  .  -name  "test*"  -ls
416544  4  -rwxr-xr-x  1  root   root     220 11月 16 15:54 ./script/test_var.sh
416532  4  drwxr-xr-x  3  root   root     4096 11月 16 16:45 ./testuser
416540  4  -rwxr-xr-x  1  root   root     182 11月 16 13:43 ./testuser/test2.sh
416494 4 -rwxr-xr-x  1  root   root    133 11月 16 16:45 ./testuser/testif.sh
//指定目录“.”表示当前目录;指定条件根据文件名查找;指定动作是显示详细信息
```

下面对-mtime 后接的整数做出具体的解释。

(1) -mtime+1：表示文件修改时间为大于1天的文件，即距离当前时间2天(48小时)之外的文件。

(2) -mtime 1：表示文件修改时间距离当前为1天的文件，即距离当前时间1天(24～48小时)的文件。

(3) -mtime 0：表示文件修改时间距离当前为0天的文件，即距离当前时间不到1天(24小时)以内的文件。

(4) -mtime -1：表示文件修改时间为小于1天的文件，即距离当前时间1天(24小时)之内的文件，可以看到跟 -mtime 0 的结果应该是一样的。

使用 find 命令在/root 目录下搜索24小时以内被修改过的所有文件。

```
[root@localhost ~]#find  /root  -mtime  0
/root
/root/.local/share/gnote
/root/.local/share/gnote/Backup
…

[root@localhost ~]#find  /root  -mtime  -1
/root
/root/.local/share/gnote
/root/.local/share/gnote/Backup
…
//正如上面所述,这两个操作的查询结果是一样的
```

搜索当前目录中，所有过去10分钟中更新过的普通文件。如果不加-type f 参数，则搜索普通文件＋特殊文件＋目录。

```
[root@localhost ~]#find  .  -type  f  -mmin  -10
…
```

查看 tmp 目录下，文件属主为 root 的文件。

```
[root@localhost ~]#find  /tmp  -user  root
…
```

2. locate 命令

locate 命令用于查找符合条件的文档，它会在保存文档和目录名称的数据库内，查找合乎范本样式条件的文档或目录。一般情况下，只需要输入 #locate your_file_name 即可查找指定文件。

locate 命令实际是“find -name”的另一种写法，但是查找方式跟 find 不同，locate 命令不是实时查找，所以查找的结果不精确，但查找速度很快。因为它查找的不是目录，而是一个数据库(/var/lib/locatedb)，这个数据库中含有本地所有文件信息。Linux 系统自动创建这个数据库，并且每天自动更新一次，所以使用 locate 命令查不到最新变动过的文件。为了避免这种情况，可以在使用 locate 之前，先使用 updatedb 命令，手动更新数据库。

下面操作演示了对于一个新创建的文件，locate 在更新数据库前是搜索不到最新的文件的，只有更新数据库后才可以搜索到；同样对于刚删除的文件，locate 的搜索结果也是不准确的。而 find 命令则在这两种情况下都能实现精确查找。

```
[root@localhost ~]#touch  ilikelinux
[root@localhost ~]#locate ilikelinux
[root@localhost ~]#
//更新数据库前,locate 搜索不到刚创建的文件

[root@localhost ~]#find  -name  "ilikelinux"
./ilikelinux
//而 find 命令可以搜索到在本目录下存在该文件

[root@localhost ~]#updatedb
[root@localhost ~]#locate ilikelinux
/root/ilikelinux
//更新数据库后,locate 才可以搜索到该文件

[root@localhost ~]#rm  -f  ilikelinux
[root@localhost ~]#locate  ilikelinux
/root/ilikelinux
[root@localhost ~]#find  -name  "ilikelinux"
[root@localhost ~]#
//locate 误报已经删除的文件还存在,find 则正确报告已经找不到该文件
```

3. whereis 命令

whereis 命令会在特定目录中查找符合条件的文件。该命令只能用于查找二进制文件、源代码文件和 man 手册页，一般文件的定位需使用 locate 命令。

whereis 的使用格式如下。

```
whereis [选项]filename1  filename2 …
```

该命令的[选项]含义如下。

-b：定位可执行文件。

-m：定位帮助文件。

-s：定位源代码文件。

-u：搜索默认路径下除可执行文件、源代码文件、帮助文件以外的其他文件。

-B：指定搜索可执行文件的路径。

-M：指定搜索帮助文件的路径。

-S：指定搜索源代码文件的路径。

whereis 命令会在数据库(/var/lib/slocate/slocate.db)中查找并显示与选项后的 filename 相匹配的二进制文件、源代码文件和帮助文件，这个数据库中含有本地所有文件信息，Linux 系统自动创建这个数据库，并且每天自动更新一次，所以 whereis 命令和 locate 一样，查找不到最新变动过的文件，为了避免这个情况的发生，使用之前需要使用 updatedb 命令手动更新数据库。

```
[root@localhost test]#whereis cat
cat: /usr/bin/cat  /usr/share/man/man1/cat. 1. gz  /usr/share/man/man1p/cat.
1p.gz
[root@localhost test]#whereis mkdir
mkdir: /usr/bin/mkdir /usr/share/man/man3p/mkdir.3p.gz /usr/share/man/man2/
mkdir.2.gz /usr/share/man/man1/mkdir.1.gz /usr/share/man/man1p/mkdir.1p.gz
```

whereis 和 locate 两个命令的功能均为查找特定文件，并且均利用数据库来查找数据，因为没有实际搜索文件系统，所以花费时间短。whereis 命令用来定位二进制文件或者系统命令；而如果只记得某个文件的部分名称则使用 locate 命令，locate 命令通过部分文件名来搜索出所有符合条件的所有文件的位置。

```
[root@localhost test]#whereis mkdi
mkdi:
//可以看到 whereis 搜索 mkdi 是找不到命令 mkdir 的,而下面的 locate 则可以

[root@localhost test]#locate mkdi
/usr/bin/mkdir
/usr/lib/python3.7/site-packages/pip/_vendor/lockfile/mkdirlockfile.py
…
```

3.6.2 进程的查找命令 ps、top

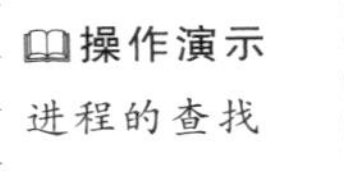

进程是运行的程序在系统中的存在形式，通过查看进程

的状态信息，可以了解进程占用的系统资源情况，对系统的运行状态进行分析、调整，从而让系统保持在一个平稳的状态下运行。Linux 系统查看进程信息的基本命令有 ps、top，其中 ps(Process Status)查看的是进程信息的一个瞬时快照，显示执行 ps 这个命令时进程的信息，而 top 显示的是进程的动态信息，使用这个命令会看到进程信息的动态变化。

1. ps 命令

ps 和 top 这两个命令都是查看系统进程信息的命令，但是用处稍有不同。ps 命令是提供系统过去信息的一次性快照；也就是说，ps 命令能够查看刚刚系统的进程信息。该命令常配合管道命令 | 和查找命令 grep 同时执行来查看特定进程。

ps 命令的使用格式如下。

```
ps[选项]
```

该命令的[选项]含义如下。

a：显示所有进程。

-a：显示同一终端下的所有程序。

-A：显示所有进程。

c：显示进程的真实名称。

-N：反向选择。

-e：等于-A。

e：显示环境变量。

f：显示程序间的关系。

-H：显示树状结构。

r：显示当前终端的进程。

T：显示当前终端的所有程序。

u：指定用户的所有进程。

-au：显示较详细的信息。

-aux：显示所有包含其他使用者的行程。

-C＜命令＞：列出指定命令的状况。

--lines＜行数＞：每页显示的行数。

--width＜字符数＞：每页显示的字符数。

--help：显示帮助信息。

--version：显示版本信息。

ps-l：列出与本次登录系统有关的进程信息，共十三列，具体解释如下。

(1) 第一列 F：代表这个进程标志(Process Flags)，说明这个进程的权限，若为 4 表示此进程的权限为 root；若为 1 则表示此子进程仅可进行复制(Fork)而无法执行(Exec)。

(2) 第二列 S：代表这个进程的状态(Stat)，主要的状态有：R(Running)表示该进程正在运行中；S(Sleep)表示该进程目前正在睡眠状态(Idle)，但可以被唤醒(Signal)；D 表示不可被唤醒的状态,通常这个进程可能在等待 I/O 的情况(ex>打印);T 表示停止状态(Stop),可能是在工作控制(后台暂停)或出错(Traced)状态; Z(Zombie)表示"僵尸"状态,该进程已经终止但却无法被删除至内存外。

(3) 第三、四、五列的 UID、PID、PPID: 分别代表此进程被该 UID 所拥有的、进程的 PID 号码、此进程的父进程 PID 号码。

(4) 第六列 C: 代表 CPU 的使用率,单位为百分比。

(5) 第七列 PRI/NI: Priority/Nice 的缩写,代表此进程被 CPU 所执行的优先级,数值越小代表此进程优先级越高。

(6) 第八、九、十列的 ADDR、SZ、WCHAN: 都与内存有关, ADDR 是 kernel function,指出该进程在内存的哪个部分,如果是个正在运行的进程,一般会显示-。SZ 代表此进程占用多少内存。WCHAN 表示目前进程是否在运行中,若为-表示正在运行中。

(7) 十一列 TTY: 登录者的终端位置,若为远程登录使用动态终端接口(pts/n)。

(8) 十二列 TIME: 使用 CPU 的时间,注意,是此进程实际花费 CPU 运行的时间,而不是系统时间。

(9) 十三列 CMD: 是 command 的缩写,运行此程序的触发进程命令。

```
[root@localhost ~]#ps  -l
F S   UID  PID   PPID  C PRI   NI ADDR SZ WCHAN  TTY     TIME      MD
0 S    0   1930  1918  0  80   0 - 55967 -       pts/0  00:00:00 bash
4 S    0   2639  1930  0  80   0 - 61574 -       pts/0  00:00:00 su
4 S    0   2687  2640  0  80   0 - 61577 -       pts/0  00:00:00 su
4 S    0   2694  2687  0  80   0 - 55978 -       pts/0  00:00:00 bash
4 S    0   2900  2694  0  80   0 - 61574 -       pts/0  00:00:00 su
4 S    0   2941  2901  0  80   0 - 61577 -       pts/0  00:00:00 su
4 S    0   2948  2941  0  80   0 - 55937 -       pts/0  00:00:00 bash
4 S    0   2993  2948  0  80   0 - 61574 -       pts/0  00:00:00 su
4 S    0   3049  2994  0  80   0 - 61577 -       pts/0  00:00:00 su
4 S    0   3055  3049  0  80   0 - 55943 -       pts/0  00:00:00 bash
4 S    0   3109  3055  0  80   0 - 61574 -       pts/0  00:00:00 su
4 S    0   3146  3110  0  80   0 - 61577 -       pts/0  00:00:00 su
4 S    0   3152  3146  0  80   0 - 55937 -       pts/0  00:00:00 bash
0 R    0   13211 3152  0  80   0 - 54328 -       pts/0  00:00:01 ps
…
```

ps -aux 查看系统所有进程数据(静态)信息如下。

(1) 第一列 USER: 该进程属于哪个用户账号。

(2) 第二例 PID: 该进程的进程标识符。

(3) 第三列 %CPU: 该进程占用的 CPU 资源百分比。

(4) 第四列 %MEM: 该进程所占用的物理内存百分比。

(5) 第五列 VSZ: 该进程所占用的虚拟内存量(KB)。

(6) 第六列 RSS: 该进程所占用的固定的内存量(KB)。

(7) 第七列 TTY：该进程在哪个终端机(tty1～tty6)上面运行；若与终端机无关则显示"?"；若为 pts 开头(如 pts/0)则表示为由网络连接进主机的进程。

(8) 第八列 STAT：该进程目前的状态，状态显示与 ps -l 的 S 标识相同(R/S/T/Z)。

(9) 第九列 START：开始时间。

(10) 第十列 TIME：该进程实际使用 CPU 的时间。

(11) 第十一列 COMMAND：该进程的实际命令。

```
[root@localhost ~]#ps  -aux
USER PID %CPU %MEM    VSZ   RSS TTY   STAT START   TIME  COMMAND
root   1  0.0  0.4 171056  9796 ?      Ss   1月 12  0:12  /usr/lib/systemd/sys
root   2  0.0  0.0      0     0 ?      S    1月 12  0:00 [kthreadd]
root   3  0.0  0.0      0     0 ?      I<   1月 12  0:00 [rcu_gp]
root   4  0.0  0.0      0     0 ?      I<   1月 12  0:00 [rcu_par_gp]
root   6  0.0  0.0      0     0 ?      I<   1月 12  0:00 [kworker/0:0H-kblock
…
root   15706  0.0  0.2 225656  4052 pts/0   R+   10:40   0:00 ps aux

[root@localhost ~]#ps  -aux  |  grep  3109
root   3109  0.0  0.4 246296  9024 pts/0    S    1月 12   0:00 su - test
root  15735 0.0  0.0 213216  820 pts/0   S+   10:51   0:00 grep --color=auto 3109
//3109 是某进程的 PID,可以根据具体情况进行替换
```

2. top 命令

top 命令是 Linux 下常用的性能分析工具，能够实时显示系统中各个进程的资源占用情况，类似于 Windows 的任务管理器。top 命令显示系统当前的进程和其他情况，是一个动态显示过程，即可以通过用户按键来不断刷新当前状态。如果在前台执行该命令，它将独占前台，直到用户终止该程序为止。top 命令提供了实时的对系统处理器的状态监视。它将显示系统中 CPU 最"敏感"的任务列表。该命令可以按 CPU 使用、内存使用和执行时间对任务进行排序；而且该命令的很多特性都可以通过交互式命令或者在个人定制文件中进行设定。

top 命令的使用格式如下。

```
top[选项]
```

该命令的[选项]内容如下。

d：指定每两次屏幕信息刷新之间的时间间隔。

p：通过指定监控进程 ID 监控某个进程的状态。

q：该选项将使 top 没有任何延迟地进行刷新。如果调用程序有超级用户权限，那么 top 将以尽可能高的优先级运行。

S：指定累计模式。

s：使 top 命令在安全模式中运行，这将去除交互命令所带来的潜在危险。

i：使 top 不显示任何闲置或者僵死进程。

c：显示整个命令行。

top 命令在运行中可以通过 top 的内部命令对进程的显示方式进行控制。内部命令如下。

Ctrl+L：擦除并且重写屏幕。

K：终止一个进程。系统将提示用户输入需要终止的进程 PID，以及需要发送给该进程什么样的信号。一般的终止进程可以使用信号 15；如果不能正常结束那就使用信号 9 强制结束该进程。默认值是信号 15。在安全模式中此命令被屏蔽。

i：忽略闲置和僵死进程，这是一个开关式命令。

q：退出程序。

r：重新安排一个进程的优先级别。系统提示用户输入需要改变的进程 PID 以及需要设置的进程优先级值。输入一个正值将使优先级降低，反之则可以使该进程拥有更高的优先权。默认值是 10。

S：切换到累计模式。

s：改变两次刷新之间的延迟时间。系统将提示用户输入新的时间，单位为 s。如果有小数，就换算成 ms。输入 0 值则系统将不断刷新，默认值是 5s。需要注意的是，如果设置太小的时间，很可能会引起不断刷新，从而根本来不及看清显示的情况，而且系统负载也会大大增加。

f 或者 F：从当前显示中添加或者删除项目。

o 或者 O：改变显示项目的顺序。

l：切换显示平均负载和启动时间信息。

m：切换显示内存信息。

t：切换显示进程和 CPU 状态信息。

c：切换显示命令名称和完整命令行。

M：根据驻留内存大小进行排序。

P：根据 CPU 使用百分比大小进行排序。

T：根据时间/累计时间进行排序。

W：将当前设置写入～/.toprc 文件中。

```
[root@localhost ~]#top d 1
top - 21:03:56 up 8 days,  1:15,  1 user,  load average: 0.00, 0.00, 0.00
Tasks: 181 total,   2 running, 179 sleeping,   0 stopped,   0 zombie
%Cpu(s):  0.2 us,  0.3 sy,  0.0 ni, 99.3 id,  0.0 wa,  0.1 hi,  0.1 si,  0.0 st
MiB Mem :  1969.0 total,   266.1 free,    999.8 used,    703.0 buff/cache
MiB Swap:  2048.0 total,  2039.7 free,      8.3 used.    801.7 avail Mem

PID USER PR NI  VIRT RES  SHR  S  %CPU  %MEM  TIME+   COMMAND
1484 root  20   0 2739528 128980  60188 S  0.3  6.4  6:16.14  gnome-sh+
1756 root  20   0  525308  21188  14084 S  0.2  1.1  18:28.64  vmtoolsd
```

```
1918 root   20   0  643660  53108  38132 S  0.2 2.6  0:11.42  gnome-te+
…
```

top 命令的进程信息区统计信息区域的下方显示了各个进程的详细信息。

(1) 第一列 PID：进程 ID,进程的唯一标识符。

(2) 第二列 USER：进程所有者的实际用户名。

(3) 第三列 PR：进程的调度优先级。这个字段的一些值是 rt,这意味这些进程运行在实时态。

(4) 第四列 NI：进程的 nice 值(优先级)。越小的值意味着越高的优先级,负值表示高优先级,正值表示低优先级。

(5) 第五列 VIRT：进程使用的虚拟内存。进程使用的虚拟内存总量,单位为 KB。

(6) 第六列 RES：驻留内存大小。驻留内存是任务使用的非交换物理内存大小,单位为 KB。

(7) 第七列 SHR：SHR 是进程使用的共享内存。共享内存大小,单位为 KB。

(8) 第八列 S：这个是进程的状态。它有以下不同的值：D 表示不可中断的睡眠态；R 表示运行态;S 表示睡眠态;T 表示被跟踪或已停止;Z 表示僵尸态。

(9) 第九列 %CPU：自从上一次更新时到现在任务所使用的 CPU 时间百分比。

(10) 第十列 %MEM：进程使用的可用物理内存百分比。

(11) 第十一列 TIME+：任务启动后到现在所使用的全部 CPU 时间,精确到 0.01s。

(12) 第十二列 COMMAND：运行进程所使用的命令。进程名称(命令名/命令行)。

还有许多在默认情况下不会显示的输出(内部命令 f 控制显示项目的增删),它们可以显示进程的页错误、有效组和组 ID 以及其他更多的信息。

3.7 实验手册

实验目标：熟悉与掌握 Linux 的文件和目录相关操作命令的使用。

说明：从本章开始的实验手册的内容都是本章讲解内容的一个串接和总结,肯定没有覆盖所有知识点,请大家在掌握实验手册内容的基础上,对前面涉及的所有命令及其操作进行重现,从而更好地理解和掌握各个命令的所有使用方法。

1. GUI 界面创建用户

按照图 3.4 和图 3.5 所示方法,添加用户 ludong,其密码为 12345678;再添加用户 test,其密码为 12345678。

2. 单击终端,查看目录与文件的权限

```
[root@localhost ~]#cd
[root@localhost ~]#mkdir -p  www
[root@localhost ~]#cd  www
```

```
[root@localhost www]#mkdir  test
[root@localhost www]#touch a.txt
[root@localhost www]#ll
总用量 4
-rw-r--r-- 1 root root    0  9月 12 04:58 a.txt
drwxr-xr-x 2 root root 4096  9月 12 04:58 test
[root@localhost www]#ls -l
总用量 4
-rw-r--r-- 1 root root    0  9月 12 04:58 a.txt
drwxr-xr-x 2 root root 4096  9月 12 04:58 test
/*首先请确认 ls -l 与 ll 两个命令的运行结果一样,然后再查看目录 test 与文件 a.txt 的
权限 */
```

3. GUI 界面修改目录权限

回到 root 目录,选中文件夹 www,右击,在弹出的快捷菜单中选择“属性”命令,之后在“权限”选项中设置所有者、群组、其他+文件夹访问、文件访问,分别对这些下拉菜单进行修改,单击“关闭”按钮。

4. GUI 界面修改文件权限

回到 root 目录,进入件夹 www,选中文件 test,右击,在弹出的快捷菜单中选择“属性”命令,之后在“权限”选项中设置,将所有者与群组都改成 ludong,都具有读写权限执行,单击“关闭”按钮。

5. 命令行修改目录与文件的权限

```
[root@localhost ~]#cd  /root/www
[root@localhost www]#cp  /proc/cpuinfo   .
[root@localhost www]#ll
总用量 8
-rw-r--r-- 1 root root    0  9月 12 04:58 a.txt
-r--r--r-- 1 root root  699  9月 12 05:04 cpuinfo
drwxr-xr-x 2 root root 4096  9月 12 04:58 test
//从其他目录复制一个文件, 并注意各自的权限

[root@localhost www]#chmod 755 a.txt
[root@localhost www]#chmod 644 cpuinfo
[root@localhost www]#ll
总用量 8
-rwxr-xr-x 1 root root    0  9月 12 04:58 a.txt
-rw-r--r-- 1 root root  699  9月 12 05:04 cpuinfo
drwxr-xr-x 2 root root 4096  9月 12 04:58 test
```

```
//请验证 755 与 644 权限的含义

[root@localhost www]#mkdir  -p  test/test1/test2
[root@localhost www]#ll  test/test1
总用量 4
drwxr-xr-x 2 root root 4096  9月 12 05:09 test2
[root@localhost www]#chmod 777 test
[root@localhost www]#ll
总用量 8
-rwxr-xr-x 1 root root    0  9月 12 04:58 a.txt
-rw-r--r-- 1 root root  699  9月 12 05:04 cpuinfo
drwxrwxrwx 3 root root 4096  9月 12 05:09 test
[root@localhost www]#ll test/
总用量 4
drwxr-xr-x 3 root root 4096  9月 12 05:09 test1
/* 在 test 目录下创建子目录 test1/test2, chmod 修改目录 test 的权限,在不加参数 R 的
情况下,可以看到只有 test 权限修改了,而其下的子目录还是保持不变 */

[root@localhost www]#chmod -R  422  test
[root@localhost www]#ll
总用量 8
-rwxr-xr-x 1 root root    0  9月 12 04:58 a.txt
-rw-r--r-- 1 root root  699  9月 12 05:04 cpuinfo
dr---w--w- 3 root root 4096  9月 12 05:09 test
[root@localhost www]#ll test/
总用量 4
dr---w--w- 3 root root 4096  9月 12 05:09 test1
//这次 chmod 加入-R,实现了整个目录的递归权限修改
```

6. 命令行修改目录与文件的属主

```
[root@localhost www]#cd ..
//回到 root 根目录,当然也可以直接使用命令 cd

[root@localhost ~]#chown  -R  test.test www
[root@localhost ~]#ll www
总用量 8
-rwxr-xr-x 1 test test    0  9月 12 04:58 a.txt
-rw-r--r-- 1 test test  699  9月 12 05:04 cpuinfo
dr---w--w- 3 test test 4096  9月 12 05:09 test
//把整个目录 www 及其下的文件与子目录的属主都改为 test.test
```

```
[root@localhost www]#chown  ludong.test a.txt
[root@localhost www]#chown  test.root  cpuinfo
[root@localhost www]#ll
总用量 8
-rwxr-xr-x 1 ludong test    0  9月 12 04:58 a.txt
-rw-r--r-- 1 test   root  699  9月 12 05:04 cpuinfo
dr---w--w- 3 test   test 4096  9月 12 05:09 test
```

7. 查看系统的根目录的结构

```
[root@localhost ~]#cd /root/www
[root@localhost www]#cd /
[root@localhost /]#ls
bin   cgroup  etc   lib          media  null  proc  sbin     srv  tftpboot  usr
boot  dev     home  lost+found   mnt    opt   root  selinux  sys  tmp       var
//可以进入dev、etc、var各个目录下看一下其子目录与文件

[root@localhost /]#ll  /home
总用量 786468
-rw-r--r-- 1 root   root    536870912 10月 21 06:17 loopdev
drwx------ 4 ludong ludong       4096  2月 10 04:17 ludong
drwx------ 4 test   test         4096  2月 10 04:17 test
drwxr-xr-x 2 root   root         4096 12月 19 2011 uptech
//可以看到为两个用户ludong、test分别创建了其工作目录
```

8. 通过cd进行目录的切换

```
[root@localhost /]#cd -
/root/www
[root@localhost www]#pwd
/root/www
//确认回到之前的目录/root/www

[root@localhost www]#su test
[test@localhost www]$pwd
/root/www
[test@localhost www]$cd
[test@localhost ~]$pwd
/home/test
/* su命令实现用户的切换,从超级用户root切换到普通用户test(注意此时不需要输入
test的密码),cd命令什么参数也不加,表示回到该用户的工作目录,即/home/test */
```

```
[test@localhost ~]$su  ludong
密码:
/* 此处请输入用户 ludong 的密码,只有从 root 到普通用户不需要输入密码,普通用户之间切换以及普通用户到 root 切换都需要输入对应的要切换用户的密码 */
[ludong@localhost test]$pwd
/home/test
//仍然是 test 的主目录 /home/test

[ludong@localhost test]$cd
[ludong@localhost ~]$pwd
/home/ludong
//进入 ludong 的主目录 /home/ludong

[ludong@localhost ~]$su root
密码:
[root@localhost ludong]#cd
[root@localhost ~]#pwd
/root
//进入用户 root 的主目录 /root
```

9. mkdir 参数-p 的使用

```
[root@localhost ~]#cd
[root@localhost ~]#mkdir www
mkdir: 无法创建目录"www": 文件已存在
//创建已经存在目录报错

[root@localhost ~]#mkdir -p www
//无错返回,且修改时间未变

[root@localhost ~]#mkdir www/www2/www3
mkdir: 无法创建目录"www/www2/www3": 没有那个文件或目录
//直接创建三级子目录报错
[root@localhost ~]#mkdir -p www/www2/www3
//加入参数-p 后成功递归创建
```

10. ls 查看隐藏文件

```
[root@localhost ~]#cd  /root/www
[root@localhost www]#ls
a.txt  cpuinfo  test  www2
[root@localhost www]#ls  -l
```

```
总用量 12
-rwxr-xr-x 1 ludong test     0   9月 12 04:58 a.txt
-rw-r--r-- 1 test    root   699   9月 12 05:04 cpuinfo
dr---w--w- 3 test    test 4096   9月 12 05:09 test
drwxr-xr-x 3 root    root 4096   9月 12 05:43 www2
[root@localhost www]#ls  -al
总用量 20
drwxr-xr-x   4 test   test 4096   9月 12 05:43 .
dr-xr-x---. 31 root   root 4096   9月 12 05:19 ..
-rwxr-xr-x   1 ludong test     0   9月 12 04:58 a.txt
-rw-r--r--    1 test   root   699   9月 12 05:04 cpuinfo
dr---w--w-    3 test   test 4096   9月 12 05:09 test
drwxr-xr-x    3 root   root 4096   9月 12 05:43 www2
//注意上述三个命令显示内容的区别

[root@localhost www]#ls  -l  a.txt
-rwxr-xr-x 1 ludong test 0  9月 12 04:58 a.txt
//显示修改时间
[root@localhost www]#ls  -lc  a.txt
-rwxr-xr-x 1 ludong test 0  9月 12 05:23 a.txt
//显示写入时间
/*因为在 test 创建后我们对其内容一直没有修改,所以修改时间就是当初的创建时间,但是
在此过程中修改了文件属主与权限,所以写入时间会变化*/
```

11. cp -a 加属性复制/-r 递归复制

```
[root@localhost ~]#cd
[root@localhost ~]#cp  -r  www  out
//把 www 目录的全部内容(包括子目录)复制到 out,请用 ll 依次确认是否成功复制
[root@localhost ~]#ll www/
总用量 12
-rwxr-xr-x 1 ludong test     0   9月 12 04:58 a.txt
-rw-r--r-- 1 test    root   699   9月 12 05:04 cpuinfo
dr---w--w- 3 test    test 4096   9月 12 05:09 test
drwxr-xr-x 3 root    root 4096   9月 12 05:43 www2
[root@localhost ~]#ll out
总用量 12
-rwxr-xr-x 1 root root     0   9月 12 05:51 a.txt
-rw-r--r-- 1 root root   699   9月 12 05:51 cpuinfo
dr-------- 3 root root 4096   9月 12 05:51 test
drwxr-xr-x 3 root root 4096   9月 12 05:51 www2
/*注意两个目录 www 和 out 时间的变化,out 的时间应该是当前时间,同时请关注两目录的权
限与属性的不同*/
```

```
[root@localhost ~]#cp  -a  www  out2
[root@localhost ~]#ll out2
总用量 12
-rwxr-xr-x 1 ludong test     0  9月 12 04:58 a.txt
-rw-r--r-- 1 test   root   699  9月 12 05:04 cpuinfo
dr---w--w- 3 test   test 4096  9月 12 05:09 test
drwxr-xr-x 3 root   root 4096  9月 12 05:43 www2
//在递归复制的同时进行属性复制,从而使得两个目录显示一模一样
```

12. mv 的文件改名+移动

```
[root@localhost ~]#cd  /root/www/
[root@localhost www]#ll
总用量 12
-rwxr-xr-x 1 ludong test     0  9月 12 04:58 a.txt
-rw-r--r-- 1 test   root   699  9月 12 05:04 cpuinfo
dr---w--w- 3 test   test 4096  9月 12 05:09 test
drwxr-xr-x 3 root   root 4096  9月 12 05:43 www2
[root@localhost www]#touch 1.txt 2.txt 3.txt 4.txt
//同时创建 4 个空文件

[root@localhost www]#ll
总用量 12
-rw-r--r-- 1 root   root     0  9月 12 19:48 1.txt
-rw-r--r-- 1 root   root     0  9月 12 19:48 2.txt
-rw-r--r-- 1 root   root     0  9月 12 19:48 3.txt
-rw-r--r-- 1 root   root     0  9月 12 19:48 4.txt
-rwxr-xr-x 1 ludong test     0  9月 12 04:58 a.txt
-rw-r--r-- 1 test   root   699  9月 12 05:04 cpuinfo
dr---w--w- 3 test   test 4096  9月 12 05:09 test
drwxr-xr-x 3 root   root 4096  9月 12 05:43 www2
//mv 前显示确认

[root@localhost www]#mv 1.txt  2.txt 3.txt  www2/
//三个文件移动到 www2 子目录
[root@localhost www]#mv 4.txt  www2/5.txt
//移动+改名

[root@localhost www]#ll  www2/
总用量 4
-rw-r--r-- 1 root root     0  9月 12 19:48 1.txt
```

```
-rw-r--r-- 1 root root     0  9月 12 19:48 2.txt
-rw-r--r-- 1 root root     0  9月 12 19:48 3.txt
-rw-r--r-- 1 root root     0  9月 12 19:48 5.txt
drwxr-xr-x 2 root root 4096  9月 12 05:43 www3
//确认批量移动+单个改名移动

[root@localhost www]#ll
总用量 12
-rwxr-xr-x 1 ludong test     0  9月 12 04:58 a.txt
-rw-r--r-- 1 test   root   699  9月 12 05:04 cpuinfo
dr---w--w- 3 test   test 4096  9月 12 05:09 test
drwxr-xr-x 3 root   root 4096  9月 12 19:49 www2
//确认 www 目录下已经没有这四个文件
```

13. rm 的默认与递归删除

```
[root@localhost www]#cd  /root/www/www2/
[root@localhost www2]#ll
总用量 4
-rw-r--r-- 1 root root     0  9月 12 19:48 1.txt
-rw-r--r-- 1 root root     0  9月 12 19:48 2.txt
-rw-r--r-- 1 root root     0  9月 12 19:48 3.txt
-rw-r--r-- 1 root root     0  9月 12 19:48 5.txt
drwxr-xr-x 2 root root 4096  9月 12 05:43 www3
[root@localhost www2]#rm 1.txt
rm:是否删除普通空文件 "1.txt"?y
//需要按 y 确认后再删除,按 n 不删除

[root@localhost www2]#rm -f  2.txt
//直接删除

[root@localhost www2]#ll
总用量 4
-rw-r--r-- 1 root root     0  9月 12 19:48 3.txt
-rw-r--r-- 1 root root     0  9月 12 19:48 5.txt
drwxr-xr-x 2 root root 4096  9月 12 05:43 www3

[root@localhost www2]#rm www3
rm: 无法删除"www3",因为它是一个目录
[root@localhost www2]#rm -rf  www3
//要想删除目录,必须加参数-r
```

```
[root@localhost www2]#ll
总用量 0
-rw-r--r-- 1 root root 0  9月 12 19:48 3.txt
-rw-r--r-- 1 root root 0  9月 12 19:48 5.txt
```

14.文件内容的查阅 cat、more、less

```
[root@localhost ~]#cd /root/www/
[root@localhost www]#cat  /proc/cpuinfo
//顺序显示文件内容,内容略,下同
[root@localhost www]#tac  /proc/cpuinfo
//倒序显示文件内容
[root@localhost www]#cat  -b  /proc/cpuinfo
//空格不显示行号
[root@localhost www]#cat -n  /proc/cpuinfo
//空格也显示行号
[root@localhost www]#cat /proc/cpuinfo  /proc/meminfo   >  test.txt
//把两个文件内容拼接重定向到 test.txt 文件中
[root@localhost www]#cat  test.txt
//查看 test.txt 的内容
[root@localhost www]#cat  test.txt  test.txt  >>  test.txt
//报错没法重定向到同名文件中
[root@localhost www]#more  /proc/cpuinfo
//一屏显示内容,可以向后翻页
/*  Space:向下翻一页;Enter:向下滚动一行;/字符串:向下查询关键字,如/Huge 可以看到
有 Huge 的那行显示在屏幕的第一行;q:退出 */

[root@localhost www]#less test
//在 more 基础上可以向前浏览
/* PageDown:向下翻一页;PageUp:向上翻一页;?:字符串查询关键字 */
```

15. 文件头部跟尾部的获取 head、tail

```
[root@localhost www2]#cd /root/www/
[root@localhost www]#cat  /proc/cpuinfo /proc/meminfo  /proc/cpuinfo  /
proc/meminfo   > test.txt
[root@localhost www]#wc  -l  test.txt
136 test.txt
//获取文件行数为 136
[root@localhost www]#head -n 10  test.txt
[root@localhost www]#head -n -100  test.txt
//head -n 后接 -100,表示不再显示后 100 行,所以只显示头 36 行
```

```
[root@localhost www]#tail -n 23  test.txt
//显示最后的 23 行
[root@localhost www] #tail -n +100  test.txt
/* tail -n 后接 +100,表示从第 100 行开始显示,所以就是显示后 37 行,因为包含第 100 行,
可以通过下面命令进行确认 */
[root@localhost www]#tail -n +100  test.txt  | wc -l
37

[root@localhost www]  head -n 20 test.txt | tail -n 10
//显示 11~20 行, 请大家仔细品味管道的使用方式
```

16. 在某目录中创建或生成文件的 *N* 种方式

1）touch 创建空文件

```
[root@localhost test]#touch 2.txt
```

2）复制或移动文件

```
[root@localhost test]#cp /proc/cpuinfo 3.txt
```

3）cat 实现多个文件的内容拼接

```
[root@localhost test]#cat /proc/cpuinfo /proc/meminfo > 4.txt
```

4）echo 重定向文件

```
[root@localhost test]#echo "hello world"> 5.txt
[root@localhost test]#cat 5.txt
hello world
```

5）vi 或 gedit 等编辑器新建文件

```
[root@localhost www]#vi test.c
[root@localhost www]#cat test.c
#include <stdlib.h>
#include <stdio.h>
int main()
{
    printf("hello world in linux by C \n");
    return 0;
}
[root@localhost www]#gcc  -g -o hello  test.c
```

```
[root@localhost www]# ./hello
hello world in linux by C
//编辑、编译和运行
```

17. umask 进行权限的修改，表示在当前基础上减去该值

```
 [root@localhost test]# umask -S
u=rwx,g=rx,o=rx
//显示默认权限 u=rwx,g=rx,o=rx

[root@localhost test]# umask
0022
//数字显示 022,表示默认权限减去该值后得到最终的权限

[root@localhost ~]# mkdir -p /root/test
[root@localhost ~]# ll
//可以看到 test 的权限为 drwxr-xr-x,因为 g 与 o 的两个 w 已经被去掉了
[root@localhost ~]# cd /root/test

[root@localhost test]# touch 1.txt
[root@localhost test]# ll 1.txt
-rw-r--r-- 1 root root     0   2月 10 05:14 1.txt
//可以看到它的权限是-rw-r--r--,同理因为 g 与 o 的两个 w 已经被去掉了

[root@localhost ~]# umask 002
[root@localhost ~]# mkdir -p test2
[root@localhost ~]# ll
略
drwxr-xr-x   2 root root 4096   2月 10 05:02 test
drwxrwxr-x   2 root root 4096   2月 10 05:15 test2
略
//test2 的权限为 drwxrwxr-x,比 test 的权限多了个 w

[root@localhost ~]# touch 2.txt
[root@localhost ~]# ll  2.txt
-rw-rw-r--   1 root root     0   2月 10 05:15 2.txt
// 2.txt 的权限为-rw-rw-r--,也比 1.txt 的权限多了个 w
```

18. $ PATH 变量的进一步了解

```
[root@localhost ~]# echo $PATH
/opt/STM/STLinux-2.3/devkit/sh4/bin:/usr/local/arm/4.3.1-eabi-armv6/usr/
```

```
bin/:/opt/STM/STLinux-2.3/devkit/sh4/bin:/usr/local/arm/4.3.1-eabi-armv6/
usr/bin/:/usr/local/cross-tool/4.3.1-eabi-armv6/usr/bin/:/usr/local/arm/
4.3.1-eabi-armv6/usr/bin/:/usr/lib/qt-3.3/bin:/usr/lib/ccache:/usr/local/
sbin:/usr/sbin:/sbin:/usr/local/bin:/usr/bin:/bin:/root/bin:/root/bin:/
root/bin:/root/bin
//注意有/root/bin,实际上这个目录当前还不存在,我们创建该目录,并做进一步测试

[root@localhost ~]#cd
[root@localhost ~]#lstest
命令未找到。
//说明变量 PATH 的全部目录都没有找到该命令

[root@localhost ~]#mkdir  -p  /root/bin
[root@localhost ~]#cp  /bin/ls   bin/lstest
[root@localhost ~]#lstest
bak  bin  www  公共的模板视频图片文件下载音乐桌面
//命令可以直接运行,效果同 ls

[root@localhost ~]#cp  /bin/ls   /home/lstest2
//我们再把 ls 命令复制到一个变量 PATH 未包含的目录 home 下

[root@localhost ~]#/home/lstest2
bak  bin  www  公共的模板视频图片文件下载音乐桌面
//说明 lstest2 命令在绝对路径下是可以运行的

[root@localhost ~]#lstest2
命令未找到。
//直接输入命令,报告找不到,因为所在目录不在 PATH 中,所以就不会被搜索到
```

19. 文件内容的排序 sort 与去冗 uniq

```
[root@localhost ~]#cd  /root/www
[root@localhost www]#cat /proc/meminfo  /proc/cpuinfo  /proc/cpuinfo  >
test.txt
[root@localhost www]less test.txt
[root@localhost www]sort  test.txt  > test_sorted.txt
//排序,并输出重定向到另一个文件
[root@localhost www]#less test_sorted.txt
//每条语句都重复了两遍

[root@localhost www]#uniq  test_sorted.txt > test_uniqed.txt
//去冗并重定向
```

```
[root@localhost www]#less test_uniqed.txt

一条语句实现以上的功能
[root@localhost www]# cat /proc/cpuinfo  /proc/cpuinfo  | sort | uniq >
test2.txt
[root@localhost www]#less test2.txt
/*拼接后的文件内容作为 sort 的输入,排序后的结果再作为 uniq 的输入,最终结果重定向保
存*/
/*如果不用 uniq 命令,仅仅通过 sort 实现上述功能,怎么输入?请大家参考 3.5.1 节的内
容,完成该操作*/
```

20.文件内容的比较 diff

```
[root@localhost ~]#cd
[root@localhost ~]#ll  www
总用量 28
-rwxr-xr-x 1 ludong test    0  9月 12 04:58 a.txt
-rw-r--r-- 1 test   root   699  9月 12 05:04 cpuinfo
-rwxrwxr-x 1 root   root 5738  9月 12 20:40 hello
dr---w--w- 3 test   test 4096  9月 12 05:09 test
-rw-r--r-- 1 root   root   106  9月 12 20:36 test.c
-rw-r--r-- 1 root   root 3894  9月 12 20:15 test.txt
drwxr-xr-x 2 root   root 4096  9月 12 20:14 www2

[root@localhost ~]#cp -a www  old
[root@localhost ~]#cp -a www  new
//把 www 目录的内容分别复制到 old 与 new 两个目录下

[root@localhost ~]#diff old new
//比较两目录,此时应该一样

[root@localhost ~]#vim  new/cpuinfo
//编辑 new 下的 cpuinfo 文件,分别删除某行、增加某新行、修改某行

[root@localhost ~]#diff  old/cpuinfo new/cpuinfo
//分别确认上述三个修改操作的比较结果

[root@localhost ~]#mv   new/cpuinfo  new/cpuinfo.bak
[root@localhost ~]#diff  old  new
//将 new 目录下某文件改名后,再次比较两个目录
```

21.通过 ps 与 grep 查看现在的活跃进程

```
[root@localhost ~]#ps aux | less
[root@localhost ~]#ps aux | grep  usr  |  less
//在全部进程中过滤并显示带有 usr 字符串的行

[root@localhost ~]#ps aux | grep  usr | grep 217
root        1357   0.0   0.2   16284   2172 ?          S<    Sep12    0:00 /usr/
sbin/sedispatch
//在带有 usr 字符串的行的基础上,再次使用 217 过滤

[root@localhost ~]#cd
[root@localhost ~]#grep include *
//在 root 目录下查找内容含有 include 字符串的所有文件,没有任何匹配
[root@localhost ~]#grep -r include *
www/test.c:#include <stdlib.h>
www/test.c:#include <stdio.h>
//在 root 目录及其子目录下查找内容含有 include 字符串的所有文件,注意 -r 的使用
```

22.文件的查询 whereis 与 locate

```
[root@localhost ~]#whereis ls
ls: /bin/ls /usr/share/man/man1/ls.1.gz /usr/share/man/man1p/ls.1p.gz
[root@localhost ~]#whereis top
top: /usr/bin/top /usr/share/man/man1/top.1.gz
//whereis 多用于查找命令,得到其绝对路径

[root@localhost ~]#locate top
[root@localhost ~]#locate top  |  less
//显示所有文件的绝对路径中有 top 字符串的文件

[root@localhost ~]#touch soft34.txt
[root@localhost ~]#locate soft34.txt
//应该找不到,因为数据库中没有更新

[root@localhost ~]#updatedb
[root@localhost ~]#locate soft34.txt
/root/soft34.txt
//确认可以找到
```

3.8 本章小结

本章首先介绍了 Linux 文件和目录的基本知识，Linux 继承自 UNIX 的一个重要概念："一切都是文件"，Linux 系统中常用的文件类型包括普通文件、目录文件、链接文件、设备文件和管道文件。

然后对常用的文件和目录操作命令进行了介绍：目录的创建与删除用 mkdir 和 rmdir 命令，改变工作目录、显示路径以及显示目录内容用 cd、pwd 和 ls，文件的复制、移动和删除命令用 cp、mv 和 rm 命令；Linux 系统文件的访问权限包括读写权限和执行权限，对于修改访问权限可以用 chmod、chown 和 chgrp 命令，而默认权限的设置用 umask 命令；显示文本文件内容采用 cat、more、less、head 和 tail 命令，od 命令用于查阅非文本文件的内容；可以使用 touch 命令创建空白新文件，而 ln 命令则创建链接文件；文本内容的操作与处理涉及的命令包括 sort、uniq、wc、comm、diff 以及 grep 等命令；文件查找命令采用 whereis、locate 和 find 命令；而进程的查找命令则使用 top 和 ps 命令。

3.9 习题

一、知识问答题

1. 简述 Linux 系统有哪些类型的文件。
2. 简述 Linux 系统中的目录结构。
3. 什么是根目录？什么是绝对路径？什么是相对路径？
4. Linux 系统的文件有哪些权限？其含义分别是什么？
5. Linux 系统中可以使用哪些方法设置文件的权限？
6. 简述 Linux 系统中与文件权限相关的用户分类。
7. 简述使用 ls -l 命令显示的详细信息。
8. 使用什么命令可以删除具有子目录的目录？
9. 如何建立文件 file1 的硬链接和符号链接（软链接），简述硬链接和符号链接各自特点。
10. 简述以下 Linux 操作命令的作用及常用选项。

(1) ls (2)cd (3)cat (4)less (5)ps

(6) wc (7)chmod (8)echo (9)grep (10)locate

二、命令操作题

1. 切换到/home 目录，并显示当前工作目录路径。
2. 显示/root 目录下所有文件和子目录的详细信息，包括隐藏文件。
3. 只查看/etc 单个目录的信息，并以长格式显示。
4. 显示/etc/passwd 和/proc/cpuinfo 两个文件的详细信息。

5. 把/etc 复制到/tmp 下并保持原属性不变。

6. 创建具有默认权限为 444 的目录/root/test，然后将/etc/passwd 文件复制到该目录中，最后全部删除。

7. 设置/test/a.txt 属主有读写执行权限，属组有读写，其他账户无权限。

8. 增加文件 test.txt 所有用户可执行权限。

9. 采用多种方式在/root 目录下创建文本文件 9.txt。

10. 分页显示/proc/cpuinfo 的文件内容。

11. 使用 cat 命令在/root/目录下创建 hello.txt 文件，内容是 Hello world in Linux。

12. 把 /proc/cpuinfo 的文件内容加上行号后输入到/root/cpuinfo 这个文件里。

13. 统计文件/etc/passwd 的行数、单词数和字节数。

14. 使用命令创建/root/9.txt 的硬链接文件/root/14-1.txt 和软链接文件/root/14-2.txt。

15. 查找当前目录下 48 小时内修改过的文件。

第 4 章　Linux 磁盘与文件系统

学习目标

(1) 熟练掌握磁盘的分区与格式化。
(2) 理解挂载点的概念。
(3) 了解与掌握磁盘分区的自动挂载。
(4) 掌握特殊设备 loop 与 swap。

Linux 文件系统中的文件是数据的集合，文件系统不仅包含文件中的数据而且还有文件系统的结构，所有用户和程序看到的文件、目录、软链接及文件保护信息等都存储在其中。本章首先简单概要介绍磁盘和文件系统的基本概念，然后重点讲解磁盘的分区、格式化、检验与挂载等操作步骤，最后介绍两种特殊的设备 loop 和 swap。

4.1　磁盘与文件系统概述

计算机中存放信息的主要存储设备是磁盘(因为当前软盘已经很少使用，所以硬盘和磁盘在本书中等同使用)，但是磁盘不能直接使用，必须对磁盘进行分割，分割成的一块一块的磁盘区域就是磁盘分区。磁盘分区需要高级格式化成不同的文件系统，以便文件的存取。

文件系统是操作系统用于明确存储设备(常见的是磁盘，也有基于 NAND Flash 的固态磁盘)或分区上的文件的方法和数据结构，即在存储设备上组织文件的方法。操作系统中负责管理和存储文件信息的软件称为文件管理系统，简称文件系统。文件系统由三部分组成：文件系统的接口、对象操纵和管理的软件集合、对象及属性。从系统角度来看，文件系统是对文件存储设备的空间进行组织和分配，负责文件存储并对存入的文件进行保护和检索的系统。具体地说，它负责为用户完成建立文件，存入、读出、修改、转储文件，控制文件的存取，以及当用户不再使用时撤销文件等操作。

4.1.1　物理磁盘概述

传统的磁盘结构如图 4.1 所示，它有一个或多个盘片用于存储数据；中间有一个主轴，所有的盘片都绕着这个主轴转动；一个组合臂上面有多个磁头臂，每个磁头臂上面都有一个磁头，负责读写数据。

磁盘的盘片一般用铝合金材料做基片，高速磁盘也可能用玻璃做基片从而达到所需

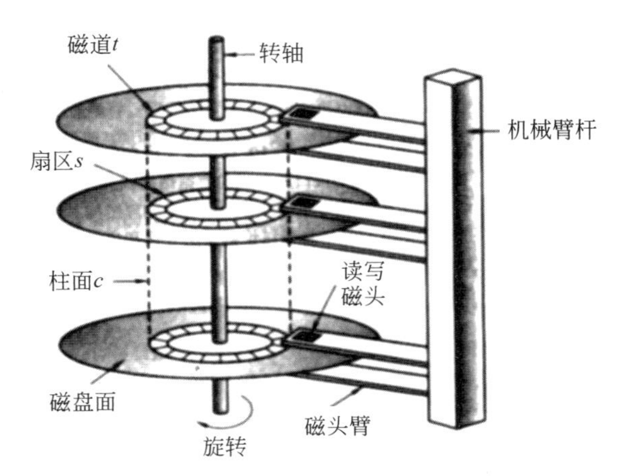

图 4.1 磁盘结构

的平面度和光洁度，且有很高的硬度。要想在磁盘面上记录数据，必须对其进行格式化。磁盘低级格式化是在盘片上建立磁道和扇区，以便存取数据块。高级格式化是在磁盘上建立文件系统，以便文件的存取。

磁盘在低级格式化时被划分成许多同心圆，这些同心圆轨迹叫作磁道。磁道从外向内从 0 开始顺序编号，磁盘的每一个盘面有 300～1024 个磁道。而每个磁道上划分成多个扇区，扇区是磁盘的最小存储单元，每个扇区的字节数是固定的，一般为 512 B。

如图 4.2 所示，磁道是盘片上的一个个同心圆环，扇区是磁道上的一段弧形切片，而所有盘面上的半径相同的磁道构成一个圆柱，通常称作柱面，每个圆柱上的磁头由上而下从“0”开始编号，即柱面是由一组磁道组成的，磁道是由一组扇区组成的，扇区又是由一组字节组成的。

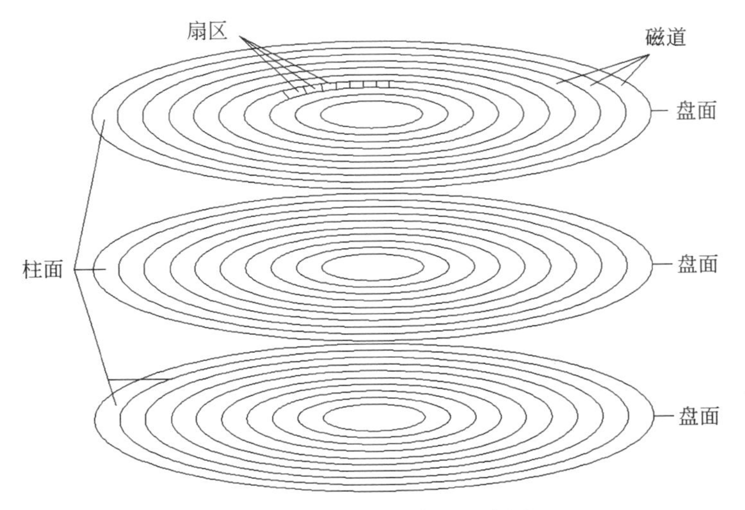

图 4.2 柱面-磁道-扇区示意图

机械臂杆和与其相连的读写磁头以扇区为单位读写盘面上的数据，而转轴马达则驱动所有盘片一起转动，实现读写磁头的连续读写，普通磁盘的转速一般为 7200 或 10000r/min。当需要从磁盘读取数据时，系统会将数据逻辑地址传给磁盘，磁盘的控制电路按照寻址逻辑将逻辑地址翻译成物理地址，即确定要读的数据在哪个磁道，哪个扇区。为了读取这个扇区的数据，需要将磁头放到这个扇区上方，为了实现这一点，磁头需要移动对准相应磁道，这个过程叫作寻道，所耗费时间叫作寻道时间，然后磁盘旋转将目标扇区旋转到磁头下，这个过程耗费的时间叫作旋转时间。请注意，在此过程中所有读写磁头的移动是同步的，并且所有盘片的转动也是同步的，这就是为什么要引入“柱面”的原因，磁盘会将连续数据存储在同一个柱面上，好处显而易见，能够有效减少磁头的运动次数，加快数据传输速率。

磁盘容量的单位为兆字节(MB)或吉字节(GB)，目前的主流磁盘容量为 500 GB～2 TB，影响磁盘容量的因素有单碟磁盘容量和碟片数量。而单碟磁盘容量＝柱面数×盘面数×扇区数×512 B。

4.1.2 Linux 文件系统简介

Linux 文件系统中的文件是数据的集合，文件系统不仅包含文件中的数据而且还有文件系统的结构，所有 Linux 用户和程序看到的文件、目录、软链接及文件保护信息等都存储在其中。Linux 文件系统 (File System)是 Linux 系统的核心模块。通过使用文件系统，用户可以很好地管理各项文件及文件目录资源。Linux 采用虚拟文件系统(VFS)技术，可支持多种常见的文件系统，并允许用户在不同的磁盘上安装不同的文件系统。Linux 系统核心支持的是多种文件系统类型，例如 jfs、ReiserFS、ext2、ext3、ext4、xfs、minix、vfat、NTFS、Hpfs、Nfs、smb、sysv、proc、sys 等。就一个基本的 Linux 系统而言，其计算机磁盘可能只有三个分区：一个交换分区 swap(用于处理物理内存放不下的信息)，一个包含引导装载程序和内核的启动分区 boot 和一个根文件系统分区(/)。目前大多 Linux 发行版本的启动分区和根文件系统分区通常采用 ext4 文件系统，而新一代的 Btrfs 文件系统也呼之欲出。

1. ext 系列文件系统

作为众多 Linux 发行版的默认文件系统，ext(Extended File System)系列文件系统经历了从 ext、ext2、ext3 到 ext4 共四个阶段的发展。

(1) ext 是第一个专门为 Linux 开发的文件系统类型，于 1992 年 4 月发布。它为 Linux 的发展起到了重要作用，但是在性能和兼容性上存在许多缺陷，现在已经很少使用。

(2) 1993 年发布的 ext2 是为解决 ext 文件系统的缺陷而设计的可扩展、高性能的文件系统，尽管 Linux 可以支持种类繁多的文件系统，但是 2000 年以前几乎所有的 Linux 发行版都用 ext2 作为默认的文件系统。在速度和 CPU 利用率上较突出，是 GNU/Linux 系统中标准的文件系统，其特点为存取文件的性能好，对于中小型的文件更显示出优势，这主要得利于其簇快取层的优良设计。ext2 的设计者主要考虑的是文件系统性能方面的问题。ext2 在写入文件内容的同时并没有同时写入文件的 meta-data(和文件有关的信息,例如:权限、所有者以及创建和访问时间)。换句话说,先写入文件的内容,然后等到有空的时候才写入文件的 meta-data。这样若出现写入文件内容之后但在写入文件的 meta-data 之前系统突然断电,就可能造成文件系统处于不一致的状态。在一个有大量文件操作的系统中出现这种情况会导致很严重的后果。

(3) ext3 在 ext2 的基础上加入了记录元数据的日志功能,努力保持向后的兼容性,也就是在保有目前 ext2 的格式之下加上了日志功能,即 ext3 是一种日志式文件系统。日志式文件系统的优越性在于:相比之下,除非发生硬件故障,即使非正常关机,ext3 也不需要文件系统校验。这是因为数据是以文件系统始终保持一致方式写入磁盘的。在非正常关机后,恢复 ext3 文件系统的时间不依赖于文件系统的大小或文件数量,而依赖于维护一致性所需"日志"的大小。

(4) Linux kernel 自 2.6.28 版本开始正式支持新的文件系统 ext4。ext4 是 ext3 的改进版,修改了 ext3 中部分重要的数据结构,而不仅仅像 ext3 对 ext2 那样只是增加了一个日志功能而已。ext4 可以提供更佳的性能和可靠性,还有更为丰富的功能。其具体的功能特点概括如下。

① 与 ext3 兼容:执行若干条命令,就能从 ext3 在线迁移到 ext4,而无须重新格式化磁盘或重新安装系统。原有 ext3 数据结构照样保留,ext4 作用于新数据,当然,整个文件系统因此也就获得了 ext4 所支持的更大容量。

② 更大的文件系统和更大的文件:较之 ext3 目前所支持的最大 16 TB 文件系统和最大 2 TB 文件,ext4 分别支持 1 EB(1EB=1024 PB,1PB=1024 TB)的文件系统,以及 16 TB 的文件。

③ 无限数量的子目录:ext3 目前只支持 32 000 个子目录,而 ext4 支持无限数量的子目录。

④ extents 策略:ext3 采用间接块映射,当操作大文件时效率低下。例如一个 100 MB 大小的文件,在 ext3 中要建立 25 600 个数据块(每个数据块大小为 4 KB)的映射表。而 ext4 引入了现代文件系统中流行的 extents 概念,每个 extent 为一组连续的数据块,上述 100 MB 的文件则表示为"该文件数据保存在接下来的 25 600 个数据块中",提高了效率。

⑤ 多块分配:当写入数据到 ext3 文件系统中时,ext3 的数据块分配器每次只能分配一个 4 KB 的块,写一个 100 MB 文件就要调用 25 600 次数据块分配器,而 ext4 的多块分配器 multiblock allocator(mballoc)支持一次调用分配多个数据块。

⑥ 延迟分配:ext3 的数据块分配策略是尽快分配,而 ext4 的策略则是尽可能地延迟分配,直到文件在 cache 中写完才开始分配数据块并写入磁盘,这样就能优化整个文件的数据块分配,与 extents 策略和多块分配搭配起来可以显著提升性能。

⑦ 快速 fsck:以前执行 fsck 第一步就会很慢,因为它要检查所有的 inode,现在 ext4 给每个组的 inode 表中都添加了一份未使用 inode 的列表,今后 fsck ext4 文件系统就可以跳过它们而只去检查那些在用的 inode。

⑧ 日志校验:日志是文件系统中最常用的部分,也极易导致磁盘硬件故障,而从损

坏的日志中恢复数据会导致更多的数据损坏。ext4 的日志校验功能可以很方便地判断日志数据是否损坏，而且它将 ext3 的两阶段日志机制合并成一个阶段，在增加安全性的同时提高了性能。

2. Btrfs 文件系统

Btrfs（通常念成 Butter FS）是一种遵循 GPL 协定的文件系统，由 Oracle 公司于 2007 年发布并持续更新，它的最突出特点是 CoW（写时复制），目标是取代 Linux 目前的 ext4 文件系统，其加入了目前 ext3/4 未支持的一些功能。例如可写的磁盘快照，以及支持递归的快照，内建磁盘阵列（RAID）支持，支持子卷的概念，允许在线调整文件系统大小，相比较 Linux 的 ext 系列文件系统，Btrfs 文件系统具有诸多的特点。

（1）扩展性：Btrfs 最重要的设计目标是应对大型机器对文件系统的扩展性要求。extent、B-Tree 和动态 inode 创建等特性保证了 Btrfs 在大型机器上仍有卓越的表现，其整体性能而不会随着系统容量的增加而降低。

（2）一致性：当系统面临不可预料的硬件故障时，Btrfs 采用 COW 事务技术来保证文件系统的一致性。Btrfs 还支持 checksum（数据及元数据校验码：校验数据及元数据是否损坏），而这是传统文件系统则无法做到的。

（3）多设备管理相关的特性：Btrfs 支持快照和复制，并能够更方便的管理多个物理设备，使得传统的卷管理软件变得多余。

（4）其他难以归类的特性：这些特性都是比较先进的技术，能够显著提高文件系统的时间、空间性能，包括延迟分配、小文件的存储优化、目录索引等。

4.2 磁盘的分区、格式化、检验与挂载

Linux 使用字母表示不同的磁盘设备，例如，字母 a 表示第一个磁盘，字母 b 表示第二个磁盘。对于每一个磁盘设备，Linux 分配了一个 1～16 的编号，即每一个磁盘最多分成 16 个磁盘分区，其中主分区占用前 4 个编号（1～4），逻辑分区占用了 5～16 共 12 个编号字母。

（1）/dev/sd[a-p][1-15]：为 SCSI、SATA、USB、Flash 等接口的磁盘文件名，这些设备命名依赖于设备的 ID 号码，不考虑遗漏的 ID 号码。例如，3 个 SCSI 设备的 ID 号码分别是 0、2、5，设备名分别是/dev/sda、/dev/sdb 和/dev/sdc。

（2）/dev/hd[a-d][1-15]：为 IDE 接口的磁盘文件名，IDE 磁盘（包括光驱）由内部连接来区分，最多四个设备，其中/dev/hda 表示第一个 IDE 通道（IDE1）的主设备（master），/dev/hdb 表示第一个 IDE 通道的从设备（slave），而/dev/hdc 和/dev/hdd 为第二个 IDE 通道（IDE2）的主设备和从设备。

如图 2.24 和图 2.25 所示，在 VMware 虚拟机上很方便地添加多块磁盘。而新增一块磁盘（大小 10 GB 的 sdb）之后，要想在上面存储文件，所需要的工作步骤如下。

（1）对磁盘进行分区。

（2）对该分区格式化，从而构建可用的文件系统。

(3) 对新建的 FS 进行检查。

(4) 在 Linux 系统上,需要创建挂载点(目录),并将其挂载。

(5) 若需要可设置为开机自动挂载。

(6) 使用完毕,进行卸载。

请注意,sda 是系统分区所在的磁盘,为了保证系统的安全,本章的所有命令操作请在新增磁盘 sdb 上进行。

4.2.1 磁盘分区

对于一个新磁盘,首先需要对其进行分区。与 Windows 一样,在 Linux 下用于磁盘分区的工具也是 fdisk 命令。由于磁盘分区操作可能造成数据损失,因此操作需要十分谨慎。fdisk 能划分磁盘成为若干个区,具体语法为如下。

📖操作演示
fdisk 命令的使用

```
fdisk  [选项][设备名称]
```

其中选项主要是 -l 列出所有分区表。如果不加选项直接跟磁盘文件,就进入磁盘分区菜单界面。

例如:

```
#fdisk /dev/sdb
```

请注意 sdb 后面千万不要加数字。

进入该设备,此时出现:

```
Command (m for help):
```

查看帮助信息:输入 m,看到 fdisk 的菜单操作说明如表 4.1 所示。

表 4.1 fdisk 的菜单操作说明

选项	说　　明	选项	说　　明
a	切换分区是否为启动分区	p	打印该磁盘的分区表
b	编辑 bsd 卷标	q	不保存直接退出
c	切换分区是否为 DOS 兼容分区	s	创建一个空的 Sun 分区表
d	删除分区	t	改变分区的类型号码
l	打印 Linux 支持的分区类型	u	改变分区大小的显示方式
m	打印 fdisk 帮助信息	v	检验磁盘的分区列表
n	新增分区	w	保存结果并退出
o	创建空白的 DOS 分区表	x	进入专家模式

在虚拟机关机的状态下按照 2.2.2 节中的图 2.25 所示,增加一个 10 GB 的磁盘 sdb,

然后对新增的磁盘 sdb 使用命令 fdisk 划分一个 3 GB(3072 MB)分区。

```
[root@localhost ~]# fdisk  /dev/sdb
欢迎使用 fdisk (util-linux 2.32.1)。
更改将停留在内存中,直到您决定将更改写入磁盘。
使用写入命令前请三思。

设备不包含可识别的分区表。
创建了一个磁盘标识符为 0x4c943eb5 的新 DOS 磁盘标签。

命令(输入 m 获取帮助):n                          #添加分区,回车表示确认,下同
分区类型
   p   主分区 (0 个主分区,0 个扩展分区,4 空闲)
   e   扩展分区 (逻辑分区容器)
选择 (默认 p):p                                   #选择 primary 主分区
分区号 (1-4, 默认  1): 1                           #输入分区号,也可以直接回车表示默认
第一个扇区 (2048-20971519, 默认 2048):  #此处应该输入起始位置(一个范围内的数字),直
                                          接回车表示采用系统的默认值
上个扇区,+sectors 或 +size{K,M,G,T,P} (2048-20971519, 默认 20971519): +3072M
#输入分区大小,例如:分区大小为 3G,可以输入+3072M(1024 * 3)或  +3G 均可
创建了一个新分区 1,类型为 Linux,大小为 3 GiB。

命令(输入 m 获取帮助):p                          #输入 p 打印当前分区信息,确认是否创建成功
Disk /dev/sdb:10 GiB,10737418240 字节,20971520 个扇区
单元:扇区 / 1 * 512 = 512 字节
扇区大小(逻辑/物理):512 字节 / 512 字节
I/O 大小(最小/最佳):512 字节 / 512 字节
磁盘标签类型:dos
磁盘标识符:0x4c943eb5

   设备      启动    起点      末尾     扇区大小  Id   类型
/dev/sdb1   2048   6285311   6283264     3G     83   Linux

命令(输入 m 获取帮助):w                          #保存当前磁盘分区并退出
分区表已调整。
将调用 ioctl() 来重新读分区表。
正在同步磁盘。
```

分区详细信息如上显示,具体如下。

(1) 设备(Device):设备文件名,依据不同的磁盘接口/分区位置而变。

(2) 启动(Boot):表示是否为开机引导模块。

(3) 起点(Start)和末尾(End):表示这个分区在哪两个柱面号码之间,可以决定此分区的大小。

(4) 扇区(Block):是以 KB 为单位的分区容量。

(5) Id 与类型(System):分区的类型,默认是 83 Linux。

4.2.2 磁盘格式化

分区完成后,需要对文件系统格式化才能正常使用。格式化磁盘主要的命令是 mkfs,其常用的命令格式如下。

```
mkfs [选项] device [block_size]
```

具体的 mkfs 的选项说明如表 4.2 所示。

表 4.2 mkfs 的选项说明

选项	说明
-t	指定分区的类型。指定后 fsck 不自动检测分区类型,可提高检测速度
-p	不提示用户直接修复
-y	自动回答 yes
-c	检测坏块
-f	强制检测,即使系统标志该分区无问题
-n	只检测,不修复

```
[root@localhost ~]#mkfs -t ext3 /dev/sdb1
mke2fs 1.44.3 (10-July-2018)
创建含有 785408 个块(每块 4K)和 196608 个 inode 的文件系统
文件系统 UUID:4a8b6187-3960-412a-a248-23f7d2a024fa
超级块的备份存储于下列块:
    32768, 98304, 163840, 229376, 294912

正在分配组表:完成
正在写入 inode 表:完成
创建日志(16384 个块)完成
写入超级块和文件系统账户统计信息:已完成
```

4.2.3 磁盘检验

对于没有正常卸载的磁盘,如遇突然断电的情况,可能损坏文件系统目录结构或其中文件。因此,遇到这种情况需要检查和修复磁盘分区。检查和修复磁盘分区的命令为 fsck,其常用的命令格式如下。

```
fsck[选项]设备名
```

具体的 fsck 的选项说明如表 4.3 所示。

表 4.3 fsck 的选项说明

选　　项	说　　明
-t	自动通过 superblock 去分辨文件系统
-A	依据/etc/fstab 的内容，将设备扫描
-a	自动修复检查到有问题的
-y	与-a 类似，某些文件系统只支持-y
-C	直方图显示进度

```
[root@localhost~]#fsck -C-t ext3 /dev/sdb1
fsck,来自 util-linux 2.32.1
e2fsck 1.44.3 (10-July-2018)
/dev/sdb1:没有问题,11/196608 文件,29901/785408 块
```

4.2.4 磁盘分区挂载与卸载

Linux 中所有的存储设备都有自己的设备文件名，这些设备文件必须在挂载之后才能使用，包括硬盘、U 盘和光盘(即 Windows 中分配盘符)。挂载其实就是给这些存储设备分配盘符，只不过 Windows 中的盘符用英文字母表示，而 Linux 中的盘符则是一个已经建立的空目录。我们把这些空目录叫作挂载点(可以理解为 Windows 的盘符)，把设备文件(如 /dev/sdb)和挂载点(已经建立的空目录)连接的过程叫作挂载，这个过程是通过挂载命令 mount 实现的。

📖操作演示
分区的挂载和卸载

挂载时需要指定需要挂载的设备和挂载目录(该目录也称为挂载点)。每一个文件系统都有独立的 inode、block、super、block 等信息，这个文件系统要能够链接到目录树才能被人们使用，将文件系统与目录树结合的操作就称为挂载。

挂载磁盘分区的命令为 mount，常用的命令格式如下。

```
mount[选项]　设备名称　挂载点
```

具体的 mount 的选项说明如表 4.4 所示。

表 4.4 mount 的选项说明

选　　项	说　　明
-t 文件系统	最常用参数，加上文件系统种类来指定欲挂载设备的类型
-L 标签名	除了利用文件名还可以利用文件系统的卷标名称进行挂载
-a	依照配置文件/etc/fstab 的数据将所有未挂载磁盘都进行挂载

续表

选　项	说　明
-l	单纯输入 mount 会显示目前的挂载信息
-o	加额外参数，例如账号、密码、读写权限

```
[root@localhost~]#mount  - t  ext4  /dev/sdb1  /mnt
[root@localhost~]#df
//df 命令确认 mount 成功
```

Linux 系统里没有盘符，通过 mount 挂载命令，把每一个分区和某一个目录对应。挂载后，我们对这个目录的操作就是对这个分区的操作，这样就实现了硬件管理手段和软件目录管理手段的统一。要使用磁盘分区，就需要挂载该分区。访问设备中的文件需要通过访问这个挂载目录来访问。挂载点是目录，而这个目录就是进入磁盘分区的接口。要进行挂载，请注意以下几个注意事项。

（1）一个磁盘分区不应该被重复挂载在不同的挂载点。

（2）单一目录不应该重复挂载多个磁盘分区。

（3）作为挂载点的目录理论上应该都是空目录，而如果要用来挂载的目录里面并不是空的，那么挂载了文件系统之后，原目录下的内容就会暂时消失。

若要移除磁盘，例如卸载 USB 磁盘、光盘或者某一磁盘分区，则需要首先卸载该分区。卸载磁盘的命令为 umount，使用方法也很简单：# umount　[device|dir]。例如在使用上面 mount 命令将 sdb1 分区挂载到 mnt 目录后，卸载时# **umount　/dev/sdb1** 等价于# **umount　/mnt**。

4.2.5　查看磁盘分区和挂载信息

查看磁盘分区信息实际上分很多种，例如查看磁盘的挂载情况、磁盘的分区情况，以及磁盘的使用情况等。

1. 查看磁盘的挂载情况：mount

利用 mount 查看磁盘的挂载情况方法很简单，直接输入不带参数的 mount 命令即可。

```
[root@localhost ~]#mount        #直接利用 mount 命令查看
/dev/sda2 on / type ext4 (rw)
proc on /proc type proc (rw)
sysfs on /sys type sysfs (rw)
devpts on /dev/pts type devpts (rw,gid=5,mode=620)
tmpfs on /dev/shm type tmpfs (rw)
/dev/sda1 on /boot type ext4 (rw)
```

```
none on /proc/sys/fs/binfmt_misc type binfmt_misc (rw)
fusectl on /sys/fs/fuse/connections type fusectl (rw)
vmware-vmblock on /var/run/vmblock-fuse type fuse.vmware-vmblock (rw,
nosuid,nodev,default_permissions,allow_other)
sunrpc on /var/lib/nfs/rpc_pipefs type rpc_pipefs (rw)
nfsd on /proc/fs/nfsd type nfsd (rw)
gvfs-fuse-daemon on /root/.gvfs type fuse.gvfs-fuse-daemon (rw,nosuid,
nodev)
```

2. 查看磁盘的分区情况：fdisk

查看磁盘的分区情况可用 fdisk 命令加-l 参数即可。

```
[root@localhost ~]#fdisk -l

Disk /dev/sda: 21.5 GB, 21474836480 bytes
255 heads, 63 sectors/track, 2610 cylinders, total 41943040 sectors
Units = sectors of 1 * 512 = 512 bytes
Sector size (logical/physical): 512 bytes / 512 bytes
I/O size (minimum/optimal): 512 bytes / 512 bytes
Disk identifier: 0x000b7401

   Device Boot      Start         End      Blocks   Id  System
/dev/sda1   *        2048      616447      307200   83  Linux
/dev/sda2          616448    37814271    18598912   83  Linux
/dev/sda3        37814272    41943039     2064384   82  Linux swap / Solaris
```

3. 查看文件系统使用情况：df

df ［选项］列出文件系统的整体磁盘使用量，具体选项内容如下。

-a：可列出所有的文件系统，包括/proc。

-h：可以人们易阅读的 GMKB 形式显示。

-T：可连同该分区的文件系统名称也列出。

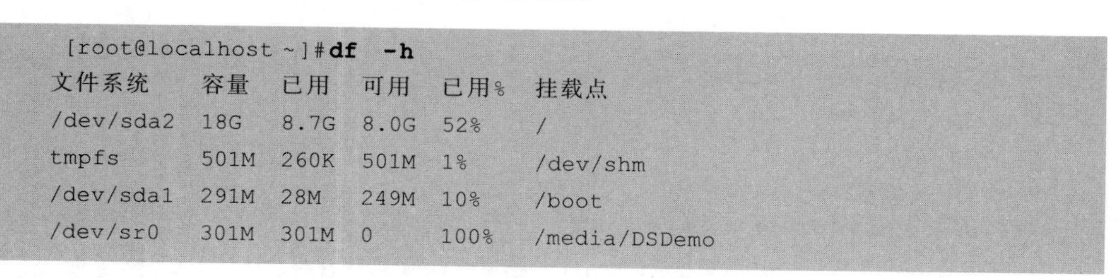

```
[root@localhost ~]#df  -h
文件系统     容量   已用   可用   已用%   挂载点
/dev/sda2   18G    8.7G   8.0G   52%     /
tmpfs       501M   260K   501M   1%      /dev/shm
/dev/sda1   291M   28M    249M   10%     /boot
/dev/sr0    301M   301M   0      100%    /media/DSDemo
```

请注意 df 命令与另一个命令 du 的区别，命令 du 的作用是查看目录下所有子目录与文件的大小，最后给出一个总大小，具体用法如下。

```
du  [参数]  [目录/文件]
```

-a：列出所有文件与目录容量，默认仅统计目录下面的文件量。

-h：可以人们易阅读的GMKB形式显示。

-s：仅列出总量，而不列出每个子目录占用容量。

```
[root@localhost name]#du  -h  /etc
4.0K     /etc/gnome-settings-daemon/xrandr
8.0K     /etc/gnome-settings-daemon
8.0K     /etc/reader.conf.d
4.0K     /etc/popt.d
…
4.0K     /etc/chkconfig.d
33M     /etc/
[root@localhost ~]#du -hs  /etc
33M     /etc
//前一个列出了etc目录下所有子目录与文件的大小，而加了参数s仅显示etc目录的总容量

[root@localhost ~]#df  -h  /etc
 文件系统   容量  已用  可用  已用%  挂载点
/dev/sda2  18G  4.2G  13G  25%      /
//注意该命令是将/etc目录所在的磁盘的相关容量以易读格式显示，请体会与du的区别
```

4.2.6 磁盘分区的开机自动挂载

挂载就是将存储介质的内容映射到指定的目录中，此目录即为该设备的挂载点。磁盘上的各个磁盘分区都会在启动过程中自动挂载到指定的目录，并在关机时自动卸载。而移动存储介质既可以在启动时自动挂载，也可以在需要时手动挂载（使用mount命令）。/etc/fstab文件负责配置Linux开机时自动挂载的磁盘分区，在这个文件中，每个文件系统（包括分区或者设备）用一行来描述，如图4.3所示。

在每一行中用空格或Tab符号来分隔各个字段。fstab文件中每行共6个域，形式如下。

```
<file system>             <mount point>  <type>  <options>  <dump>  <pass>
/dev/mapper/fedora-root   /              ext4    defaults   1       1
```

(1) <file system>：用来指定要挂载的文件系统的设备名称或块信息，如果想把某个设备(device)挂载上来，写法如：/dev/sda1、/dev/hda2或/dev/cdrom，此外还可以label(卷标)或UUID(Universally Unique Identifier，全局唯一标识符)来表示。什么是UUID? UUID是通用唯一标识符，是一个系统自动生成和管理的128位比特的数字。该标识符由于其唯一性而被广泛使用。

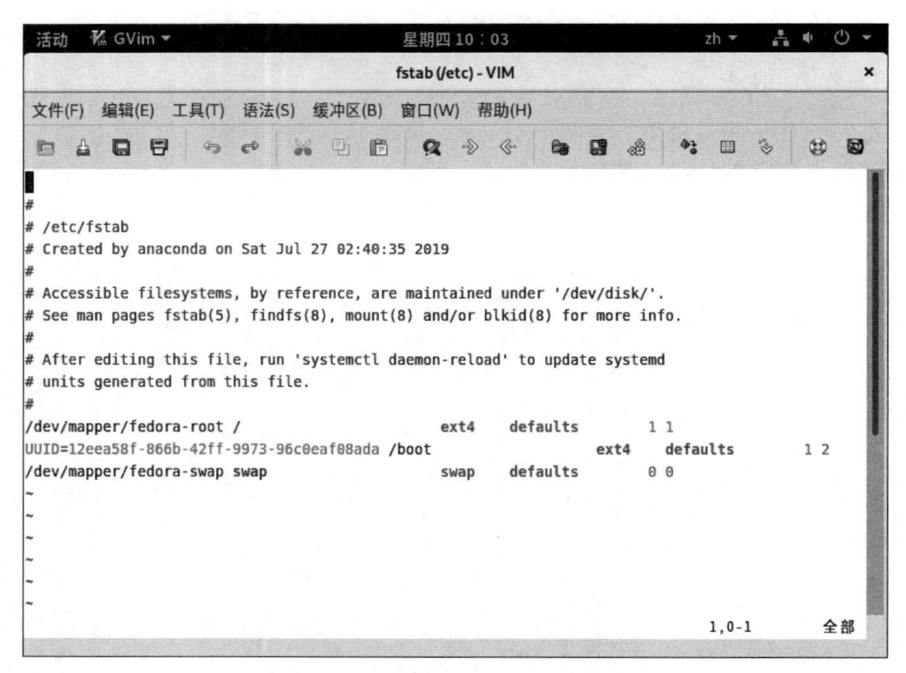

图 4.3 /etc/fstab 文件内容截图

(2) <mount point>：用来指定挂载点，也就是自己找一个或创建一个目录，然后把文件系统<file system>挂到这个目录上，然后就可以从这个目录中访问要挂载文件系统。挂载点必须为当前已经存在的目录，为了兼容起见，最好在创建需要挂载的目标目录后，将其权限设置为 777，以开放所有权限。

(3) <type>：用来指定文件系统的类型。此字段须与分区格式化时使用的类型相同，也可以使用 auto 这一特殊的语法，使系统自动侦测目标分区的分区类型，auto 通常用于可移动设备的挂载。

(4) <options>：用来填写设置选项，各个选项用逗号隔开。由于选项非常多，这里不再进行详细介绍，如需了解，请用命令 # **man mount** 来查看。默认设置 defaults，它代表包含了选项 rw、suid、dev、exec、auto、nouser 和 async。

(5) <dump>：此处为 1 表示要将整个<file system>里的内容备份；为 0 表示不备份。现在很少用到 dump 这个工具，在这里一般选 0。

(6) <pass>：用来指定如何使用 fsck 来检查硬盘。如果这里填 0，则不检查；挂载点为/ 的(即根分区)，必须在这里填写 1，其他的都不能填写 1。如果有分区填写大于 1，则在检查完根分区后，接着按填写的数字从小到大依次检查下去。同数字的同时检查。例如第一和第二个分区填写 2，第三和第四个分区填写 3，则系统在检查完根分区后，接着同时检查第一和第二个分区，然后再同时检查第三和第四个分区。而内存交换空间或者特殊文件系统，例如/proc 或者/sys 是不需要检验的。

编辑/etc/fstab，在后面加入如下两行，使得这两个分区能够随着开机而自动挂载。

```
/dev/sdb1/        test1        ext3        defaults  1 2
/dev/sdb2/        test2        ext4        defaults  1 2
```

请注意文件的格式，前三列分别是设备名、挂载点和文件系统格式，每行除了最后一列以空格间隔以外，其余都是以 Tab 键分开。同时分区 sdb1、sdb2 与目录 test1、test2 都必须确保存在，否则系统重启会失败。

4.3 两种特殊的设备：loop 与 swap

Linux 是文件型系统，所有硬件如磁盘等都会在目录下面有相应的文件表示。对于 dev 目录，我们知道它下面的文件表示的是 Linux 的各种设备，直接对相应的设备文件进行读写操作其实就是向设备发送读或者写操作。在开始介绍 dev 目录下两个特殊的设备文件 loop 和 swap 之前，先介绍两个重要命令 tar 和 dd 的使用方法。

4.3.1 tar 与 dd 命令的使用

1. tar 命令

首先要弄清两个概念：打包和压缩。打包是指将一大堆文件或目录变成一个总的文件；压缩则是将一个大的文件通过一些压缩算法变成一个小文件。为什么要区分这两个概念呢？这源于 Linux 中很多压缩程序只能针对一个文件进行压缩，当需要压缩一大堆文件时，必须先将这一大堆文件先打成一个包(tar 命令)，然后再用压缩程序进行压缩(gzip bzip2 命令)。

tar 命令最初被用来在磁带上创建档案，现在 tar 命令可以为 Linux 的文件和目录在任何设备上都创建档案。tar 命令既可以为某一特定文件创建档案(备份文件)，也可以在档案中改变文件，或者向档案中加入新的文件。利用 tar 命令，可以把一大堆的文件和目录全部打包成一个文件，这对于备份文件或将几个文件组合成为一个文件以便于网络传输是非常有用的。

tar 命令的格式如下。

```
tar [主选项]+[辅选项]文件或者目录
```

使用该命令时，主选项必须要有，它告诉 tar 要做什么事情，辅选项是辅助使用的，可以选择选用。

1) 主选项

-c：创建新的档案文件。如果用户想备份一个目录或是一些文件，就要选择这个选项，相当于打包。

-x：从档案文件中释放文件，相当于拆包。

-t：列出档案文件的内容，查看已经备份了哪些文件。

特别注意，在参数的下达中，c/x/t 仅能存在一个，不可同时存在，因为不可能同时打包与拆包。

2）辅助选项

-z：是否同时具有 gzip 的属性？即是否需要用 gzip 压缩或解压？一般格式为 xx.tar.gz 或 xx. tgz。

-j：是否同时具有 bzip2 的属性？即是否需要用 bzip2 压缩或解压？一般格式为 xx.tar.bz2。

-v：压缩的过程中显示文件。

-f：使用的文件名，请注意在 f 之后不要再加其他参数，要立即接文件名。

-p：使用原文件的原来属性(属性不会依据使用者而变)。

```
[root@localhost ~]#mkdir -p  test
[root@localhost ~]#cp  /proc/cpuinfo  /proc/meminfo  test/
[root@localhost ~]#ll test/
总用量 8
-r--r--r--. 1 root root 1091 4月  17 13:46 cpuinfo
-r--r--r--. 1 root root 1363 4月  17 13:46 meminfo
//创建子目录 test,并通过 cp 命令将两个文件复制到该目录下

[root@localhost ~]#tar -zcvf  test.tgz  test      #z 前面的"-"加不加都可以
test/
test/meminfo
test/cpuinfo
//通过 tar 命令将 test 目录压缩打包成文件 test.tgz

[root@localhost ~]#mkdir -p  linux
[root@localhost ~]#mv test.tgz  linux/
[root@localhost ~]#cd linux/
[root@localhost linux]#ll
总用量 4
-rw-r--r--. 1 root root 1330 4月  17 13:47 test.tgz
//移动打包文件到 linux 目录下

[root@localhost linux]#tar zxvf test.tgz
test/
test/meminfo
test/cpuinfo
[root@localhost linux]#ll
总用量 8
drwxr-xr-x. 2 root root 4096 4月  17 13:46 test
-rw-r--r--. 1 root root 1330 4月  17 13:47 test.tgz
//还是通过 tar 命令将 tgz 文件拆包解压缩,可以看到在该目录下就新增了 test 子目录
```

2. dd 命令

dd 命令是 Linux/UNIX 下的一个非常有用的命令，作用是用指定大小的块复制一个文件，并在复制的同时对原文件的内容进行转换和格式化处理。dd 命令常可以用于测试磁盘性能、数据备份或恢复等。

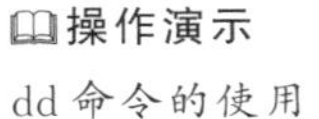

dd 命令参数具体如下。

(1) if=文件名：输入文件名，默认为标准输入，即指定源文件，< if=input file >。

(2) of=文件名：输出文件名，默认为标准输出，即指定目的文件，< of=output file >。

(3) ibs=bytes：一次读入 bytes 字节，即指定一个块大小为 bytes 字节。

(4) obs=bytes：一次输出 bytes 字节，即指定一个块大小为 bytes 字节。

(5) bs=bytes：同时设置读入/输出的块大小为 bytes 字节。

(6) cbs=bytes：一次转换 bytes 字节，即指定转换缓冲区大小。

(7) skip=blocks：从输入文件开头跳过 blocks 个块后再开始复制。

(8) seek=blocks：从输出文件开头跳过 blocks 个块后再开始复制。seek 参数只有当输出文件是磁盘或磁带时才有效，即备份到磁盘或磁带时才有效。

在 dd 命令的使用过程经常会用到两个特殊的设备文件/dev/null 和/dev/zero。

(1) /dev/null：是一个输出设备，外号叫“无底洞”，可以向它输出任何数据。

(2) /dev/zero：是一个输入设备，通常用来初始化，可向设备或文件写入任意个 0。

```
(1)将本地的/dev/sdb 整盘备份到/dev/sdc。
[root@localhost~]#dd  if=/dev/sdb  of=/dev/sdc

(2)将/dev/sdb 全盘数据备份到指定路径的 image 文件。
[root@localhost~]#dd  if=/dev/sdb of=/root/image

(3)将备份文件恢复到指定盘。
[root@localhost~]#dd if=/root/image  of=/dev/sdb

(4)备份/dev/hdb 全盘数据,并利用 gzip 工具进行压缩,保存到指定路径。
[root@localhost~]#dd  if=/dev/sdb | gzip> /root/image.gz

(5)将压缩的备份文件恢复到指定盘。
[root@localhost~]#gzip -dc /root/image.gz | dd of=/dev/hdb

(6)备份与恢复 MBR,备份磁盘开始的 512 字节大小的 MBR 信息到指定文件。
[root@localhost~]#dd  if=/dev/sdbof=/root/image count=1 bs=512
// count=1 指仅复制一个块;bs=512 指块大小为 512 字节
恢复:
[root@localhost~]#dd if=/root/image  of=/dev/sdb
```

```
//将备份的 MBR 信息写到磁盘开始部分,谨慎操作,请确定 sdb 磁盘分区没有重要内容

(7)复制内存内容到磁盘,指定块大小为 1kB。
[root@localhost~]#dd if=/dev/mem of=/root/mem.bin  bs=1024

(8)复制光盘内容到指定文件夹,并保存为 cd.iso 文件。
[root@localhost~]#dd if=/dev/cdrom  of=/root/cd.iso
```

同样都是文件的复制,cp 与 dd 的区别在于 cp 是以字节方式读取文件,而 dd 是以扇区方式记取。显然 dd 方式效率要高些。例如有两块硬盘,要将第一块硬盘里的数据复制到第二块硬盘上:

```
#dd if=/dev/sda of=/dev/sdb bs=1M count=1024
```

通过上述命令,sda 和 sdb 硬盘上数据的布局是一模一样的(扇区级别,每个扇区上的数据都是一样的),而 cp 只是将第一硬盘上的数据复制到第二个硬盘上,由于系统写硬盘不是顺序写的,哪里有足够的空间放就放到哪儿,所以第二个硬盘相同的扇区号上的数据和第一块硬盘可能是不一样的。

time 命令常用于测量一个命令的运行时间,注意不是用来显示和修改系统时间的(这是 date 命令干的事情),包括实际使用时间、用户态使用时间、内核态使用时间。

```
[root@localhost~]#time dd if=/dev/zero  of=/dev/sdb1 bs=1M count=1024
记录了 1024+0 的读入
记录了 1024+0 的写出
1073741824 字节(1.1 GB)已复制,59.8031 秒,18.0MB/秒

real   0m 59.943s
user 0m 0.031s
sys  0m 38.343s
```

需要注意以下几点:

(1) real 时间是指挂钟时间,也就是命令开始执行到结束的时间,包括其他进程所占用的时间片和进程被阻塞时所花费的时间。

(2) user 时间是指进程花费在用户模式中的 CPU 时间,这是唯一真正用于执行进程所花费的时间,其他进程和花费阻塞状态中的时间没有计算在内。

(3) sys 时间是指花费在内核模式中的 CPU 时间,代表在内核中执行系统调用所花费的时间,这也是真正由进程使用的 CPU 时间。

(4) 即使每次执行相同命令,但所花费的时间也不一样,其花费时间是与系统运行相关的。

4.3.2 loop 设备的挂载

在 Linux 系统中,有一种特殊的块设备叫 loop 设备,这种 loop 设备是通过影射操作

系统上的正常的文件而形成的虚拟块设备,从而实现把某个文件虚拟成一个磁盘介质设备。因为这种设备的存在,为人们提供了一种创建一个存在于其他文件中的虚拟文件系统的机制。例如下载了Linux或者其他所需要的光盘的镜像文件,就可以通过loop设备来挂载。

loop设备是一种伪设备,是使用文件来模拟块设备的一种技术,文件模拟成块设备后,就像一个磁盘或光盘一样使用。在使用之前,一个loop设备必须要和一个文件进行连接。这种结合方式给用户提供了一个替代块特殊文件的接口。因此,如果这个文件包含有一个完整的文件系统,则可以像磁盘设备分区一样被mount起来。之所以叫loop设备(回环),其实是从文件系统这一层来考虑的,因为这种被loop设备mount起来的镜像文件本身也包含有文件系统,像是文件系统之上再绕了一圈的文件系统,所以称为loop。

📖操作演示 loop设备的挂载

创建loop设备的具体步骤如下。

(1) 通过dd命令创建一个大文件。

```
[root@localhost ~]#dd  if=/dev/zero of=/home/loopdev bs=1M count=512
记录了 512+0 的读入
记录了 512+0 的写出
536870912 字节(537 MB)已复制,11.2101 秒,47.9 MB/秒
[root@localhost ~]#ll -h /home/loopdev
-rw-r--r-- 1 root root 512M  2月  9 06:51 /home/loopdev
```

(2) 直接对这个大文件进行格式化。

```
[root@localhost ~]#mkfs -t ext4 /home/loopdev
mke2fs 1.41.12 (17-May-2010)
/home/loopdev is not a block special device.
无论如何也要继续?(y,n) y
文件系统标签=
操作系统:Linux
块大小=4096 (log=2)
分块大小=4096 (log=2)
Stride=0 blocks, Stripe width=0 blocks
32768 inodes, 131072 blocks
6553 blocks (5.00%) reserved for the super user
第一个数据块=0
Maximum filesystem blocks=134217728
block groups
//注意在此过程中会提示该文件不是一个块设备,并询问是否继续,直接 y 继续
```

(3) 格式化后可以mount挂载,之后就可以像正常磁盘分区一样对该loop设备读写了。

```
[root@localhost ~]#mount -o loop /home/loopdev  /mnt
// -o loop 表明是以 loop 设备挂载的,然后使用 df 命令确认是否挂载成功

[root@localhost ~]#df  -h
文件系统          容量   已用   可用   已用%   挂载点
/dev/sda2         18G    9.4G   7.3G   57%     /
tmpfs             501M   112K   501M   1%      /dev/shm
/dev/sda1         291M   28M    249M   10%     /boot
/home/loopdev     504M   17M    462M   4%      /mnt
/* 挂载成功后就可以在挂载点 mnt 目录下进行正常的文件相关操作,与普通设备的挂载点没有
任何区别。当然使用完成后也可以使用 umount 命令卸载 */
```

4.3.3 swap 分区的挂载

Linux 在安装时默认会有两个分区：一个是根目录;另一个就是 swap,swap 的功能就是在应付物理内存不足的情况下实现内存向磁盘的扩张功能。当然也完全可以在系统运行时添加 swap 分区,这就有两种方式：第一种是新建一个 swap 的磁盘分区;第二种则是把一个大文件设置成 swap 分区。

📖操作演示
swap 设备的挂载

添加一个 swap 分区设备的具体步骤如下。

(1) 使用 fdisk 命令在 sdb 磁盘上新建一个 swap 分区 sdb1,请注意需要使用参数't'将分区的 ID 从默认的 83 转换为 82(Linux Swap)。

```
[root@localhost ~]#fdisk  /dev/sdb

Command (m for help):n
Command action
   e   extended
   p   primary partition (1-4)
p
Partition number (1-4, default 1): 1
First sector (2048-20971519, default 2048):
Using default value 2048
Last sector, +sectors or +size{K, M, G} (2048-20971519, default 20971519):
+3068M
//首先新建一个 sdb1,然后使用参数 t 修改 sdb1 分区的 ID 号

Command (m for help): t
Selected partition 1
Hex code (type L to list codes): 82
Changed system type of partition 1 to 82 (Linux swap / Solaris)
```

```
//从 Linux 分区切换成 swap 设备

Command (m for help): w
The partition table has been altered!

Calling ioctl() to re-read partition table.
Syncing disks

命令(输入 m 获取帮助):n
分区类型
   p   主分区 (0个主分区,0个扩展分区,4空闲)
   e   扩展分区 (逻辑分区容器)
选择 (默认 p):p
分区号 (1-4, 默认  1): 2
第一个扇区 (2048-20971519, 默认 2048): (回车)
上个扇区,+sectors 或 +size{K,M,G,T,P} (2048-20971519, 默认 20971519): +2G

创建了一个新分区 2,类型为 Linux,大小为 2 GiB。

//首先新建一个 sdb1,然后参数 t 修改 sdb1 分区的 ID 号
命令(输入 m 获取帮助):t
已选择分区 2
Hex 代码(输入 L 列出所有代码):L

//查看所有的分区 ID 号,可以看到 82 是 Linux Swap 所对应的 ID

 0  空               24  NEC DOS          81  Minix / 旧 Linu bf  Solaris
 1  FAT12            27  隐藏的 NTFS Win 82  Linux swap / So c1  DRDOS/sec (FAT-
 2  XENIX root       39  Plan 9           83  Linux           c4  DRDOS/sec (FAT-
 3  XENIX usr        3c  PartitionMagic   84  OS/2 隐藏 或 In c6  DRDOS/sec (FAT-
 4  FAT16 <32M       40  Venix 80286      85  Linux 扩展      c7  Syrinx
 5  扩展             41  PPC PReP Boot    86  NTFS 卷集       da  非文件系统数据
 6  FAT16            42  SFS              87  NTFS 卷集       db  CP/M / CTOS / .
 7  HPFS/NTFS/exFAT  4d  QNX4.x           88  Linux 纯文本    de  Dell 工具
 8  AIX              4e  QNX4.x 第2部分   8e  Linux LVM       df  BootIt
 9  AIX 可启动       4f  QNX4.x 第3部分   93  Amoeba          e1  DOS 访问
 a  OS/2 启动管理器  50  OnTrack DM       94  Amoeba BBT      e3  DOS R/O
 b  W95 FAT32        51  OnTrack DM6 Aux  9f  BSD/OS          e4  SpeedStor
 c  W95 FAT32 (LBA)  52  CP/M             a0  IBM Thinkpad 休 ea  Rufus 对齐
 e  W95 FAT16 (LBA)  53  OnTrack DM6 Aux  a5  FreeBSD         eb  BeOS fs
 f  W95 扩展 (LBA)   54  OnTrackDM6       a6  OpenBSD         ee  GPT
10  OPUS             55  EZ-Drive         a7  NeXTSTEP        ef  EFI (FAT-12/16/
11  隐藏的 FAT12     56  Golden Bow       a8  Darwin UFS      f0  Linux/PA-RISC
12  Compaq 诊断      5c  Priam Edisk      a9  NetBSD          f1  SpeedStor
14  隐藏的 FAT16 <3  61  SpeedStor        ab  Darwin 启动     f4  SpeedStor
16  隐藏的 FAT16     63  GNU HURD 或 Sys  af  HFS / HFS+      f2  DOS 次要
17  隐藏的 HPFS/NTF  64  Novell Netware   b7  BSDI fs         fb  VMware VMFS
18  AST 智能睡眠     65  Novell Netware   b8  BSDI swap       fc  VMware VMKCORE
1b  隐藏的 W95 FAT3  70  DiskSecure 多启  bb  Boot Wizard 隐  fd  Linux raid 自动
1c  隐藏的 W95 FAT3  75  PC/IX            bc  Acronis FAT32 L fe  LANstep
1e  隐藏的 W95 FAT1  80  旧 Minix         be  Solaris 启动    ff  BBT

Hex 代码(输入 L 列出所有代码):82
已将分区 Linux 的类型更改为 Linux swap / Solaris。
```

```
命令(输入 m 获取帮助):p
Disk /dev/sdb:10 GiB,10737418240 字节,20971520 个扇区
单元:扇区 / 1 * 512 = 512 字节
扇区大小(逻辑/物理):512 字节 / 512 字节
I/O 大小(最小/最佳):512 字节 / 512 字节
磁盘标签类型:dos
磁盘标识符:0x4c943eb5

  设备        启动   起点      末尾      扇区大小  Id        类型
/dev/sdb2   2048   4196351   4194304     2G     82  Linux swap / Solaris

命令(输入 m 获取帮助):w
分区表已调整。
将调用 ioctl() 来重新读分区表。
正在同步磁盘。
```

(2) 使用 partprobe 命令让内核更新分区表,partprobe 是一个可以修改 kernel 中分区表的工具,可以使 kernel 重新读取分区表。这个命令执行完毕之后不会输出任何返回信息。

然后再使用 free 命令查看一下当前 swap 分区的情况。free 命令可以显示当前系统未使用的和已使用的内存数目,还可以显示被内核使用的内存缓冲区。在默认情况下,free 命令按照 K(b)的计数单位统计显示内存的使用信息:total 表示总计物理内存的大小,used 表示已使用多少,free 表示可用内存多少,shared 表示多个进程共享的内存总额,buff/cache 表示磁盘缓存的大小。可以运行 free -h 以适于人类可读方式显示内存信息,-h 与其他命令最大不同是-h 选项会在数字后面加上适于人类可读的单位。

```
[root@localhost ~]#partprobe
//让内核更新分区表

[root@localhost ~]#free
        total     used     free      shared   buff/cache   available
Mem:    2016276   960500   413296    7028     642480       889344
Swap:   2097148   9484     2087664
```

(3) 使用 mkswap 命令在一个文件或者设备上建立交换分区。

```
[root@localhost ~]#mkswap  /dev/sdb1
Setting up swapspace version 1, size = 3141628 KiB
no label, UUID=b0616a53-e9fb-476e-a3fd-a8815edd48c4
```

(4) 使用 swapon 命令激活交换分区 sdb1。swapon 命令用于激活 Linux 系统中交换空间,Linux 系统的内存管理必须使用交换分区来建立虚拟内存。

```
[root@localhost ~]#swapon /dev/sdb1
[root@localhost ~]#free
        total    used    free     shared   buff/cache  available
Mem:    2016276  960500  413296   7028     642480      889344
Swap:   5206008  0       5206008
/* 可以看到 swap 分区容量从之前 free 看到的 2064 MB 增大到当前的 5206 MB,即增加了
sdb1 的大小(3068 MB) */

[root@localhost ~]#swapon -s
Filename   Type       Size     Used  Priority
/dev/sda3  partition  2064380  0     -1
/dev/sdb1  partition  3141628  0     -2
//列出目前使用的 swap 的设备有哪些,包括之前的 sda3 和后增加的 sdb1
```

也可以创建一个大文件作为 swap 分区的具体步骤如下。

(1) 使用 dd 命令创建一个 128 MB 的大文件。

```
[root@localhost ~]#dd if=/dev/zero  of=/tmp/swap bs=1M  count=128
记录了 128+0 的读入
记录了 128+0 的写出
134217728 字节(134 MB)已复制,1.36581 秒,98.3 MB/秒
```

(2) 使用 mkswap 命令在这个文件上建立交换分区。

```
[root@localhost ~]#mkswap  /tmp/swap
Setting up swapspace version 1, size = 131068 KiB
no label, UUID=4860cdb4-96f7-454f-a0c1-70160b83436c
```

(3) 使用 swapon 命令激活。

```
[root@localhost ~]#swapon  /tmp/swap
//可以继续使用 free 命令与 swapon -s 命令确认 swap 分区的成功挂载
```

使用 swapon 命令激活文件或设备,自然就有命令来卸载对应的 swap 分区,这个命令就是 swapoff。

```
[root@localhost ~]#swapoff  /tmp/swap
[root@localhost ~]#swapoff  /dev/sdb1
//依次卸载刚才激活的两个 swap 分区,分区/dev/sdb1 和大文件/tmp/swap

[root@localhost ~]#free
           total     used      free     shared   buffers   cached
Mem:       1026000   1002736   23264         0     36772   807836
-/+ buffers/cache:    158128   867872
```

```
Swap:        2064380            0     2064380
//可以看到 swap 分区的大小再次恢复到初始值
```

4.4 实验手册

实验目标：掌握 Linux 磁盘相关的使用命令，了解 loop 与 swap 两种特殊设备。

实验 1 查看已经挂载起来的文件系统的使用情况。

1. 利用 df 命令查看

```
[root@localhost linux]#df  -h
文件系统                    容量   已用   可用   已用%   挂载点
devtmpfs                    972M   0      972M   0%      /dev
tmpfs                       985M   0      985M   0%      /dev/shm
tmpfs                       985M   1.5M   984M   1%      /run
tmpfs                       985M   0      985M   0%      /sys/fs/cgroup
/dev/mapper/fedora-root     17G    7.0G   8.9G   45%     /
tmpfs                       985M   84K    985M   1%      /tmp
/dev/sda1                   976M   146M   764M   16%     /boot
tmpfs                       197M   5.7M   192M   3%      /run/user/0
/dev/sr0                    1.8G   1.8G   0      100%    /run/media/root/Fedora-
                                                         WS-Live-29-1-2
[root@localhost linux]#df  -hT
文件系统                    类型      容量  已用  可用  已用%  挂载点
devtmpfs                    devtmpfs  972M  0     972M  0%     /dev
tmpfs                       tmpfs     985M  0     985M  0%     /dev/shm
tmpfs                       tmpfs     985M  1.5M  984M  1%     /run
tmpfs                       tmpfs     985M  0     985M  0%     /sys/fs/cgroup
/dev/mapper/fedora-root ext4          17G   7.0G  8.9G  45%    /
tmpfs                       tmpfs     985M  84K   985M  1%     /tmp
/dev/sda1                   ext4      976M  146M  764M  16%    /boot
tmpfs                       tmpfs     197M  5.7M  192M  3%     /run/user/0
/dev/sr0                    iso9660   1.8G  1.8G  0     100%   /run/media/root/
                                                               Fedora-WS-Live-29-1-2
```

2. 直接利用 mount 命令查看

```
[root@localhost ~]#mount
/dev/sda2 on /  type ext4  (rw)
```

```
proc on /proc   type proc   (rw)
sysfs on /sys   type sysfs (rw)
devpts on /dev/pts type devpts (rw,gid=5,mode=620)
tmpfs on /dev/shm type tmpfs (rw)
/dev/sda1 on /boot type ext4 (rw)
none on /proc/sys/fs/binfmt_misc type binfmt_misc (rw)
fusectl on /sys/fs/fuse/connections type fusectl (rw)
vmware-vmblock on /var/run/vmblock-fuse type fuse.vmware-vmblock (rw,
nosuid,nodev,default_permissions,allow_other)
sunrpc on /var/lib/nfs/rpc_pipefs type rpc_pipefs (rw)
nfsd on /proc/fs/nfsd type nfsd (rw)
gvfs-fuse-daemon on /root/.gvfs type fuse.gvfs-fuse-daemon (rw,nosuid,
nodev)
/dev/sr0 on /media/DSDemo type iso9660 (ro,nosuid,nodev,uhelper=udisks,uid=
0,gid=0,iocharset=utf8,mode=0400,dmode=0500
...
```

可以比较一下上面两个命令显示信息的区别。

3. 显示 sda 与 sdb 两块磁盘的详细信息

```
[root@localhost ~]#fdisk -l

Disk /dev/sda: 21.5 GB, 21474836480 bytes
255 heads, 63 sectors/track, 2610 cylinders, total 41943040 sectors
Units = sectors of 1 * 512 = 512 bytes
Sector size (logical/physical): 512 bytes / 512 bytes
I/O size (minimum/optimal): 512 bytes / 512 bytes
Disk identifier: 0x000b7401

   Device Boot      Start         End      Blocks   Id  System
/dev/sda1   *        2048      616447      307200   83  Linux
/dev/sda2          616448    37814271    18598912   83  Linux
/dev/sda3        37814272    41943039     2064384   82  Linux swap / Solaris

Disk /dev/sdb: 10.7 GB, 10737418240 bytes
255 heads, 63 sectors/track, 1305 cylinders, total 20971520 sectors
Units = sectors of 1 * 512 = 512 bytes
Sector size (logical/physical): 512 bytes / 512 bytes
I/O size (minimum/optimal): 512 bytes / 512 bytes
Disk identifier: 0x00000000

Disk /dev/sdb doesn't contain a valid partition table
```

实验 2 在新磁盘 sdb 上创建分区,测试性能,并挂载。

实验准备:通过 VMware 添加一个 SCSI 磁盘 sdb,大小为 10 GB。

1. 在 sdb 上创建一个 3 GB 的分区 sdb1

```
[root@localhost ~]#fdisk /dev/sdb
欢迎使用 fdisk (util-linux 2.32.1)。
更改将停留在内存中,直到您决定将更改写入磁盘。
使用写入命令前请三思。

设备不包含可识别的分区表。
创建了一个磁盘标识符为 0x4c943eb5 的新 DOS 磁盘标签。

命令(输入 m 获取帮助):n
分区类型
   p   主分区 (0 个主分区,0 个扩展分区,4 空闲)
   e   扩展分区 (逻辑分区容器)
选择 (默认 p):p
分区号 (1-4, 默认  1): (回车)
第一个扇区 (2048-20971519, 默认 2048): (回车)
上个扇区,+sectors 或 +size{K,M,G,T,P} (2048-20971519, 默认 20971519): +3G

创建了一个新分区 1,类型为 Linux,大小为 3 GiB。

命令(输入 m 获取帮助):p
Disk /dev/sdb:10 GiB,10737418240 字节,20971520 个扇区
单元:扇区 / 1 * 512 = 512 字节
扇区大小(逻辑/物理):512 字节 / 512 字节
I/O 大小(最小/最佳):512 字节 / 512 字节
磁盘标签类型:dos
磁盘标识符:0x4c943eb5

  设备       启动   起点     末尾     扇区大小  Id  类型
/dev/sdb1   2048   6285311  6283264    3G     83  Linux

命令(输入 m 获取帮助):w
分区表已调整。
将调用 ioctl() 来重新读分区表。
正在同步磁盘。
```

2. 采用time和dd命令测试并记录sdb1分区的读写性能，分别读写2GB

```
[root@localhost ~]#time dd if=/dev/sdb1 of=/dev/null bs=1M count=1024
记录了316+0 的读入
记录了315+0 的写出
330301440 字节(330 MB)已复制,52.6843 秒,6.3 MB/秒
real  0m52.690s
user  0m0.006s
sys   0m41.639s
```

```
[root@localhost ~]#time dd if=/dev/zero  of=/dev/sdb1 bs=1M count=1024
记录了1024+0 的读入
记录了1024+0 的写出
1073741824 字节(1.1 GB)已复制,59.8031 秒,18.0 MB/秒

real  0m59.943s
user  0m0.031s
sys   0m38.343s
```

再次回顾复习一下dd的四个参数：if=inputfile、of=outputfile、bs=blocksize和count=number。由测试可知，分区sdb1的读性能为6.3 MB/s而写性能为18.0 MB/s，请注意在这里我们只是演示了分区或磁盘的读写性能测试的方法，因为仅仅测试了2 GB的数据，测试结果是没有实际意义的，磁盘的正常读性能肯定要高于写性能的。

3. 把分区sdb1格式化成ext3文件系统

```
[root@localhost ~]#mkfs -t ext3  /dev/sdb1
e2fs 1.44.3 (10-July-2018)
创建含有 785408 个块(每块 4K)和 196608 个 inode 的文件系统
文件系统 UUID:4a8b6187-3960-412a-a248-23f7d2a024fa
超级块的备份存储于下列块:
    32768, 98304, 163840, 229376, 294912

正在分配组表:完成
正在写入 inode 表:完成
创建日志(16384 个块)完成
写入超级块和文件系统账户统计信息:已完成
```

4. 把分区挂载到指定目录下

```
[root@localhost ~]#mkdir  -p  /mnt/test
[root@localhost ~]#mount  /dev/sdb1  /mnt/test
```

5. 查看新挂载的分区

注意其大小变化，因为其格式化文件系统占用了一些磁盘空间。

1）利用命令 df -h

```
[root@localhost ~]#df -h
文件系统    容量   已用   可用   已用%  挂载点
/dev/sda2   18G    8.7G   8.0G   52%    /
tmpfs       501M   260K   501M   1%     /dev/shm
/dev/sda1   291M   28M    249M   10%    /boot
/dev/sdb1   3.0G   69M    2.8G   3%     /mnt/test
```

2）利用命令 df -aT

```
[root@localhost ~]#df -aT
文件系统    类型    1K-块     已用     可用     已用%  挂载点
/dev/sda2   ext4    18306828  9027288  8349596  52%    /
proc        proc    0         0        0        -      /proc
sysfs       sysfs   0         0        0        -      /sys
devpts      devpts  0         0        0        -      /dev/pts
tmpfs       tmpfs   513000    260      512740   1%     /dev/shm
/dev/sda1   ext4    297485    27687    254438   10%    /boot
...
/dev/sdb1   ext3    3092240   70212    2864948  3%     /mnt/test
```

3）利用命令 mount

```
[root@localhost ~]#mount
/dev/sda2 on / type ext4 (rw)
proc on /proc type proc  (rw)
sysfs on /sys type sysfs (rw)
devpts on /dev/pts type devpts (rw,gid=5,mode=620)
tmpfs on /dev/shm type tmpfs (rw)
/dev/sda1 on /boot type ext4 (rw)
...
/dev/sdb1 on /mnt/test type ext3 (rw)
```

6. 采用 dd 命令在该分区的挂载目录下创建一个大小为 2 GB 的文件，并记录时间

```
[root@localhost ~]#time dd if=/dev/zero of=/mnt/test/test.img bs=1M  count
=2048
记录了 1230+0 的读入
记录了 1230+0 的写出
```

```
1289748480 字节(1.3 GB)已复制,102.482 秒,12.6 MB/秒

real   1m43.845s
user   0m0.031s
sys    1m10.576s
```

7. 采用相关命令查看文件 test.img 的大小

```
[root@localhost ~]#cd  /mnt/test
[root@localhost name]#ll  -h
总用量 1.3G
drwx------ 2 root root  16K  2月  7 22:49 lost+found
-rw-r--r-- 1 root root 1.3G  2月  8 00:12 test.img
[root@localhost name]#du  -h
16K  ./lost+found
1.3G test.img
```

8. 清理与卸载

```
[root@localhost ~]#rm  -rf  /home/test.img
[root@localhost ~]#umount  /mnt/test
[root@localhost ~]#df -h
文件系统     容量   已用   可用   已用%   挂载点
/dev/sda2   18G    8.7G   8.0G   52%     /
tmpfs       501M   260K   501M   1%      /dev/shm
/dev/sda1   291M   28M    249M   10%     /boot
//确认分区 sdb1 umount 成功

[root@localhost ~]#fdisk /dev/sdb
Command (m for help): d                   #输入 d 后回车,删除 sdb1
Selected partition 1
Command (m for help): w                   #输入 w 后回车,写入磁盘
The partition table has been altered!
Calling ioctl() to re-read partition table.
欢迎使用 fdisk (util-linux 2.32.1)。
更改将停留在内存中,直到您决定将更改写入磁盘。
使用写入命令前请三思。

命令(输入 m 获取帮助):d                    #输入 d 后回车,删除 sdb1
已选择分区 1
分区 1 已删除。
```

```
命令(输入 m 获取帮助):w                          #输入 w 后回车,写入磁盘
分区表已调整。
将调用 ioctl() 来重新读分区表。
正在同步磁盘。

[root@localhost ~]#fdisk -l
…
Disk /dev/sdb:10 GiB,10737418240 字节,20971520 个扇区
单元:扇区 / 1 * 512 = 512 字节
扇区大小(逻辑/物理):512 字节 / 512 字节
I/O 大小(最小/最佳):512 字节 / 512 字节
磁盘标签类型:dos
磁盘标识符:0x4c943eb5
…
//可以确认已经删除分区 sdb1,当前 sdb 上没有任何分区
```

实验 3 mount 挂载点的内容变更。

实验准备:虚拟机配置,添加两个 SCSI 磁盘 sdb(10 GB)和 sdc(20 GB)。

1. 在 sdb 上创建两个分区,第一个分区为 3 GB,第二个分区为 1 GB

```
[root@localhost ~]#fdisk /dev/sdb

欢迎使用 fdisk (util-linux 2.32.1)。
更改将停留在内存中,直到您决定将更改写入磁盘。
使用写入命令前请三思。

命令(输入 m 获取帮助):n
分区类型
   p   主分区 (0 个主分区,0 个扩展分区,4 空闲)
   e   扩展分区 (逻辑分区容器)
选择 (默认 p):p
分区号 (1-4, 默认  1): (回车)
第一个扇区 (2048-20971519, 默认 2048):
上个扇区,+sectors 或 +size{K,M,G,T,P} (2048-20971519, 默认 20971519): +3G

创建了一个新分区 1,类型为 Linux,大小为 3 GiB。

命令(输入 m 获取帮助):n
分区类型
   p   主分区 (1 个主分区,0 个扩展分区,3 空闲)
```

```
   e   扩展分区（逻辑分区容器）
选择（默认 p）:p
分区号（2-4，默认 2）：(回车)
第一个扇区（6293504-20971519，默认 6293504）：(回车)
上个扇区,+sectors 或 +size{K,M,G,T,P}（6293504-20971519，默认 20971519）：+1G

创建了一个新分区 2,类型为 Linux,大小为 1 GiB。

命令(输入 m 获取帮助)：p
Disk /dev/sdb:10 GiB,10737418240 字节,20971520 个扇区
单元:扇区 / 1 * 512 = 512 字节
扇区大小(逻辑/物理):512 字节 / 512 字节
I/O 大小(最小/最佳):512 字节 / 512 字节
磁盘标签类型:dos
磁盘标识符:0x4c943eb5

设备          启动      起点      末尾      扇区大小  Id   类型
/dev/sdb1    2048      6293503   6291456   3G        83  Linux
/dev/sdb2    6293504   8390655   2097152   1G        83  Linux

Filesystem/RAID signature on partition 1 will be wiped.

命令(输入 m 获取帮助)：w
分区表已调整。
将调用 ioctl() 来重新读分区表。
正在同步磁盘。
```

2. 在 sdc 上创建两个分区,第一个分区为 2048 MB,第二个分区为 5GB

```
[root@localhost ~]#fdisk /dev/sdc
//具体输入与上面操作相同,故省略
```

再次查看所有磁盘与所有分区,确认之前新建的 4 个分区是否都创建成功。

```
[root@localhost ~]#fdisk -l
...
Disk /dev/sdb: 10.7 GB, 10737418240 bytes
255 heads, 63 sectors/track, 1305 cylinders, total 20971520 sectors
Units = sectors of 1 * 512 = 512 bytes
Sector size (logical/physical): 512 bytes / 512 bytes
I/O size (minimum/optimal): 512 bytes / 512 bytes
Disk identifier: 0x16f07f8e
```

```
   Device Boot      Start         End      Blocks   Id  System
/dev/sdb1            2048     6342655     3170304   83  Linux
/dev/sdb2         6342656     8439807     1048576   83  Linux

Disk /dev/sdc: 21.5 GB, 21474836480 bytes
255 heads, 63 sectors/track, 2610 cylinders, total 41943040 sectors
Units = sectors of 1 * 512 = 512 bytes
Sector size (logical/physical): 512 bytes / 512 bytes
I/O size (minimum/optimal): 512 bytes / 512 bytes
Disk identifier: 0xcc53513e

   Device Boot      Start         End      Blocks   Id  System
/dev/sdc1            2048     4196351     2097152   83  Linux
/dev/sdc2         4196352    14682111     5242880   83  Linux
   …
```

3. 对其中两个分区格式化

```
[root@localhost~]#mkfs -t  ext3  /dev/sdb2
…

[root@localhost ~]#mkfs -t  ext4  /dev/sdc1
…
```

4. 在/root 目录也就是 sda 上进行下面操作

```
[root@localhost ~]#df -aTh
文件系统     类型     容量   已用   可用   已用%   挂载点
/dev/sda2    ext4     18G    8.7G   8.0G   52%     /
proc         proc     0      0      0      -       /proc
sysfs        sysfs    0      0      0      -       /sys
devpts       devpts   0      0      0      -       /dev/pts
tmpfs        tmpfs    501M   260K   501M   1%      /dev/shm
/dev/sda1    ext4     291M   28M    249M   10%     /boot
…

[root@localhost ~]#mkdir -p  /mnt/test/test_sda
[root@localhost ~]#cp /proc/cpuinfo    /mnt/test/cpu_sda
[root@localhost ~]#dd if=/dev/zero of=/mnt/test/test_sda/256M bs=1M count
=256
记录了 256+0 的读入
记录了 256+0 的写出
```

```
268435456 字节(268 MB)已复制,12.9437 秒,20.7 MB/秒
[root@localhost ~]#ll /mnt/test
总用量 8
-r--r--r-- 1 root root  724   2月   8 03:28 cpu_sda
drwxr-xr-x 2 root root 4096   2月   8 03:29 test_sda
[root@localhost ~]#df -h /mnt/test
文件系统      容量   已用    可用    已用%   挂载点
/dev/sda2    18G    8.9G   7.8G   54%     /
[root@localhost ~]#du  -ah /mnt/test
4.0K   /mnt/test/cpu_sda
257M   /mnt/test/test_sda/256M
257M   /mnt/test/test_sda
257M   /mnt/test

/* 注意此时 mnt 目录是在 sda2 分区上的,可以通过上述命令 df 的运行结果得到确认,并且目
前该目录下有文件 cpu_sda 与子目录 test_sda */
```

5. 将 sdb2 分区挂载到/mnt/test 目录上

```
[root@localhost ~]#mount /dev/sdb2/mnt/test
[root@localhost ~]#df -aTh
文件系统      类型     容量    已用    可用    已用%   挂载点
/dev/sda2    ext4     18G     8.9G   7.8G   54%     /
proc         proc     0       0      0      -       /proc
sysfs        sysfs    0       0      0      -       /sys
devpts       devpts   0       0      0      -       /dev/pts
tmpfs        tmpfs    501M    260K   501M   1%      /dev/shm
/dev/sda1    ext4     291M    28M    249M   10%     /boot
...
/dev/sdb2    ext3     1008M   34M    924M   4%      /mnt/test
[root@localhost ~]#ll /mnt/test
总用量 16
drwx------ 2 root root 16384  2月   8 03:16 lost+found
//之前的子目录与文件现在都看不到了

[root@localhost ~]#mkdir -p/mnt/test/test_sdb
[root@localhost ~]#cp /proc/cpuinfo /mnt/test/cpu_sdb
[root@localhost ~]#dd if=/dev/zero of=/mnt/test/test_sdb/512M bs=1M count
=512
记录了 512+0 的读入
记录了 512+0 的写出
536870912 字节(537 MB)已复制,71.3058 秒,7.5 MB/秒
```

```
[root@localhost ~]#ll  /mnt/test
总用量 24
-r--r--r-- 1 root root   724  2月  8 08:53 cpu_sdb
drwx------ 2 root root 16384  2月  8 03:16 lost+found
drwxr-xr-x 2 root root  4096  2月  8 08:53 test_sdb
//重复步骤 4 中的相关操作,在该目录下再次创建文件与子目录

[root@localhost ~]#df  -h  /mnt/test
文件系统     容量    已用   可用   已用%   挂载点
/dev/sdb2  1008M  546M  411M  58%     /mnt/test
//显示的是当前该目录所在的 sdb2 分区的相关容量

[root@localhost ~]#du  -ah/mnt/test
513M   /mnt/test/test_sdb/512M
513M   /mnt/test/test_sdb
16K    /mnt/test/lost+found
4.0K   /mnt/test/cpu_sdb
513M   /mnt/test
//显示的是当前目录及子目录在刚才操作后的大小,512 MB 左右
```

6. 将 sdc1 分区继续挂载到/mnt/test 目录上

```
[root@localhost mnt]#df -aTh
文件系统     类型     容量   已用   可用   已用%   挂载点
/dev/sda2   ext4    18G    8.9G   7.8G   54%     /
proc        proc    0      0      0      -       /proc
sysfs       sysfs   0      0      0      -       /sys
devpts      devpts  0      0      0      -       /dev/pts
tmpfs       tmpfs   501M   260K   501M   1%      /dev/shm
/dev/sda1   ext4    291M   28M    249M   10%     /boot
…
/dev/sdb2   ext4    3.0G   581M   2.3G   21%     /mnt/test
// 确认/mnt/test 目录挂载在 sdb2 磁盘上

[root@localhost mnt]#mount /dev/sdc1 /mnt/test
[root@localhost mnt]#df -aTh
文件系统     类型     容量   已用   可用   已用%   挂载点
/dev/sda2   ext4    18G    8.9G   7.8G   54%     /
proc        proc    0      0      0      -       /proc
sysfs       sysfs   0      0      0      -       /sys
devpts      devpts  0      0      0      -       /dev/pts
tmpfs       tmpfs   501M   260K   501M   1%      /dev/shm
```

```
/dev/sda1  ext4  291M  28M  249M  10%   /boot
…
/dev/sdb2  ext4  2.0G  67M  1.9G  4%    /mnt/test
/dev/sdc1  ext4  2.0G  67M  1.9G  4%    /mnt/test
 //挂载点再次跳转了

 [root@localhost mnt]#ll/mnt/test
 总用量 16
 drwx------ 2 root root 16384  2月  9 00:15 lost+found
 #可以看到之前的目录与文件又都不见了

 [root@localhost mnt]#mkdir -p /mnt/test/test_sdc
 [root@localhost mnt]#cp /proc/cpuinfo /mnt/test/cpu_sdc
 [root@localhost mnt]#dd if=/dev/zero of=/mnt/test/test_sdc/700M bs=1M count
=700
 记录了 700+0 的读入
 记录了 700+0 的写出
 734003200 字节(734 MB)已复制,12.0095 秒,61.1 MB/秒
 [root@localhost mnt]#ll /mnt/test
 总用量 24
 -r--r--r-- 1 root root   724  2月  9 00:27 cpu_sdc
 drwx------ 2 root root 16384  2月  9 00:15 lost+found
 drwxr-xr-x 2 root root  4096  2月  9 00:28 test_sdc

 [root@localhost mnt]#df -h /mnt/test
 文件系统     容量   已用   可用   已用%   挂载点
 /dev/sdc1  2.0G  768M  1.2G  41%    /mnt/test
 //显示的是 sdc1 分区的相关容量

 [root@localhost mnt]#du -ah  /mnt/test
 4.0K  /mnt/test/cpu_sdc
 701M  /mnt/test/test_sdc/700M
 701M  /mnt/test/test_sdc
 16K   /mnt/test/lost+found
 701M  /mnt/test
```

7. 依次卸载

```
 [root@localhost mnt]#umount /mnt/test
 [root@localhost mnt]#df -aTh
 文件系统     类型   容量   已用   可用   已用%   挂载点
 /dev/sda2  ext4  18G   8.9G  7.8G  54%    /
```

```
proc          proc      0      0      0      -     /proc
sysfs         sysfs     0      0      0      -     /sys
devpts        devpts    0      0      0      -     /dev/pts
tmpfs         tmpfs     501M   260K   501M   1%    /dev/shm
/dev/sda1     ext4      291M   28M    249M   10%   /boot
…
/dev/sdb2     ext4      3.0G   581M   2.3G   21%   /mnt/test
 //挂载点跳转到 sdb 了

 [root@localhost mnt]#ll /mnt/test
 总用量 24
 -r--r--r-- 1 root root   724  2月  9 00:23 cpu_sdb
 drwx------ 2 root root 16384  2月  8 23:45 lost+found
 drwxr-xr-x 2 root root  4096  2月  9 00:23 test_sdb
 //显示的是 sdb2 分区上内容

 [root@localhost mnt]#umount /mnt/test
 //再次卸载

 [root@localhost mnt]#ll /mnt/test #显示 sda
 总用量 8
 -r--r--r-- 1 root root  724  2月  9 00:16 cpu_sda
 drwxr-xr-x 2 root root 4096  2月  8 03:29 test_sda
 //显示的是 sda2 分区上内容

 [root@localhost mnt]#df -aTh
 文件系统                类型          容量  已用  可用  已用% 挂载点
 /dev/sda2               ext4          18G   8.9G  7.8G  54%   /
 proc                    proc          0     0     0     -     /proc
 sysfs                   sysfs         0     0     0     -     /sys
 devpts                  devpts        0     0     0     -     /dev/pts
 tmpfs                   tmpfs         501M  260K  501M  1%    /dev/shm
 /dev/sda1               ext4          291M  28M   249M  10%   /boot
 none                    binfmt_misc   0     0     0     -     /proc/sys/fs/binfmt_misc
 fusectl                 fusectl       0     0     0     -     /sys/fs/fuse/connections
 vmware-vmblock
 fuse.vmware-vmblock                   0     0     0     -     /var/run/vmblock-fuse
 sunrpc                  rpc_pipefs    0     0     0     -     /var/lib/nfs/rpc_pipefs
 nfsd                    nfsd          0     0     0     -     /proc/fs/nfsd
 gvfs-fuse-daemon
 fuse.gvfs-fuse-daemon                 0     0     0     -     /root/.gvfs

 #/mnt/test 挂载点没有了,意味着回到了 sda2
```

8. 在有挂载点的情况下重启，看看发生什么情况

```
[root@localhost ~]#mount /dev/sdc1 /mnt/test
[root@localhost ~]#df -h
文件系统      容量   已用   可用   已用%   挂载点
/dev/sda2   18G    8.9G   7.8G   54%     /
tmpfs       501M   260K   501M   1%      /dev/shm
/dev/sda1   291M   28M    249M   10%     /boot
/dev/sdc1   2.0G   768M   1.2G   41%     /mnt/test
[root@localhost ~]#reboot
//重启系统，并重新以 root 身份登录

[root@localhost ~]#df -h
文件系统      容量   已用   可用   已用%   挂载点
/dev/sda2   18G    8.9G   7.8G   54%     /
tmpfs       501M   260K   501M   1%      /dev/shm
/dev/sda1   291M   28M    249M   10%     /boot
//可以看到，重启系统之前 mount 的挂载点不在了，如果需要必须重新挂载
```

实验 4 磁盘分区的自动挂载。

1. 在 sdb 上创建两个分区 sdb1 与 sdb2

略。

2. 对两个分区格式化

```
[root@localhost ~]#mkfs -t ext3 /dev/sdb1
[root@localhost ~]#mkfs -t ext4 /dev/sdb2
```

3. 创建两个挂载目录

```
[root@localhost~]#mkdir  -p  /test1
[root@localhost~]#mkdir  -p  /test2
```

4. 对/etc/fstab 进行备份

```
[root@localhost~]#cp  /etc/fstab  /etc/fstab.bak
```

5. 编辑/etc/fstab，在后面加入两行，使得这两个分区能够在随着开机而自动挂载

```
[root@localhost ~] #vim  /etc/fstab              //或者使用 gedit 编辑
```

```
#/etc/fstab
#Created by anaconda on Thu Dec  8 07:57:40 2011
#
#Accessible filesystems, by reference, are maintained under '/dev/disk'
#See man pages fstab(5), findfs(8), mount(8) and/or blkid(8) for more info
#
UUID=725223a0-c785-49da-8734-a91f6164a9f5 / ext4      defaults           1 1
UUID=68acfa65-6c08-47e4-8911-9106873ab921 /boot ext4  defaults           1 2
UUID=5681c182-eaf7-4576-b0a7-e948f3cb4ed5 swap swap   defaults           0 0
tmpfs            /dev/shm          tmpfs              defaults           0 0
devpts           /dev/pts          devpts             gid=5,mode=620     0 0
sysfs            /sys              sysfs              defaults           0 0
proc             /proc             proc               defaults           0 0
/dev/sdb1        /test1            ext3               defaults           1 2
/dev/sdb2        /test2            ext4               defaults           1 2
```

注意：前三列分别是设备名、挂载点、文件系统格式，每行除了最后一列以空格间隔以外，其余都是以 Tab 分开。

6. 重启机器

```
[root@localhost~]#reboot
```

7. 开机后

```
[root@localhost ~]#df -h
文件系统     容量   已用   可用   已用%   挂载点
/dev/sda2   18G    8.9G   7.8G   54%     /
tmpfs       501M   100K   501M   1%      /dev/shm
/dev/sda1   291M   28M    249M   10%     /boot
/dev/sdb1   2.0G   68M    1.9G   4%      /test1
/dev/sdb2   3.0G   69M    2.8G   3%      /test2
//可以看到开机后,sdb 的两个分区都实现了自动挂载
```

实验 5　特殊设备 loop 与 swap 的创建。

(1) 对新增磁盘 sdb 进行操作：划分一个 900 MB 的普通分区 sdb1，再划分一个 1.5 GB 的 swap 分区 sdb2。

```
[root@localhost test]#fdisk /dev/sdb
...
```

```
命令(输入 m 获取帮助):n
分区类型
   p   主分区 (0 个主分区,0 个扩展分区,4 空闲)
   e   扩展分区 (逻辑分区容器)
选择 (默认 p):p
分区号 (1-4, default 1): 1
第一个扇区 (2048-20971519, default 2048): (回车)
上个扇区,+sectors 或 +size{K,M,G,T,P} (2048-20971519, default 20971519): +900M

创建了一个新分区 1,类型为 Linux,大小为 900 MiB。

命令(输入 m 获取帮助):n
分区类型
   p   主分区 (1 个主分区,0 个扩展分区,3 空闲)
   e   扩展分区 (逻辑分区容器)
选择 (默认 p):p
分区号 (2-4, default 2): 2
第一个扇区 (1845248-20971519, default 1845248):(回车)
上个扇区,+sectors 或 +size{K,M,G,T,P} (1845248-20971519, default 20971519):
+1536M

创建了一个新分区 2,类型为 Linux,大小为 1.5 GiB。

命令(输入 m 获取帮助):p
Disk /dev/sdb:10 GiB,10737418240 字节,20971520 个扇区
…
设备        启动      起点      末尾      扇区大小  Id  类型
/dev/sdb1  2048      1845247  1843200  900M      83  Linux
/dev/sdb2  1845248   4966399  3121152  1.5G      83  Linux

命令(输入 m 获取帮助):t
分区号 (1,2, default 2): 2
分区类型(输入 L 列出所有类型):82

已将分区 Linux 的类型更改为 Linux swap / Solaris。

命令(输入 m 获取帮助):p
Disk /dev/sdb:10 GiB,10737418240 字节,20971520 个扇区
…
设备        启动      起点      末尾      扇区大小  Id  类型
/dev/sdb1  2048      1845247  1843200  900M      83  Linux
/dev/sdb2  1845248   4966399  3121152  1.5G      82  Linux 交换 / Solaris
```

```
命令(输入 m 获取帮助):w
分区表已调整。
将调用 ioctl() 来重新读分区表。
正在同步磁盘。

[root@localhost test]#fdisk  -l
…
设备        启动      起点      末尾      扇区大小  Id  类型
/dev/sdb1   2048      1845247   1843200   900M      83  Linux
/dev/sdb2   1845248   4966399   3121152   1.5G      82  Linux 交换 / Solaris
…
```

（2）将分区 sdb1 格式化成 ext3 文件系统，将其挂载到目录/home/linux，在 /home/linux 目录下使用 dd 命令创建 600 MB 的大文件 600M.img 和 300 MB 的大文件 300M.img，并记录创建所花时间。

```
[root@localhost test]#mkfs  -t  ext3  /dev/sdb1
mke2fs 1.44.3 (10-July-2018)
…
正在分配组表:完成
正在写入 inode 表:完成
创建日志(4096 个块)完成
写入超级块和文件系统账户统计信息:已完成

[root@localhost test]#mkdir  -p  /home/linux
[root@localhost test]#mount  /dev/sdb1  /home/linux
[root@localhost  test]#df  -hT
文件系统    类型   容量   已用   可用   已用%   挂载点
…
/dev/sdb1  ext3  870M  1.2M  824M  1%     /home/linux
…

[root@localhost test]#time dd if=/dev/zero of=/home/linux/600M.img bs=1M
count=600
记录了 600+0 的读入
记录了 600+0 的写出
629145600 字节(629 MB)已复制,1.39463 秒,451 MB/秒

real  0m1.462s
user  0m0.003s
sys   0m1.282s
```

```
[root@localhost ~]#time dd if=/dev/zero of=/home/linux/300M.img bs=1M count
=300
记录了 300+0 的读入
记录了 300+0 的写出
314572800 bytes (315 MB, 300 MiB) copied, 9.43396 s, 33.3 MB/s

real 0m9.439s
user 0m0.005s
sys  0m7.216s

[root@localhost ~]#ls  /home/linux
300M.img  600M.img
```

(3) 针对 600M.img 创建 loop 设备(格式化为 ext4 文件系统),并将其挂载到目录/home/linux2。

```
[root@localhost test]#mkfs  -t ext4  /home/linux/600M.img
mke2fs 1.44.3 (10-July-2018)
丢弃设备块:完成
…
正在分配组表:完成
正在写入 inode 表:完成
创建日志(4096 个块)完成
写入超级块和文件系统账户统计信息:已完成

[root@localhost test]#mkdir  -p  /home/linux2
[root@localhost test]#mount  -o loop  /home/linux/600M.img  /home/linux2
```

(4) 将分区 sdb2 与文件 300M.img 添加成 swap 设备,列出当前 swap 设备。

```
[root@localhost test]#mkswap  /dev/sdb2
Setting up swapspace version 1, size = 1.5 GiB (1598025728 bytes)
无标签,UUID=7a262049-7859-4223-9547-c69c32fe8c53
[root@localhost  test]#swapon  /dev/sdb2

[root@localhost ~]#mkswap  /home/linux/300M.img
mkswap: /home/linux/300M.img:不安全的权限 0644,建议使用 0600。
正在设置交换空间版本 1,大小 = 600 MiB (629141504  字节)
无标签,UUID=5b0964f7-6854-4814-b23d-de67a41beb8d

[root@localhost ~]#chmod  0600  /home/linux/300M.img
[root@localhost ~]#swapon  /home/linux/300M.img
[root@localhost ~]#swapon  -s
…
```

(5) 依次卸载 swap 设备、loop 设备与 sdb1 分区,并确认卸载成功。

```
[root@localhost ~]#swapon  /home/linux/300M.img
[root@localhost ~]#swapon  /dev/sdb2
[root@localhost ~]#swapon  -s
文件名        类型          大小      已用   权限
/dev/dm-1   partition   2097148   9608   -2

[root@localhost test]#df -hT
文件系统      类型   容量   已用   可用   已用%   挂载点
…
/dev/sdb1    ext3   870M   1.6M   824M   1%     /home/linux
/dev/loop0   ext4   575M   912K   532M   1%     /home/linux2

[root@localhost test]#umount  /home/linux2
[root@localhost test]#umount  /home/linux
[root@localhost test]#df -hT
…
```

4.5 本章小结

磁盘作为存储数据的重要载体,在如今日渐庞大的软件资源面前显得格外重要。目前,各种存储器的容量越来越大,磁盘管理的难度也越来越高。本章对 Linux 文件系统的概念以及常用的磁盘管理命令等进行了详细的介绍。

本章首先介绍了 Linux 下磁盘、分区、文件系统的基本概念;然后介绍了磁盘的使用必须经过的分区、格式化与挂载这三个步骤,所采用的命令依次为 fdisk、mkfs、mount,而要想开机自动挂载可参考/etc/fstab 进行相关设置,请大家一定要好好理解 mount 挂载点的概念;最后介绍了两个常用的命令 tar 和 dd,两个特殊的设备文件/dev/null 与/dev/zero,并通过 dd 和 time 两个命令完成磁盘和分区的性能读写测试,以及两种特殊的设备 loop 与 swap 的挂载和使用。

4.6 习题

一、知识问答题

1. 简述磁盘分区的含义,一个硬盘最多可以有几个主分区和扩展分区?
2. 什么是文件系统?什么是日志文件系统?
3. 简述文件系统中数据与元数据的关系。
4. Linux 系统中常用的文件系统有哪些?
5. fdisk 命令有哪些子命令?其含义分别是什么?

6. 简述对 Linux 系统挂载点和挂载的理解。
7. 如何实现 Linux 系统开机自动挂载文件系统。
8. 简述 du 和 df 这两个命令的功能以及区别。
9. 简述 tar 命令的功能,其具体支持多少压缩格式。
10. 简述命令 dd 的功能,并辨析其与 cp 的区别。
11. 简述对特殊的设备 loop 的认识,以及相应挂载的步骤。
12. 简述对特殊的设备 swap 的认识,以及相应挂载的步骤。

二、命令操作题

1. 显示/root 和/etc 目录的磁盘占用量。
2. 显示当前磁盘分区(包括文件系统类型)的挂载情况。
3. 将/etc 下的所有文件及目录打包到指定目录,并使用 gz 压缩。
4. 依次完成如下磁盘相关操作。

(1) 对虚拟机增加一个 16 GB 的新磁盘 sdb。

(2) 对磁盘 sdb,划分一个 3 GB 的普通分区 sdb1,再划分一个 2 GB 的 swap 分区 sdb2,在退出之前显示两个分区信息。

(3) 显示当前所有磁盘与分区的详细信息。

(4) 对分区 sdb1 进行 400 MB 大小的写测试;再对 sdb2 进行 450 MB 大小的读测试。

(5) 对 sdb1 格式化成 ext4 文件系统,并将其挂载到目录 /home/test,在 /home/test 目录下分别创建 600 MB 和 400 MB 的大文件 600M.img 和 400M.img。

(6) 将分区 sdb2 和大文件 400M.img 分别添加成 swap 设备,列出当前 swap 设备的组成,并查看当前 swap 设备的使用情况。

(7) 将大文件 600M.img 创建为 loop 设备,并挂载到目录/home/loop,显示当前系统的挂载信息。

第 5 章　Linux 的 vim 与 Bash

学习目标

(1) 掌握 vim 编辑器的功能。
(2) 了解 Bash Shell 的基本功能。
(3) 理解 Bash 环境变量。

vim 和 Bash 是进行 Shell Script 编写的基础,也是 Linux 系统编程比较重要的先导内容。本章首先讲解 Linux 下 vim 编辑器的功能和使用,然后介绍 Shell 与 Bash 之间的关系,以及 Shell 的相关内容和命令,接着详细讲解 Bash 的基本功能和环境变量的使用,从而为 Shell 编程打下坚实的基础。

5.1　vim 编辑器

每个系统管理员都应该至少要学会一种文字接口的编辑处理器,以方便系统日常的管理行为。在 Linux 上的文字处理软件非常多,vi 与 vim 编辑器是所有 UNIX 及 Linux 系统下标准的编辑器,相当于 Windows 系统中的记事本,它的强大不逊色于任何最新的文本编辑器,是人们使用 Linux 系统不能缺少的工具。对 UNIX 及 Linux 系统的任何版本,vi 编辑器都是完全相同的。所以 vi 编辑器是未来人们进行 Shell Script 程序的编写与服务器相关配置文件的首选编辑工具,学会使用它后,将在 Linux 的世界里畅行无阻。

5.1.1　vi、vim 与 gvim

诞生于 20 世纪 70 年代的 vi 编辑器是所有的类 UNIX 系统默认的文本编辑器,所以所有的类 UNIX 系统都会内置 vi 编辑器,其他的编辑器则不一定会存在。但是目前人们使用比较多的是 vim 编辑器。vim 具有程序编辑的能力,可以主动地以字体颜色辨别语法的正确性,方便程序设计。

vim 是从 vi 发展出来的一个文本编辑器,不过在 vi 的基础上增加了很多新的特性,vim 普遍被推崇为类 vi 编辑器中最好的一个,其代码补完、编译及错误跳转等方便编程的功能特别丰富,在程序员中被广泛使用,和 Emacs 并列成为类 UNIX 系统用户最喜欢的编辑器。vim 的第一个版本由 Bram Moolenaar 在 1991 年发布,最初的简称是 Vi IMitation,随着功能的不断增加,正式名称改成了 Vi IMproved。

gvim的g指的是GUI,也就是图形化界面,相当于在vim包了一层图形化界面。所以可以说gvim是vim的图形前端,一般运行在桌面环境中,而vim一般运行在命令行下。相比之下,gvim拥有更丰富的颜色和字体,还有菜单和滚动条,以及更友好的鼠标操作等,除此之外与vim差异不大。gvim是跨平台的编辑器,主流的Linux操作系统上面都有它的版本,并会根据安装的平台自动选择相应语言包,支持中文及其各种编码,这个极具UNIX特色和风格(simple is the best)的编辑器相信会带来不同的感受。

5.1.2 vim和gvim的安装

📖操作演示
vim和gvim的安装

目前Fedora 29默认只安装了vi命令,可以直接运行vim由系统自动帮忙完成这个命令的安装,当然也可以通过 **#dnf -y install vim-enhanced** 完成vim命令所属rpm包的安装。

```
[root@localhost ~]#vim
bash: vim: 未找到命令…
安装软件包 vim-enhanced 以提供命令 vim? [N/y]y

 * 正在队列中等待…
 * 装入软件包列表…
下列软件包必须安装:
gpm-libs-1.20.7-16.fc29.x86_64     Dynamic library for for the gpm
vim-common-2:8.1.1991-2.fc29.x86_64     The common files needed by any version
of the VIM editor
vim-enhanced-2:8.1.1991-2.fc29.x86_64     A version of the VIM editor which
includes recent enhancements
vim-filesystem-2:8.1.1991-2.fc29.noarch     VIM filesystem layout
继续更改? [N/y] y
…
 * 正在安装软件包…
```

而gvim可以采用dnf命令(参见8.3节)完成安装,安装完成后,输入命令gvim,运行界面如图5.1所示,可以很方便地使用鼠标进行界面操作和内容编辑。

```
[root@localhost ~]#gvim
bash: gvim: 未找到命令…
相似命令是: 'vim'
[root@localhost ~]#dnf  -y install  vim-X11
…
vim-X11       x86_64       2:8.1.1991-2.fc29        updates         1.5 M

…
安装   1 软件包
```

```
总下载:1.5 M
...
已安装:
  vim-X11-2:8.1.1991-2.fc29.x86_64

完毕!
```

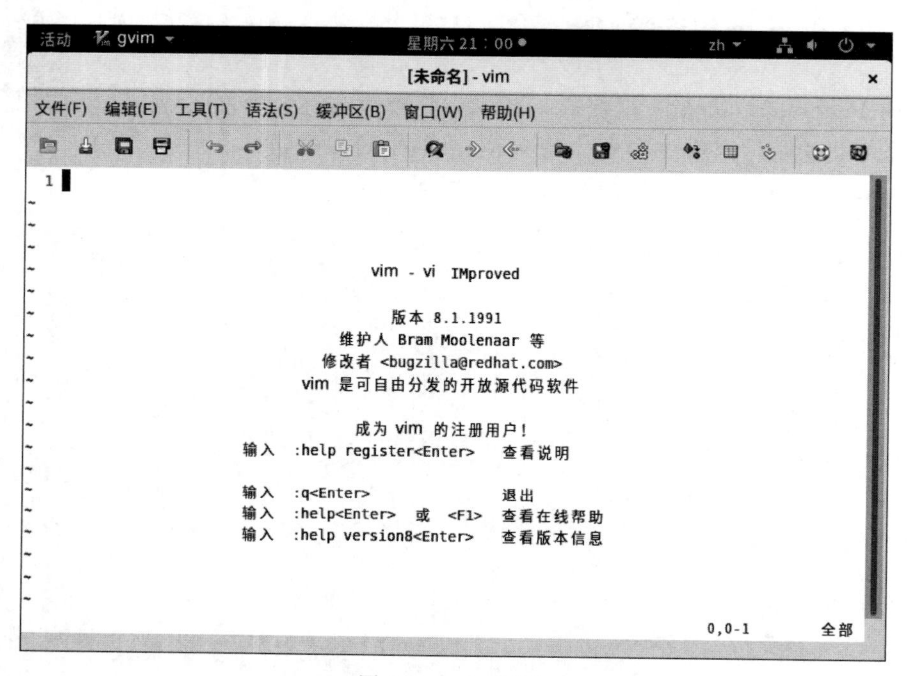

图 5.1 gvim 界面

5.1.3 vi/vim 的使用

如图 5.2 所示,基本上 vim 可以分为三种模式状态,分别是命令模式、输入模式和底线命令模式,各模式的功能区分如下。

📖操作演示
vim 的使用

1. 命令模式

以 vim 打开一个文件就直接进入命令模式(这是默认的模式)。在这个模式中,可以使用上、下、左、右按键来移动光标,可以使用删除字符或删除整行来处理文件内容,也可以使用复制、粘贴来处理文件的数据。

2. 输入模式

在命令模式中可以进行删除、复制、粘贴等操作,但是却无法编辑文件的内容,当按下

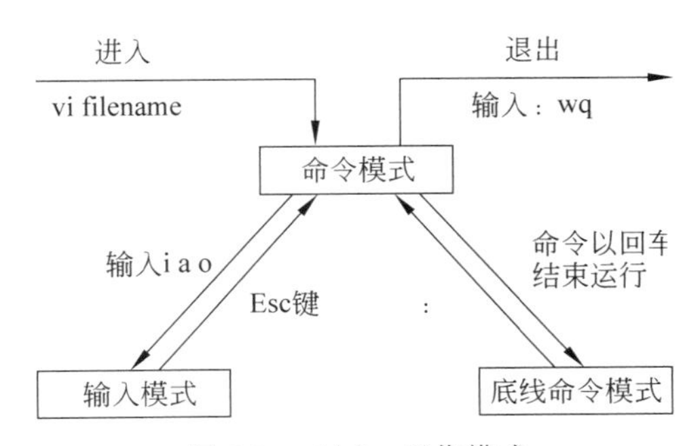

图 5.2 vi/vim 工作模式

i、I、o、O、a、A、r、R 等任何一个字母之后进入输入模式。这时候屏幕的左下方会出现 INSERT 或 REPLACE 的字样，此时才可以进行编辑。而如果要回到命令模式时，则必须要按下 Esc 键即可退出输入模式。

3. 底线命令模式

输入"：、/、?"三个中的任何一个，都可以将光标移动到最底下那一行。在这个模式中，可以提供查找、读取、存盘、替换字符、离开 vi、显示行号等功能。

使用 vim 建立一个文件的一般步骤如下。

(1) 输入"vim 文件名"，进入 vim 的命令模式，可以在左下角观察到这个文件目前的状态，如下所示，watch.txt 此时是一个新文件。

```
[root@localhost ~]#vim watch.txt

~
~
~
"watch.txt" [新文件]                                   0,0-1        全部
```

(2) 按下 i(o 或 a)键之后，则进入输入模式，左下角出现"插入"，则可以开始编辑文字，可以输入任意字符。

(3) 按下 Esc 键可再次回到命令模式，此时"插入"已不再出现，内容编辑完毕。在命令模式下，vim 提供了文本整行的删除(dd)、复制(yy)与粘贴(p)，用法相同。以 dd 为例，可以输入 dd：连续按 d 键两次，删除当前行；也可以输入 dnd：如连续按 d、3、d，删除包括当前行在内的往下三行。

(4) 然后按下"："键进入底线命令模式，可以输入 wq 保存退出。vim 退出编辑器的相关方式如下。

:w 表示将缓冲区写入文件，即保存修改，但不退出。

:wq 表示保存修改并退出。

:x 表示保存修改并退出。

:q 表示退出，如果对缓冲区进行过修改，则会提示。

:q! 表示强制退出，放弃修改。

```
    hello world!
I will study Linux
~
~
~
:wq
```

vim 还有很多实用的功能，大家可以在使用过程中查阅 vim 的官方网站 (http://www.vim.org)加强对 vim 的深入了解。例如要想在 vim 中显示文件内容的行号有两种方式。

(1) 用 vim 打开文件时，按 Esc 键进入命令模式，输入 set nu，即可显示行号。

(2) 直接修改配置文件，# vim ～/.vimrc(注：.vimrc 文件原先可能没有，在此可以创建)，在该文件中添加一行 set nu，然后保存，退出。

5.2 Shell 与 Bash

Shell 是 Linux 系统的用户界面，提供了用户与内核进行交互操作的一种接口。它接收用户输入的命令并把它送入内核去执行。Shell 的英文意思是外壳，在 Linux 系统，Shell 实际上也是一个程序，它是用户和操作系统间的命令解释器，负责接收用户输入的命令并将它翻译成操作系统能够理解的指令。如果把 Linux 内核想象成一个球体的中心，Shell 就是围绕内核的外层，从 Shell 向 Linux 操作系统传递命令时，内核就会做出相应的反应，如图 5.3 所示。例如，用户输入 **ls -l**，Shell 首先翻译这条命令；然后判断该命令是内部命令还是一个应用程序，Shell 的内部命令或应用程序将被分解为系统调用并传给 Linux 内核执行翻译后的指令；最后 Linux 内核将指令的执行结果返回给 Shell。

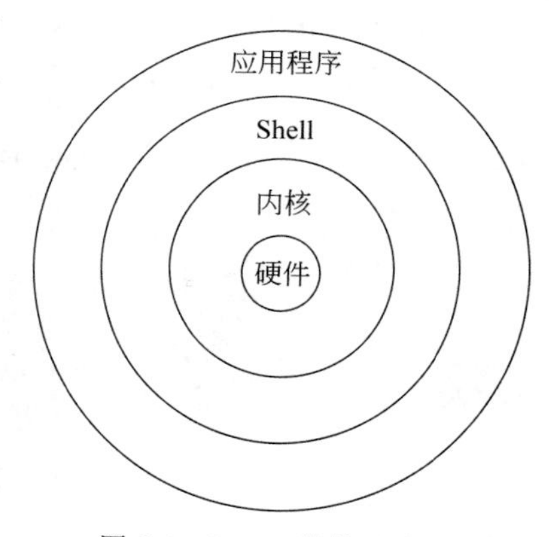

图 5.3　Linux 结构示意图

因为 Linux 就是以 Bash 为预设 Shell 的，在 Linux 下如果不懂 Bash，其他的内容就没有意义了，因为许多命令的执行是通过 Bash 的环境来处理的。

Bash(GNU Bourne-Again Shell)是许多 Linux 平台的内定 Shell，事实上，还有许多传统 UNIX 上用的 Shell，如 tcsh、csh、ash、bsh、ksh 等，Shell Script 大致都类同，当学会一种 Shell 以后，其他的 Shell 会很快就上手。多数情况下一个 Shell Script 通常可以在很多种 Shell 上使用。Bash 是大多数 Linux 系统以及 Mac OSX v10.4 默认的 Shell，它能运行于大多数 UNIX 风格的操作系统之上，甚至被移植到了 Microsoft Windows 上的 Cygwin 系统中，以实现 Windows 的 POSIX 虚拟接口。

5.3 Bash的基本功能

Bash是当前Linux版本的标准Shell。Bash与Bourne Shell完全向后兼容，并且在Bourne Shell的基础上增加和增强了很多特性。Bash也包含了很多csh和ksh里的优点。Bash有很灵活和强大的编程接口，同时又有很友好的用户界面。Bash的主要优点是它有命令记忆功能，即历史命令history，记录在/home/用户名/.bash_history中，它还有命令补全功能，能够设置别名，能够随时结束终端进程，可以编写脚本程序，还有通配符能够帮助用户查询和命令执行。

5.3.1 解析命令行

当用户打开一个（虚拟）终端时，可以看到一个**Shell**提示符，标识了命令行的开始。用户可以在提示符后面输入任何命令及其选项与参数。请注意在命令行中选项先于参数输入。

```
#command   [选项][参数]
```

```
[root@localhost ~]#ls -l /root
总用量 116
…
```

在一个命令行中可以输入多个命令，用分号将多个命令隔开。

```
[root@localhost ~]#touch mydata
[root@localhost ~]#cp  /proc/cpuinfo  cpuinfo ;  ls  -a
…
```

如果一个命令太长，无法在一行中显示，可以使用反斜线来续行，在多个命令行上输入一个命令或多个命令。

```
[root@localhost ~]#cp  /proc/cpuinfo  cpuinfo ;\
>ls -a
…
```

查询某命令是否为Bash内部命令：#type -t 命令名，其中file为外部命令；alias为命令别名；builtin为内部命令。

```
[root@localhost ~]#type -t ll
alias
[root@localhost ~]#type -t cd
```

```
builtin
[root@localhost ~]#type -t mkdir
file
```

5.3.2 通配符

通配符是一种特殊符号，可以用来在引用文件名时简化命令的书写。在 Bash 中可以使用三种通配符：*、?、[]，用来模糊搜索文件。通配符的含义如表 5.1 所示。

表 5.1 通配符的含义

符号	含　　义
*	任意的字符串(包括零个字符)
?	匹配任何单个字符
[ ]	创建一个字符列表，方括号中的字符用来匹配或不匹配单个字符。如[xyz]匹配 x、y 或 z，但不能匹配 xx、xy 或者其他任意组合。 无论列表中有多少个字符，它只匹配一个字符。 [abcde]可以简写为 [a-e]。 另外，用感叹号作为列表的第一个字符可以起到反意作用，如[!xyz]表示匹配 x、y、z 以外的任意一个字符

通配符的举例如下。

通配符 * 的常用方法就是查找具有相同扩展名的文件，例如，ls *.tgz 就是显示当前目录下后缀名为 tgz 的所有文件。

```
[root@localhost ~]#touch sun.tgz
[root@localhost ~]#touch sky.tgz
[root@localhost ~]#ls *.tgz
sky.tgz  sun.tgz
```

通配符 * 有时可以将几百条命令缩短成一个命令。例如，rm -f *.jpg 就是删除当前目录下后缀名为 jpg 的所有文件。

问号通配符？必须匹配一个且只能匹配一个字符，通常用来查找比 * 更为精确的匹配。

```
[root@localhost ~]#ls *.???
anaconda-ks.cfg  hjk.dat  install.log  test.txt  tst.txt  watch.txt
//显示文件后缀名只有三个字符的所有文件
```

方括号通配符使用括号内的字符作为被匹配的字符，且只能匹配其中的一个字符。如列出以 a、b、c 开头，且以 dat 为扩展名的所有文件：ls [abc]*.dat。也可以在方括号中使用连字符-来指定一个范围,如列出以字母开头、数字结尾的所有文件: #**ls** [**a-z A-Z**] * [**0-9**]。

5.3.3 命令别名

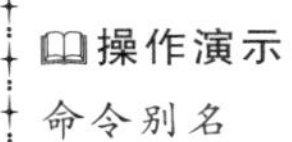

别名是Bash中用来节省时间的另一项重要功能,直接运行alias命令显示所有当前的别名,会发现其实rm别名也是rm -i。要特别注意的是,别名既可以生造一个单词,也可以覆盖一个已有命令。

```
[root@localhost ~]#alias
alias cp='cp -i'
alias grep='grep --color=auto'
alias l.='ls -d .* --color=auto'
alias ll='ls -l --color=auto'
alias ls='ls --color=auto'
alias mv='mv -i'
alias rm='rm -i'
alias which='alias | /usr/bin/which --tty-only --read-alias --show-dot --
show-tilde'
```

Bash允许用户按照自己喜欢的方式通过alias对相关的命令进行自定义创建;也可以通过unalias命令取消已创建的别名。

```
[root@localhost ~]#alias lm='ls'
[root@localhost ~]#lm
anaconda-ks.cfg  install.log.syslog  newdata      test.txt   公共的图片音乐
hjk.dat          list                sky.tar.qz   tst.txt    模板文件桌面
install.log      mydata              sun.tar.qz   watch.txt  视频下载
[root@localhost ~]#ls
anaconda-ks.cfg  install.log.syslog  newdata      test.txt   公共的图片音乐
hjk.dat          list                sky.tar.qz   tst.txt    模板文件桌面
install.log      mydata              sun.tar.qz   watch.txt  视频下载

[root@localhost ~]#unalias lm
[root@localhost ~]#lm
命令未找到。
```

5.3.4 命令行自动补齐

通常用户在Bash下输入命令时不必把命令输全,Shell就能判断出所需要的命令。

该功能的核心思想：Bash 根据用户已输入的信息来查找以这些信息开头的命令，从而试图完成当前命令的输入工作。

用来执行这项功能的键是 Tab 键，按下 Tab 键后，Bash 就试图完成整个命令的输入，并将列出所有能够与当前输入字符相匹配的命令列表。例如在命令行输入 his＜Tab＞，Bash 就会自动将命令补全为查看用户历史命令为 history。这项功能同样适用于文件名的自动补齐，例如要进入目录：/etc/sysconfig/network-scripts/，不需要一个一个字符的输入，既浪费时间，又可能输错，可以直接输入如下命令。

```
[root@localhost ~]#cd  /e<Tab>sys<Tab>c<Tab>ne<Tab>-<Tab>
[root@localhost network-scripts]#pwd
/etc/sysconfig/network-scripts/
```

5.3.5 管道与 awk、cut 命令

管道是 Linux 从 UNIX 继承过来的进程间的通信机制，是把一个程序的输出直接连接到另一个程序的输入。管道是 UNIX 早期的一个重要通信方法，其思想是在内存中创建一个共享文件，从而使通信双方利用这个共享文件来传递信息。由于这种方式具有单向传递数据的特点，所以这个作为传递消息的共享文件就叫作“管道”。

操作演示
管道的使用

我们在第三章介绍 head、tail 命令以及 grep 命令时已经使用了管道，下面先回顾一下这几个命令与管道的结合使用。

```
[root@localhost ~]#head  -n  20  /etc/passwd  |  tail  -n  10
operator:x:11:0:operator:/root:/sbin/nologin
games:x:12:100:games:/usr/games:/sbin/nologin
gopher:x:13:30:gopher:/var/gopher:/sbin/nologin
ftp:x:14:50:FTP User:/var/ftp:/sbin/nologin
nobody:x:99:99:Nobody:/:/sbin/nologin
avahi - autoipd: x: 170: 170: Avahi  IPv4LL  Stack:/var/lib/avahi - autoipd:/
sbin/nologin
usbmuxd:x:113:113:usbmuxd user:/:/sbin/nologin
dbus:x:81:81:System message bus:/:/sbin/nologin
rpc:x:32:32:Rpcbind Daemon:/var/lib/rpcbind:/sbin/nologin
rtkit:x:172:172:RealtimeKit:/proc:/sbin/nologin
/*该命令用到了管道文件,即先获取 passwd 文件的前 20 行内容,但是不直接打印而是把这个
结果作为管道后面命令 tail 的输入,从而使得 tail 命令在这 20 行内容的基础上截取获得后
10 行*/
```

```
[root@localhost ~]#cat  /proc/meminfo  | grep  Total
MemTotal:          2016276 kB
SwapTotal:         2097148 kB
VmallocTotal:   34359738367 kB
CmaTotal:                0 kB
HugePages_Total:         0

[root@localhost ~]#cat  /proc/meminfo  | grep  Mem
MemTotal:          2016276 kB
MemFree:            381308 kB
MemAvailable:       922540 kB

[root@localhost ~]#cat  /proc/meminfo  | grep  Total  | grep Mem
MemTotal:          2016276 kB
//连续用到了两个管道,先过滤出含有 Total 内容的 5 行,在此基础上再次过滤含有 Mem 内容
的 3 行
```

下面结合经常与管道一起使用的 awk 命令和 cut 命令进一步深入理解管道。

1. awk 命令

awk 是一个强大的文本分析工具,相对于 grep 的查找,awk 在其对数据分析并生成报告时,显得尤为强大。简单来说,awk 就是把文件逐行读入,以空格为默认分隔符将每行切片,切开的部分再进行各种分析处理。

awk 有 3 个不同版本: awk、nawk 和 gawk,如果没有特别说明,一般指 gawk,gawk 是 awk 的 GNU 版本。awk 其名称得自于它的创始人 Alfred Aho、Peter Weinberger 和 Brian Kernighan 姓氏的首个字母。实际上 awk 的确拥有自己的语言: awk 程序设计语言,三位创建者已将它正式定义为"样式扫描和处理语言"。它允许创建简短的程序,这些程序读取输入文件、为数据排序、处理数据、对输入执行计算以及生成报表,还有无数其他的功能。

awk 命令的基本语法如下。

```
awk  [选项][脚本]文件名
```

在默认情况下,awk 会将如下变量分配给它在文本行中发现的数据字段。

$0: 代表整个文本行。

$1: 代表文本行中的第 1 个数据字段。

$2: 代表文本行中的第 2 个数据字段。

$n: 代表文本行中的第 *n* 个数据字段。

前面说过,在 awk 中,默认的字段分隔符是任意的空白字符(例如空格或制表符)。在文本行中,每个数据字段都是通过字段分隔符划分的。awk 在读取一行文本时,会用预定义的字段分隔符划分每个数据字段。

awk 的强大之处在于脚本命令，它由规则和命令两部分组成：'匹配规则{执行命令}'。其中，匹配规则用来指定脚本命令可以作用到文本内容中的范围，可以使用字符串或者正则表达式指定。整个脚本命令是用单引号括起来的，而其中的执行命令部分需要用花括号括起来。如果没有指定执行命令，则默认会把匹配的行输出。如果没有指定匹配规则，则默认匹配文本中所有的行。

```
[root@localhost ~]#echo  "Hello world in Linux"  |  gawk  '{print  $0}'
Hello world in Linux
[root@localhost ~]#echo  "Hello world in Linux"  |  gawk  '{print  $1}'
Hello
[root@localhost ~]#echo  "Hello world in Linux"  |  gawk  '{print  $2}'
world
[root@localhost ~]#echo  "Hello world in Linux"  |  gawk  '{print  $4}'
Linux
```

2. cut 命令

cut 命令是一个将文本按列进行划分的文本处理工具。cut 命令逐行读入文本，然后按列划分字段并进行提取、输出等操作。cut 命令既可以用文件作为参数也可以接受标准输入。

cut 命令的基本语法如下。

```
cut  [选项]文件名
```

常用选项如下。

-b：仅显示行中指定直接范围的内容。

-c：仅显示行中指定范围的字符。

-d：指定字段的分隔符，默认的字段分隔符为 TAB。

-f：显示指定字段的内容。

-n：与-b 选项连用，不分割多字节字符。

下面 cut 将对如下文件内容进行分割处理，其中以空格为分隔符。

```
[root@localhost ~]#cat  >test.txt
11 Tom computer-science 100
12 Jack economic 98
13 Marry biology 99
14 Cherry mathematics 91
15 Jim chemistry 92
Ctrl+D
[root@localhost ~]#
```

首先提取文件 test.txt 中的人名，其中，-f 选项指定需要提取的字段编号，人名在第二列，所以是 -f 2；而用-d 选项设定定界符。

```
[root@localhost ~]#cut  -d  ''  -f  2  test.txt
Tom
Jack
Marry
Cherry
Jim
root@localhost ~]#cat  test.txt  |  cut  -d  ''  -f  2
Tom
Jack
Marry
Cherry
Jim
//上述两个操作的作用是一样的
```

-f 选项还支持提取多个字段。

(1) -f field_list，field_list 为字段列表，指定需要提取的字段。

(2) -f N-：指从第 N 个字段到行尾。

(3) -f N-M：指从第 N 个字段到第 M 个字段。

(4) -f -N：指从行首到第 N 个字段。

```
[root@localhost ~]#cat  test.txt  |  cut  -d  ''  -f  1,3
11 computer-science
12 economic
13 biology
14 mathematics
15 chemistry
```

cut 命令最常见的-f 选项按照字段分割文本，其实 cut 还支持按照字节或者字符分割文本，内容如下。

(1) -c：按字符分割。

(2) -b：按字节分割。例如需要输出文件每一行的前两个字符。

```
[root@localhost ~]#cat  test.txt  |  cut  -c 1-2
11
12
13
14
15
```

cut 的默认定界符是 TAB，但有些文件的定界符不是，此时可以用-d 选项设定。下面设定了定界符为冒号，因此 cut 可以解析用冒号分隔的各个字段。

```
[root@localhost ~]#echo 1:2:3:4 | cut -d ':' -f 2
2
```

5.3.6 重定向

大多数 Linux 系统命令从终端接受输入并将所产生的输出发送回到终端。一个命令通常从一个叫标准输入的地方读取输入，在默认情况下，这恰好就是终端。同样，一个命令通常将其输出写入标准输出，在默认情况下，这也是终端。

一般情况下，Linux 命令运行时都会打开三个文件。

(1) 标准输入文件(stdin)：stdin 的文件描述符为 0，默认从 stdin 读取数据。

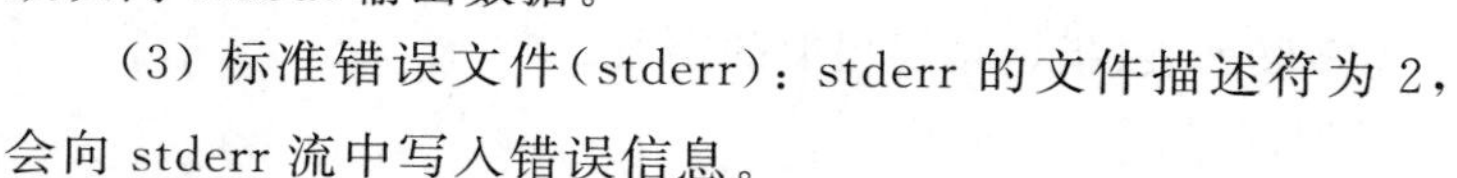

(2) 标准输出文件(stdout)：stdout 的文件描述符为 1，默认向 stdout 输出数据。

(3) 标准错误文件(stderr)：stderr 的文件描述符为 2，会向 stderr 流中写入错误信息。

在默认情况下，command > file 将 stdout 输出重定向到 file，command < file 将 stdin 输入重定向到 file。

(1) 输出重定向为>，允许将命令的输出结果保存到一个文件中，是指命令的结果不再输出到显示器上，而是输出到其他地方，一般是文件中。这样做的最大好处就是把命令的结果保存起来，当人们需要时可以随时查询。

(2) 输入重定向为<，就是改变输入的方向，不再使用键盘作为命令输入的来源，而是使用文件作为命令的输入。

1. 输出重定向

输出重定向是指命令的结果不再输出到显示器上，而是输出到其他地方，一般是文件中。这样做的最大好处就是把命令的结果保存起来，当人们需要时可以随时查询。

Bash 支持的输出重定向符号如表 5.2 所示。

表 5.2　Bash 支持的输出重定向符号

类　型	符　号	作　用
标准输出重定向	command >file	以覆盖的方式，把 command 的正确输出结果输出到 file 文件中
	command >>file	以追加的方式，把 command 的正确输出结果输出到 file 文件中
标准错误输出重定向	command 2>file	以覆盖的方式，把 command 的错误信息输出到 file 文件中
	command 2>>file	以追加的方式，把 command 的错误信息输出到 file 文件中

续表

类型	符号	作用
正确输出和错误信息同时保存	command >file 2>&1	以覆盖的方式,把正确输出和错误信息同时保存到同一个文件(file)中
	command >>file 2>&1	以追加的方式,把正确输出和错误信息同时保存到同一个文件(file)中
	command >file1 2>file2	以覆盖的方式,把正确的输出结果输出到file1文件中,把错误信息输出到file2文件中
	command >>file1 2>>file2	以追加的方式,把正确的输出结果输出到file1文件中,把错误信息输出到file2文件中
	command >file 2>file	(不推荐)这两种写法会导致file被打开两次,引起资源竞争,所以stdout和stderr会互相覆盖
	command >>file 2>>file	

请注意,输出重定向的完整写法其实是fd>file或者fd>>file,其中fd表示文件描述符,如果不写,默认为1,也就是标准输出文件。当文件描述符为1时,一般都省略不写,如表5.2所示;也可以将command >file写作command 1>file,但这样做是多此一举。

当文件描述符为大于1的值时,例如2,就必须写上。需要重点说明的是,fd和>之间不能有空格,否则Shell会解析失败;>和file之间的空格可有可无。为了保持一致,习惯在>两边都不加空格。

下面的语句是一个反面教材,请注意1和>之间存在一个或多个空格。

```
[root@localhost ~]#echo "hello world"  1 >log.txt
[root@localhost ~]#cat log.txt
hello world 1
```

我们的初衷是将输出结果重定向到log.txt,但是当你打开log.txt文件后,发现文件的内容为hello world 1,这就是多余的空格导致的解析错误。也就是说,Shell将该条语句理解成了下面的形式。

```
#echo "hello world"  1  1>log.txt
```

在使用输出重定向时,如果输出文件已经存在,则原文件中的内容将被删除。如果希望保留原文件中的内容,可以使用>>代替>,这样重定向输出的内容将追加写到原文件的后面。

```
[root@localhost ~]#echo  "hello world"  > log.txt
[root@localhost ~]#ls  -l  >> log.txt
[root@localhost ~]#cat  log.txt
hello world
总用量 88
```

```
drwxr-xr-x. 2 root root 4096 7月  26 18:57 公共
drwxr-xr-x. 2 root root 4096 7月  26 18:57 模板
drwxr-xr-x. 2 root root 4096 7月  26 18:57 视频
drwxr-xr-x. 2 root root 4096 7月  26 18:57 图片
drwxr-xr-x. 2 root root 4096 7月  26 18:57 文档
drwxr-xr-x. 2 root root 4096 7月  26 18:57 下载
drwxr-xr-x. 2 root root 4096 7月  26 18:57 音乐
drwxr-xr-x. 2 root root 4096 7月  26 18:57 桌面
...
```

命令正确执行是没有错误信息的,我们必须刻意地让命令执行出错,如下所示。

```
[root@localhost ~]#ls  linux
ls: 无法访问'linux': No such file or directory
[root@localhost ~]#ls  linux  2>err.log
[root@localhost ~]#cat  err.log
ls: 无法访问'linux': No such file or directory
```

可以把正确输出和错误信息同时保存到一个文件中,其中 out.log 的最后一行是错误信息,其他行都是正确的输出结果。

```
[root@localhost ~]#ls  -l  >out.log  2>&1
[root@localhost ~]#ls  linux  >>out.log  2>&1
[root@localhost ~]#tail  -n  3  out.log
drwxr-xr-x. 3 root root 4096 11月 16 16:45 testuser
-rw-r--r--. 1 root root  320 11月 16 09:54 user_passwd
ls: 无法访问'linux': No such file or directory
```

上面的操作中将正确结果和错误信息都写入同一个文件中,这样会导致视觉上的混乱,不利于以后的检索,所以建议大家把正确结果和错误信息分开保存到不同的文件中,即写成下面的形式,这样正确的输出结果会写入 out.log,而错误的信息则会写入 err.log。

```
[root@localhost ~]#ls  -l  >out.log  2>err.log
[root@localhost ~]#ls  linux  >>out.log  2>err.log
```

如果既不想把命令的输出结果和错误信息保存到文件,也不想把命令的输出结果和错误信息显示到屏幕上,干扰命令的执行,那么可以把命令的所有结果重定向到 /dev/null 文件中。大家可以把 /dev/null 当成 Linux 系统的垃圾箱,任何放入垃圾箱的数据都会被丢弃,不能恢复。

```
[root@localhost ~]#ls  linux  &>/dev/null
[root@localhost ~]#ls  linux  >/dev/null  2>&1
//这两个命令的作用是等价的
```

2. 输入重定向

输入重定向就是改变输入的方向，不再使用键盘作为命令输入的来源，而是使用文件作为命令的输入。Bash 支持的输入重定向符号如表 5.3 所示，与输出重定向类似，输入重定向的完整写法是 fd<file，其中 fd 表示文件描述符，如果不写，默认为 0，也就是标准输入文件。

表 5.3 Bash 支持的输入重定向符号

符号	说明
command <file	将 file 文件中的内容作为 command 的输入
command <<END	从标准输入(键盘)中读取数据，直到遇见分界符 END 才停止 (分界符可以是任意的字符串，用户自己定义)
command <file1 >file2	将 file1 作为 command 的输入，并将 command 的处理结果输出到 file2

如 3.5.2 节介绍的，Linux 系统的 wc 命令可以用来对文本进行统计，包括单词个数、行数、字节数。如果没有给出文件名，则从标准输入读取，按 Ctrl+D 组合键终止。下面操作中依次输入 abc、123、uiop 三行后输入<Ctrl+D>，wc 命令会显示刚才输入的行数为 3。

```
[root@localhost ~]#wc  -l
abc
123
uiop
<Ctrl+D>3

[root@localhost ~]#wc  -l
123456789
<Ctrl+D>1
```

下面使用输入重定向符号<<，这个符号的作用是使用特定的分界符作为命令输入的结束标志，而不使用 Ctrl+D 组合键。wc 命令会一直等待输入，直到遇见分界符 END 才结束读取。

```
[root@localhost ~]#wc  -l  <<END
> abc
> qwe
> 123
> xyz
> END
4
```

下面把/etc/passwd 文件作为 wc 命令的输入重定向，请比较下面两个操作的区别，第一个将文件名作为命令的一个参数,而第二个则把命令的输入重定向到了该文件。

```
[root@localhost ~]#wc  -l  /etc/passwd
51 /etc/passwd
[root@localhost ~]#wc  -l  < /etc/passwd
51
```

5.3.7 命令历史记录

Linux 系统在 Shell(控制台)中输入并执行命令时,Shell 会自动把命令记录到历史列表中,一般保存在用户目录下的.bash_history 文件中。默认保存 1000 条,也可以更改这个值。查看历史记录的命令为 history,例如,history 5 表示查看最近的 5 条命令。

```
[root@localhost ~]#history 5
726  ls
727  cd watch.txt
728  cat watch.txt
729  clear
730  history 15
```

上下箭头键:除查看命令历史记录外,还可以利用上下箭头键在命令历史记录中移动。此外,还可以对所选的命令进行编辑,可以使用感叹号。

(1) 命令!!:执行最近一次使用的命令。

```
[root@localhost ~]#ls
anaconda-ks.cfg  install.log.syslog  newdata     test.txt   公共的图片音乐
hjk.dat          list                sky.tar.qz  tst.txt    模板文件桌面
install.log      mydata              sun.tar.qz  watch.txt  视频下载
[root@localhost ~]#!!
ls
anaconda-ks.cfg  install.log.syslog  newdata     test.txt   公共的图片音乐
hjk.dat          list                sky.tar.qz  tst.txt    模板文件桌面
install.log      mydata              sun.tar.qz  watch.txt  视频下载
```

(2) 命令 !n:其中 n 为一个具体的数字,表示执行在命令历史记录中的第 n 个命令;参数 n 指定为 20 表示执行历史命令记录中的第 20 条命令。

```
[root@localhost ~]#!20
ping 192.168.133.254
connect: 网络不可达
```

(3) 命令!s:其中 s 为一个字符串,表示执行命令历史记录中以该字符串开头的最近的一个命令。

```
[root@localhost ~]#ls
anaconda-ks.cfg  install.log.syslog  newdata     test.txt   公共的图片音乐
hjk.dat          list                sky.tar.qz  tst.txt    模板文件桌面
install.log      mydata              sun.tar.qz  watch.txt  视频下载
[root@localhost ~]#!l
ls
anaconda-ks.cfg  install.log.syslog  newdata     test.txt   公共的图片音乐
hjk.dat          list                sky.tar.qz  tst.txt    模板文件桌面
install.log      mydata              sun.tar.qz  watch.txt  视频下载
```

5.4 Bash 的环境变量

Linux 是一个多用户的操作系统，每个用户登录系统后，都会有一个专用的运行环境。通常每个用户默认的环境都是相同的，这个默认环境实际上就是一组环境变量的定义。用户可以对自己的运行环境进行定制，其方法就是修改相应的系统环境变量。环境变量是一个具有特定名字的对象，通过使用环境变量，可以很容易地修改涉及一个或多个应用程序的配置信息。

环境变量是和 Shell 紧密相关的，用户登录系统后就启动了一个 Shell（对于 Linux 来说一般是 Bash）。环境变量是通过 Shell 命令来设置的，设置好的环境变量又可以被所有当前用户所运行的程序所使用。对于 Bash 这个 Shell 程序来说，可以通过变量名来访问相应的环境变量，也可以通过相应的命令来设置环境变量。

5.4.1 环境变量的概述与功能

所谓环境，就是各项 Shell 下的控制及设备，包括终端机类型、文件搜索路径、用户目录等。用户在 Shell 下执行程序时，有些程序会用到一些环境变量。登录系统时的工作之一就是在用户登录时就将个人的环境建立好。

登录用户 tom 主目录的环境变量为 HOME=/home/tom，环境变量的表示方法：$ 环境变量。切换到该用户主目录可以直接使用命令 cd $HOME。除了在每个进程都能调用的环境变量，Bash 也可以支持自定义变量，还可以设置只能在当前进程使用的私有变量。通过命令 env 和 export 查看常见环境变量及其定义说明（两者显示的内容是一样的，只是在格式上有所不同）。经常会使用到的环境变量包括：用户的主目录位置 HOME；用户的登录名称 LOGNAME；系统中从这个路径中搜索可执行文件 PATH；指定当前搜索路径 PWD；指定用户当前所使用的终端 SHELL；指定终端的显示语言 LANG 等。除了 env 命令，还可以通过命令 set 显示用户的局部变量和用户环境变量，显然 env 命令的显示结果是 set 命令的一个子集。

```
[root@localhost ~]#env
ORBIT_SOCKETDIR=/tmp/orbit-root
HOSTNAME=localhost
IMSETTINGS_INTEGRATE_DESKTOP=yes
GPG_AGENT_INFO=/tmp/keyring-2EgGrg/gpg:0:1
TERM=xterm
SHELL=/bin/bash
XDG_SESSION_COOKIE=769d3bd033fb8e6443dc98d000000015-1486436144.127827-93711990
HISTSIZE=1000
WINDOWID=46137347
GNOME_KEYRING_CONTROL=/tmp/keyring-2EgGrg
QTDIR=/usr/lib/qt-3.3
QTINC=/usr/lib/qt-3.3/include
IMSETTINGS_MODULE=IBus
USER=root
LS_COLORS=rs=0:di=01;34:ln=01;36:mh=00:pi=40;33:so=01;35:do=01;35:bd=40;33;01:cd=40;33;01:or=40;31;01:mi=01;05;37;41:su=37;41:sg=30;43:ca=30;41:tw=30;42:ow=34;42:st=37;44:ex=01;32:*.tar=01;31:*.tgz=01;31:*.arj=01;31:*.taz=01;31:*.lzh=01;31:*.lzma=01;31:*.tlz=01;31:*.txz=01;31:*.zip=01;31:*.z=01;31:*.Z=01;31:*.dz=01;31:*.gz=01;31:*.lz=01;31:*.xz=01;31:*.bz2=01;31:*.tbz=01;31:*.tbz2=01;31:*.bz=01;31:*.tz=01;31:*.deb=01;31:*.rpm=01;31:*.jar=01;31:*.war=01;31:*.ear=01;31:*.sar=01;31:*.rar=01;31:*.ace=01;31:*.zoo=01;31:*.cpio=01;31:*.7z=01;31:*.rz=01;31:*.jpg=01;35:*.jpeg=01;35:*.gif=01;35:*.bmp=01;35:*.pbm=01;35:*.pgm=01;35:*.ppm=01;35:*.tga=01;35:*.xbm=01;35:*.xpm=01;35:*.tif=01;35:*.tiff=01;35:*.png=01;35:*.svg=0
```

5.4.2 变量的设置与取消

📖操作演示
变量的设置与取消

1. 变量的显示：echo

```
[root@localhost ~]#echo $PATH
/usr/local/arm/4.3.1-eabi-armv6/usr/bin/:/usr/local/cross-tool/4.3.1-eabi-armv6/usr/bin/:/usr/local/arm/4.3.1-eabi-armv6/usr/bin/:/usr/lib/qt-3.3/bin:/usr/lib/ccache:/usr/local/sbin:/usr/sbin:/sbin:/usr/local/bin:/usr/bin:/bin:/root/bin:/root/bin:/root/bin
[root@localhost ~]#echo $LANG
zh_CN.UTF-8
```

2. 变量的设置

```
[root@localhost ~]#money=5000
[root@localhost ~]#echo  $money
5000
[root@localhost ~]#words="hello world"
[root@localhost ~]#echo  $words
hello world
```

变量的设置规则总结如下。

(1) 变量与变量内容之间用等号连接,并且连接的两边不能有空格。

```
[root@localhost ~]#var  =  123
bash: var: 未找到命令…
```

(2) 变量名称只有是英文字母和数字,并且开头不能为数字。

```
[root@localhost ~]#3var="123"
bash: 3var=123: 未找到命令…
```

(3) 变量内容里要引用其他变量用"$变量名称"或者"${变量名称}",同时也可以在原有变量内容的基础上继续累积。

```
[root@localhost ~]#mylang=$LANG
[root@localhost ~]#echo $mylang
zh_CN.UTF-8
// $后面加不加{}均可

[root@localhost ~]#mylang="$mylang""_123"
[root@localhost ~]#echo $mylang
zh_CN.UTF-8_123
```

(4) 如果变量内容里面包括空格之类的特殊字符,用单引号或者双引号将变量内容结合起来,其中双引号会保持特殊字符的原始属性,单引号将特殊字符处理为一般字符。

```
[root@localhost ~]#var1="lang is $LANG"
[root@localhost ~]#var2='lang is $LANG'
[root@localhost ~]#echo  $var1
lang is zh_CN.UTF-8
[root@localhost ~]#echo  $var2
lang is $LANG
//注意区分双引号和单引号的区别
```

(5) 倒引号`(键盘上方数字键1左边的符号)的作用是先执行其中的命令,并把命令结果赋值给对应的变量;当然也可以采用 $()，两者的作用是一样的。

```
[root@localhost ~]#version=`uname -r`
[root@localhost ~]#echo $version
4.18.16-300.fc29.x86_64

[root@localhost ~]#version2=$(uname -r)
[root@localhost ~]#echo $version2
4.18.16-300.fc29.x86_64
```

(6) 可用转义字符"\",将特殊字符转义成一般字符。

```
[root@localhost ~]#version1="Red Hat $(uname -r)"
[root@localhost ~]#echo $version1
Red Hat 4.18.16-300.fc29.x86_64
[root@localhost ~]#version2='Red Hat $(uname -r)'
[root@localhost ~]#echo $version2
Red Hat $(uname -r)
[root@localhost ~]#version3="Red Hat \$(uname -r)"
[root@localhost ~]#echo $version3
Red Hat $(uname -r)
//可以看到虽然在双引号里面,但是加了一个转义字符,就使得$变成一般字符
```

(7) 用 export 来使自定义变量变成环境变量。

```
[root@localhost ~]#export  version1
//变量 version1 经过 export 之后,在当前窗口环境下会一直有效,具体会在 5.5 节中进行验证
```

3. 变量的取消:unset。

```
[root@localhost ~]#unset var1
[root@localhost ~]#echo $var1

//var1 中没有内容存在,表明该变量已经被取消
```

5.4.3 Bash 的环境配置文件

Linux 的变量种类按变量的生存周期来划分,可分为两类。

(1) 永久的:需要修改配置文件,修改后变量将永久生效。

(2) 临时的:使用 export 命令声明即可,变量在关闭 Shell 时失效。

只有把环境变量放入配置文件中,才能每次开机自动生效。Linux 系统中有五类环

境变量配置文件。

(1) /etc/profile：当一个用户登录 Linux 系统或使用 su -命令切换到另一个用户时，也就是 Login shell 启动时，首先要确保执行的启动脚本就是/etc/profile。一些重要的变量就是在这个脚本文件中设置。

(2) /etc/profile.d/ *.sh：存储的是一些应用程序所需的启动脚本，这些脚本文件之所以能够被自动执行，是因为在/etc/profile 中使用一个 for 循环语句来调用这些脚本。而这些脚本文件是用来设置一些环境变量和运行一些初始化过程。

(3) /etc/bashrc：该文件主要设置指令别名等 Shell 功能。

(4) ～/.bash_profile：在该用户登录时自动执行。

(5) ～/.bashrc：在该用户启动 Shell 时自动执行。

etc 目录内环境变量配置文件对所有用户有效，～开头的只对当前用户有效。可以通过 **#source 配置文件**，让该配置文件直接生效，而不用注销或重新登录。

设置环境变量的三种方法如下。

(1) 在/etc/profile 文件中添加变量“对所有用户生效(永久的)”。

用 vim 编辑器在文件/etc/profile 文件中增加变量，该变量将会对 Linux 下的所有用户有效，并且是“永久的”。

例如，编辑/etc/profile 文件，添加 CLASSPATH 变量。

```
#vim/etc/profile
export CLASSPATH=./$HOME/lib;$HOME/jre/lib
```

注意：修改文件后运行# source /etc/profile，之后任何登录的用户下该变量会永久有效。

(2) 在用户目录下的.bash_profile 文件中增加变量“对单一用户生效(永久的)”。

例如，编辑 test 用户目录(/home/test)下的.bash_profile。

```
#vim/home/test/.bash.profile
```

添加如下内容。

```
export CLASSPATH2=./$HOME/lib;$HOME/jre/lib
```

注意：修改文件后要想马上生效还要运行# source /home/test/.bash_profile，否则只能在下次重进此用户时生效。

(3) 直接运行 export 命令导出变量“只对当前 Bash 有效(临时的)”。

该变量只在当前的 Bash 的终端环境下是有效的，终端关闭了，变量也就失效了，再打开新的终端时就没有这个变量，如果需要使用还需要重新定义。

5.5 实验手册

1. Shell 的相关的两个配置文件

第一个配置文件说明了系统所支持的 Shell 版本。

```
[root@localhost ~]#cat /etc/shells
/bin/sh
/bin/bash
/sbin/nologin
```

可以通过下面命令看到,当前实验环境中 sh 其实是 Bash 的链接文件。

```
[root@localhost ~]#ll /bin/ * sh
-rwxr-xr-x  1 root root 877480  6月 22 2010 /bin/bash
-rwxr-xr-x  1 root root 102408  6月 21 2010 /bin/dash
lrwxrwxrwx. 1 root root      4 12月  8 2011 /bin/sh -> bash
/* 此命令能显示相关 Shell,可以看到 sh 已经是 Bash 的一个链接文件,因为 Bash 是 sh 的兼容扩展 */
```

第二个配置文件给出了每个用户登录系统后所启用的 Shell 版本(最后一列),可以看到超级用户 root 所对应的 Shell 版本为我们所介绍的 Bash。

```
[root@localhost ~]#more /etc/passwd
root:x:0:0:root:/root:/bin/bash
bin:x:1:1:bin:/bin:/sbin/nologin
daemon:x:2:2:daemon:/sbin:/sbin/nologin
…
```

2. 重定向

```
[root@localhost ~]# cat /proc/cpuinfo > test.txt ; cat /proc/meminfo >>
test.txt
[root@localhost ~]#more test.txt
…
//此命令将 cpuinfo 文件的内容重定向到 test.txt 中
```

3. 查看 Bash 的内置命令

```
[root@localhost ~]#type -t  rm
alias
[root@localhost ~]#type -t  pwd
builtin
[root@localhost ~]#type -t  touch
file

//在这里要注意 file、alias、builtin 三者之间的区别
```

4. 学习通配符

理解并验证以下各操作所想达到的目的。

```
[root@localhost ~]#touch 1.txt a1.txt aa.txt abb.txt
[root@localhost ~]#touch  bbb.date abz.dd abc abc.123
[root@localhost ~]#ls -l [0-9] *
-rw-r--r-- 1 root root 0  2月  7 20:34 1.txt
[root@localhost ~]#ls -l [a-z] * .txt
-rw-r--r-- 1 root root    0  2月  7 20:34 a1.txt
-rw-r--r-- 1 root root    0  2月  7 20:34 aa.txt
-rw-r--r-- 1 root root    0  2月  7 20:34 abb.txt
-rw-r--r-- 1 root root 1957  2月  7 19:58 test.txt
-rw-r--r-- 1 root root    0  2月  5 05:01 tst.txt
-rw-r--r-- 1 root root  183  2月  6 19:18 watch.txt
[root@localhost ~]#ls -al * .??
-rw-r--r-- 1 root root 0  2月  7 20:34 abz.dd
-rw-r--r-- 1 root root 0  2月  6 19:12 sky.tar.qz
-rw-r--r-- 1 root root 0  2月  6 19:12 sun.tar.qz
[root@localhost ~]#ls * [a][b] *
abb.txt  abc  abc.123  abz.dd
[root@localhost ~]#ls ab[!z] *
abb.txt  abc  abc.123
[root@localhost ~]#ll abc *
-rw-r--r-- 1 root root 0  2月  7 20:34 abc
-rw-r--r-- 1 root root 0  2月  7 20:34 abc.123
[root@localhost ~]#rm -f a * .txt
[root@localhost ~]#rm -f * . *
```

部分命令操作解释如下。

ls [0-9] * 显示的是前面含有 0～9 这十个数字的文件。

ls [a-z] * .txt 显示的是.txt 前面是含有 a～z 这 26 个字母的文件。

ls * .?? 显示的是前缀是任意字符,后缀含有两个字符的文件。

ls ab[! z] * 显示的是前缀中第一个和第二个字符是 ab 第三个字符不是 z 的任意文件。

Ll abc * 显示的是开头含有 abc 的任意文件。

rm -f a * .txt 表示的是删除第一个字母为 a 的.txt 文件。

5. 命令别名

```
[root@localhost ~]#alias
...
//显示所有当前的别名
```

```
[root@localhost ~]#alias lm='ls -al'
[root@localhost ~]#ls -al
总用量 200
...

[root@localhost ~]#lm
总用量 200
...
//可以确认上面这两个命令的显示结果是一样的
```

下面我们对命令 rm 进行别名操作。

```
[root@localhost ~]#touch aaa; rm aaa
rm:是否删除普通空文件 "aaa"?
//显示提示,询问是否删除,说明 rm 命令后面实际上是接参数 -i

[root@localhost ~]#alias rm='rm -f'
[root@localhost ~]#touch aaa
[root@localhost ~]#rm aaa
//此时不再提示,直接删除

[root@localhost ~]#unalias lm
[root@localhost ~]#alias
alias cp='cp -i'
...
//从 alias 命令中可以看出,其中已经不包含 lm 命令,其已经被 unalias 取消,报错

[root@localhost ~]#lm
命令未找到。
...
```

6. gawk 和 cut 命令

显示空格分隔的一个字符串的第二列内容。

```
[root@localhost ~]#echo  "1 2 3 4"  |  gawk  '{print $2}'
2
[root@localhost ~]#echo  "1 2 3 4"  |  cut -d ' '  -f 2
2
```

7. 管道的再学习

下面需要对文件 test.txt 的内容进行排序去重后输出为 test2.txt。

首先看一下不用管道的操作过程。

```
[root@localhost ~]#cat /proc/meminfo /proc/cpuinfo>test.txt
[root@localhost ~]#less test.txt
...
//对 test.txt 中的内容按字典序排序
[root@localhost ~]#sort test.txt>test_sort.txt
[root@localhost ~]#less test_sort.txt
...
[root@localhost ~]#uniq test_sort.txt>test_uniqed.txt
[root@localhost ~]#less test_uniqed.txt
...
```

利用管道时一条语句可实现以上的功能。

```
[root@localhost ~]#cat  /proc/meminfo  /proc/cpuinfo  | sort  |  uniq  >
test2.txt
```

8. 历史记录

```
[root@localhost ~]#history
...
[root@localhost ~]#history  30> history.txt
...
```

9. 问题：需要获取当前机器的 IP 地址(如 ens33 是 192.168.134.133)并进一步获取 IP 的网段前缀(192.168.134)

```
[root@localhost ~]#ifconfig ens33
ens33: flags=4163<UP,BROADCAST,RUNNING,MULTICAST>  mtu 1500
        inet 192.168.134.133  netmask 255.255.255.0  broadcast 192.168.134.255
        inet6 fe80::61df:e578:3f55:118a  prefixlen 64  scopeid 0x20<link>
        ether 00:0c:29:0f:e5:55  txqueuelen 1000  (Ethernet)
        RX packets 7662  bytes 10658019 (10.1 MiB)
        RX errors 0  dropped 0  overruns 0  frame 0
        TX packets 3492  bytes 226456 (221.1 KiB)
        TX errors 0  dropped 0 overruns 0  carrier 0  collisions 0

[root@localhost ~]#ifconfig  ens33  |  grep  "netmask"
        inet 192.168.134.133  netmask 255.255.255.0  broadcast 192.168.134.255
[root@localhost ~]#ifconfig  ens33 |  grep "netmask"  | gawk  '{print $1}'
inet
```

```
[root@localhost ~]#ifconfig  ens33 |  grep "netmask"  | gawk  '{print $2}'
192.168.134.133
[root@localhost ~]#ifconfig  ens33 |  grep "netmask"  | gawk  '{print $2}'  |
                 cut  -c1-11
192.168.134
```

10. env 查看常见环境变量说明

```
[root@localhost ~]#env
ORBIT_SOCKETDIR=/tmp/orbit-root
HOSTNAME=localhost
IMSETTINGS_INTEGRATE_DESKTOP=yes
GPG_AGENT_INFO=/tmp/keyring-2EgGrg/gpg:0:1
TERM=xterm
SHELL=/bin/bash
...
```

11. set 查看所有变量

```
[root@localhost ~]#set
BASH=/bin/bash
BASHOPTS = checkwinsize: cmdhist: expand _ aliases: extquote: force _ fignore:
hostcomplete:interactive_comments:progcomp:promptvars:sourcepath
...
```

12. 环境变量的显示

```
[root@localhost ~]#echo $PATH
/usr/local/arm/4.3.1-eabi-armv6/usr/bin/:/usr/local/cross-tool/4.3.1-eabi
-armv6/usr/bin/:/usr/local/arm/4.3.1-eabi-armv6/usr/bin/:/usr/lib/qt-3.3/
bin:/usr/lib/ccache:/usr/local/sbin:/usr/sbin:/sbin:/usr/local/bin:/usr/
bin:/bin:/root/bin:/root/bin:/root/bin

[root@localhost ~]#echo $HOME
/root
[root@localhost ~]#cd $HOME
[root@localhost ~]#mkdir -p  $HOME/testbash
[root@localhost ~]#cd $HOME/testbash
[root@localhost testbash]#pwd
/root/testbash
```

13. 变量的设置：注意等号两边不能有空格

```
[root@localhost ~]#var1="lang is $LANG"
[root@localhost ~]#var2='lang is $LANG'
[root@localhost ~]#echo $var1
lang is zh_CN.UTF-8
[root@localhost ~]#echo $var2
lang is $LANG
```

通过 set 和 env 命令查看上述两个变量是否存在。

```
[root@localhost ~]#set |grep var1
var1='lang is zh_CN.UTF-8'
//应该有 var1,因为 set 包含了所有变量

[root@localhost ~]#env |grep var1
//没有该变量的显示,因为 env 只包含环境变量
```

14. 变量的取消

```
[root@localhost ~]#unset var2
[root@localhost ~]#echo $var2

//应该没有定义 var2

[root@localhost ~]#echo $var1
lang is zh_CN.UTF-8
[root@localhost ~]#unset  var1
[root@localhost ~]#echo  $var1

//var1 此时应该也取消,没有定义
```

15. 变量 export 全局导出：注意仅在当前终端下有效

```
[root@localhost ~]#var1="dir is $HOME"
[root@localhost ~]#var2='dir is $HOME'
[root@localhost ~]#export  var1
//只导出变量 var1

[root@localhost ~]#env  |grep var1
var1=dir is /root
//可以看到此时变量 var1 在 env 中已经存在,说明该变量在当前终端已经是全局变量
```

```
[root@localhost ~]#env  |grep var2
//var2 因为没有被导出,所以还是局部变量,在 env 中看不到

[root@localhost ~]#su  test
//之前需要新建一个用户 test,参见 3.3.3 节图 3.7 创建

[root@localhost ~]#echo $var1
dir is /root
//因为导出后只要在当前终端下无论怎么切换用户,该变量仍然有效

[root@localhost ~]#echo $var2

//var2 此时已经没有了定义,因为用户切换后局部变量就不再有效

//关闭当前终端, 再打开一个终端
[root@localhost ~]#echo $var1

[root@localhost ~]#echo $var2

//在新终端下,这两个变量应该均为空,因为 export 导出的变量仅在当前终端下有效
```

16. 环境变量的配置文件

```
[root@localhost testbash]#uname  -r
4.18.16-300.fc29.x86_64
[root@localhost testbash]#version=`uname  -r`
//注意是倒引号

[root@localhost testbash]#echo  $version
4.18.16-300.fc29.x86_64
```

关闭当前终端,再打开一个终端。

```
[root@localhost ~]#echo $version

//此命令运行结果应该为空,因为是局部变量
```

下面通过配置文件的修改使得局部变量变为全局变量。

```
[root@localhost ~]#cd
[root@localhost ~]#cp .bash_profile .bash_profile.bak
[root@localhost ~]#vim .bash_profile
```

```
//在该文件的尾部编辑录入如下两行后保存退出
version=`uname -r`
export  version

[root@localhost ~]#cat  .bash_profile
#.bash_profile

#Get the aliases and functions
if [ -f ~/.bashrc ]; then
    . ~/.bashrc
fi

#User specific environment and startup programs

PATH=$PATH:$HOME/bin

export PATH

version=`uname -r`
export  version
//查看该配置文件内容,确认增添成功

//再打开一个终端
[root@localhost ~]#source .bash_profile
//让配置文件改动生效,也可以注销后重新登录让其生效

[root@localhost ~]#echo $version
4.18.16-300.fc29.x86_64
```

17. 命令别名的全局化

```
[root@localhost ~]#cd
[root@localhost ~]#touch aaa ; rm aaa
rm:是否删除普通空文件 "aaa"?

[root@localhost ~]#cp .bashrc .bashrc.bak
[root@localhost ~]#vim .bashrc
光标移动到 rm 行,将其修改为
  alias rm='rm -f'

[root@localhost ~]#cat  .bashrc
#.bashrc
```

```
#User specific aliases and functions

alias rm='rm -f'
alias cp='cp -i'
alias mv='mv -i'

#Source global definitions
if [ -f /etc/bashrc ]; then
    . /etc/bashrc
fi

[root@localhost ~]#source .bashrc
[root@localhost ~]#alias
alias cp='cp -i'
alias grep='grep --color=auto'
alias l.='ls -d .* --color=auto'
alias ll='ls -l --color=auto'
alias ls='ls --color=auto'
alias mv='mv -i'
alias rm='rm -f'
alias which='alias | /usr/bin/which --tty-only --read-alias --show-dot --
show-tilde'
[root@localhost ~]#touch aaa ; rm aaa
//此时，删除文件时不再有提示
```

5.6 本章小结

本章主要讲解了 vim 编辑器、Bash 和 Shell 之间的联系，Bash 的基本内容和环境变量。

vim 编辑器是 Linux 下常用的文本编辑处理器，熟练使用 vim 中的各种相关命令，会对接下的 Linux 下配置文件和代码的编辑起到非常大的作用。

Shell 是 Bash 的工具和接口，Shell 作为系统的用户界面，能够接收用户输入的命令并把它送入内核中执行。

Bash 的相关命令和环境变量的使用是本章的重点内容，本章对此部分及与此有关的命令做了较为详细的介绍，主要讲解了别名 alias、重定向、历史命令 history、命令补齐功能的 Tab 键、查看 Bash 的环境变量 env、查看所有变量的命令 set、变量的显示 echo，还有 Bash 的相关环境配置文件。

5.7 习题

一、知识问答题

1. 列举Linux系统的五个文本编辑软件。
2. 简述vi编辑器的工作模式。
3. 什么是Shell？Linux系统的Shell类型有哪几种？
4. 简述Bash中用到的如下符号的含义。

(1)；　(2)\　(3)*　(4)?　(5)[]　(6)|

5. 什么是管道？举例介绍管道文件怎么使用。
6. 简述awk命令和cut命令的功能。
7. Bash中有哪些重定向方式？
8. 简要介绍stdin、stdout以及stderr。
9. 简述比较Bash变量赋值时双引号、单引号、倒引号的区别？
10. 简述将变量与别名全局化的三种方式及其异同？
11. 有Shell提示符[root@localhost ~]$，每一部分各自表示什么含义？

二、命令操作题

1. vim如何在末行模式中删除test文档中10～20所有的行。
2. vim如何把文档中的50～100行的man改为MAN。
3. 删除/tmp下所有A开头的文件，删除/tmp下所有A开头的文件和子目录。
4. 使用echo和输出重定向创建文本文件/root/hello.txt，第一行内容是Linux，再追加第二行内容为Fedora。
5. 使用管道方式分页显示/var目录下的内容。
6. 使用一条命令获取本机IP地址(如192.168.23.89)。
7. 将系统最近运行的20条命令以追加写的方式重定向输出到文件/root/hello.txt。
8. 设置、显示、取消命令别名：将cat /proc/cpuinfo设置为别名catp，运行后再取消该别名。
9. 将命令别名全局化：将cat /proc/cpuinfo设置为别名catp，并让其在所有终端都生效。
10. 设置全局变量TIME，其值为当前系统的时间，顺序为“年月日时分”。

第 6 章　Shell 脚本编程

学习目标

(1) 掌握 Shell 命令行的运行。
(2) 掌握编写、修改权限和执行 Shell 程序的步骤。
(3) 在 Shell 程序中使用参数和变量。
(4) 熟练运用表达式比较、循环结构语句和条件结构语句。
(5) 在 Shell 程序中熟练使用函数和调用其他 Shell 程序。

在 Linux GUI 日益完善的今天，在系统管理等领域，Shell 编程仍然起着不可忽视的作用。从程序员的角度来看，Shell 本身是一种用 C 语言编写的程序；从用户的角度来看，Shell 是系统的用户界面，提供了用户与内核进行交互操作的一种接口。它接收用户输入的命令并把它送入内核去执行，用户既可以输入命令执行，又可以利用 Shell 脚本编程，完成更加复杂的操作。Shell 编程语言具有普通编程语言的很多特点，例如它也有循环结构和分支控制结构等，用这种编程语言编写的 Shell 程序与其他应用程序具有同样的效果。

6.1　Shell 脚本概述

对于一些简单的操作，可以直接通过在 Linux 命令行执行就可以了，例如列出文件命令 ls -l，但是有时人们需要完成的任务需要连续执行多条 Linux 命令，而且它们之间具有一定的执行逻辑，这时直接通过命令行输入就不是一种比较好的办法了。这时可以利用 Linux Shell 的语法编写脚本，主要的好处有两点：一方面可以编写复杂的执行逻辑，实现自动化；另一方面通用的脚本可以重复利用，而无须每次都手动编写命令。

Shell 脚本(Shell Script)是一种为 Shell 编写的脚本程序。Shell 脚本本质上就是一些文本文件，可以将一系列需要执行的命令写入其中，然后通过 Shell 来执行。Shell 脚本与 Windows/DOS 下的批处理相似，也就是将各类命令预先放入一个文件中，方便一次性执行的一个程序文件，主要是方便管理员进行设置或者管理等工作。

6.1.1　Shell 脚本的特点

简单地说，Shell 脚本就是一个包含若干行 Shell 或者 Linux 命令的文件。对于一次编写、多次使用的大量命令，就可以使用文件单独保存下来，以便日后使用。

通常 Shell 脚本以 sh 为扩展名。在编写 Shell 时，第一行一定要指明系统需要的 Shell 类型，如#!/bin/sh、#!/bin/bash、#!/bin/csh、#!/bin/tcsh 和#!/bin/ksh 等。

1. Shell 里的特殊字符

与其他编程语言一样，Shell 里也有特殊字符。常见的有美元符号($)、反斜线(\)和引号。

1) 美元符号

美元符号$表示变量替换，即用其后指定的变量的值来代替变量。

2) 双引号(")

由双引号括起来的字符，除$、倒引号(`)和反斜线(\)仍保留其特殊功能外，其余字符均作为普通字符对待。

3) 单引号(')

由单引号括起来的字符都作为普通字符出现。单引号和双引号唯一的区别就是，双引号内可以包含变量和命令替换，而单引号则不会解释这些。

4) 倒引号(`)

由倒引号括起来的字符串被 Shell 解释为命令行，在执行时，Shell 会先执行该命令行，并以它的标准输出结果取代整个倒引号部分。

Shell 中提供了两种引用字符，分别是反斜杠与单引号，它们可以使 Shell 中所有元字符失去其特殊功能，而还原其本意。常见的元字符如表 6.1 所示。

表 6.1 常见的元字符

元字符	描　　述	元字符	描　　述
;	命令分隔符	|	管道
&	后台处理 Shell 命令	<>	输入输出重定向
()	命令组，创建一个子 Shell	$	变量前缀
{}	命令组，但是不创建 Shell	* [] ?	用于文件名扩展的 Shell 通配符

2. Shell 脚本的注释

Shell 脚本和其他编程语言一样，也有注释。注释方法为在注释行前加#。

6.1.2 Shell 脚本的创建和执行

1. 创建 Shell 脚本

建立 Shell 脚本的步骤同建立普通文本文件的方式相同。

```
#vim ex1.sh
```

2. 执行 Shell 脚本

执行 Shell 脚本的常用方式基本上有两种。

(1) 以脚本名作为参数。

其一般形式如下。

```
#bash  脚本名[参数]
```

(2) 将 Shell 脚本的权限设置为可执行,然后在提示符下直接执行它。

```
#chmod  +x  test.sh
#./test.sh
```

请注意,这里一定要写成./test.sh,而不是 test.sh,运行其他二进制的程序也一样,直接写 test.sh,Linux 系统会去全局变量 PATH 里寻找有没有叫 test.sh 的,而只有/bin、/sbin、/usr/bin、/usr/sbin 等在 PATH 里,当前目录通常不在 PATH 里,所以写成 test.sh 会找不到命令,要用./test.sh 告诉系统就在当前目录找。通过这种方式运行 Bash 脚本,第一行一定要写对,好让系统查找到正确的解释器。

```
[root@localhost ~]#mkdir  -p  script ;  cd  script
[root@localhost script]#vim  hello.sh
#!/bin/bash

#This program shows "Hello World!" in your screen.

PATH=/bin:/sbin:/usr/bin:/usr/sbin:/usr/local/bin:/usr/local/sbin:~/bin
export PATH

echo "Hello world"
echo -e  "with -e  enable interpretation of backslash escapes! \n"
echo -n  "with -n  do not output the trailing newline!"

exit 0

[root@localhost script]#chmod +x  hello.sh
[root@localhost script]#./hello.sh
Hello world
with -e  enable interpretation of backslash escapes!

with -n  do not output the trailing newline![root@localhost script]#
[root@localhost script]#echo $?
0
```

在学习本章过程中请将所有脚本文件都放在 script 目录下，以便更好管理。下面对上面的 hello.sh 脚本进行简单介绍。

(1) #! /bin/bash 是在宣告这个脚本使用的 Shell 名称，因为我们使用的是 Bash，所以必须要以 #! /bin/bash 作为本章所有 Shell 脚本的第一行。

(2) 整个脚本代码中，除了第一行的 #! 是用来宣告 Shell 的之外，其他的 # 都是注释用途。

(3) 在脚本的主要程序开始之前，建议要将一些重要的环境变量配置好，一般包括 PATH 与 LANG，特别是 PATH 变量的重新扩展定义，使得脚本在运行时可以直接下达一些外部命令，而不必写绝对路径。本章下面的脚本均是在 script 目录下直接运行，且都没有调用具有相对路径属性的外部命令，所以把这部分都省略了，请大家注意辨析使用。

(4) 脚本的主要程序部分就是使用了三个 echo 命令进行相关内容的输出。通过具体的运行结果可以确认 echo 的参数使用：不加任何参数，输出该行后会换行；而加了-n 参数，则结尾不换行；-e 参数则会使得\n 发挥作用，所以会多打印一个空行。

(5) exit 命令使得脚本终止退出，并且回传一个数值给系统。exit 0 代表离开脚本并回传一个 0 给系统，所以运行完这个脚本后，若接着运行 echo $? 则可得到 0 的值。可以利用这个 exit n（n 是数字）的功能，分别定义不同的错误信息，使得系统更容易地了解脚本的执行结果。

6.2 Shell 变量与运算

在 Shell 中有三种变量：系统变量、环境变量和用户变量。其中系统变量在对参数判断和命令返回值判断时会使用；环境变量主要是在程序运行时需要设置；用户变量在编程过程中使用最多。

6.2.1 Shell 的变量设置

变量是指可存储数据的识别符。Shell 编程中，使用变量无须事先声明，同时变量名的命名须遵循如下规则。

(1) 首个字符必须为字母 a～z、A～Z。

(2) 中间不能有空格，可以使用下画线_。

(3) 不能使用标点符号。

(4) 不能使用 Bash 里的关键字(可用 help 命令查看保留关键字)。

(5) 变量外的花括号可加可不加，加花括号是为了帮助解释器识别变量边界。

Shell 中设置变量的方法具体包括以下五种方式。

(1) 直接设置变量值：如 # money=5000。

(2) 命令置换(倒引号)：如 # now=\`date\`。

(3) 直接将某环境变量赋值给一个普通变量：注意使用环境变量时要在其名称前面加上 $ 。Shell 脚本中常用的环

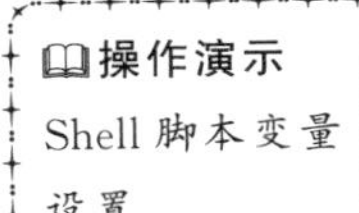

境变量包括 HOME(用户主目录)、LOGNAME(用户名)、PATH(查找命令的目录列表)、PWD、SHELL 等。

```
[root@localhost script] #vim  test_var.sh
#!/bin/bash

money=5000
echo "money = $money"

now=` date `
echo "now is $now"

my_lang=$LANG
echo "my lang is  $my_lang"

echo  "HOME  is  $HOME"
echo  "PWD  is  $PWD"
echo  "SHELL  is  $SHELL"
exit 0

[root@localhost script] #chmod +x  test_var.sh
[root@localhost script]#./test_var.sh
money = 5000
now is 2020 年 11 月 16 日星期六 15:44:54 CST
my lang  is  zh_CN.UTF-8
HOME  is  /root
PWD  is  /root/script
SHELL is  /bin/bash
```

(4) 由用户在程序运行过程中通过 read 交互输入。

```
[root@localhost script]#vim  test_read.sh
#!/bin/bash

read  -p  "Please input count= "  count
echo  "count = $count"
exit 0

[root@localhost script]#chmod  +x  test_read.sh
[root@localhost script ]#./test_read.sh
Please input count= 1000//光标停在=后面等待输入,输入以回车结束
//read 命令就会把输入的字符串赋值给 count 变量
count = 1000
```

（5）系统变量

当执行脚本文件时，可加一些系统变量参数传入脚本中。Shell 脚本中常用的系统变量并不多，但在做一些参数检测时十分有效，具体包括如下。

① $#：命令行参数的个数。

② $n：*n* 为数字。$1 表示第一个参数，$2 表示第二个参数，以此类推。

③ $0：当前程序的名称。

④ $?：前一个命令或函数的返回值。

⑤ $*：以"参数 1 参数 2 …"形式保存所有参数。

⑥ $@：以"参数 1" "参数 2" …形式保存所有参数。

⑦ $$：本程序的进程 ID 号(PID)。

⑧ $!：上一个命令的 PID。

```
[root@localhost script]#vim  test_args.sh
#!/bin/bash

echo "Num of args: $#"
echo "All args:$*"
echo "Program name: $0"
echo "1st args: $1"
echo "2nd args: $2"
echo "3rd args: $3"

exit 0
[root@localhost script]#chmod  +x  test_args.sh
[root@localhost script]#./test_args.sh   123 abc  3
Num of args: 3
All args: 123 abc 3
Program name: ./test_args.sh
1st args: 123
2nd args: abc
3rd args: 3
```

6.2.2 Shell 的运算

1. let 命令

Bash 中执行整数算术运算的命令是 let，其语法格式为

```
let arg …
```

其中，arg 是单独的使用 C 语言语法的算术表达式。例如：

```
#let  "j=i*6+2"
```

let命令的替代表示形式是：((算术表达式))。例如：

```
#((j=i*6+2))
```

请注意一定要是双括号。双括号的使用特点如下。

(1) 在双括号结构中，所有表达式可以像C语言一样，如((a＋＋))、((b－－))等。

(2) 在双括号结构中，所有变量可以不加入$前缀。

(3) 双括号内可以进行四则运算和逻辑运算。

(4) 双括号结构扩展了for、while、if条件测试运算。

(5) 支持多个表达式运算，各个表达式之间用，分开。

也可以连续使用运算，但不必重复使用let。例如：

```
#let  c=$i+$j,d=$i*2+$j
```

2. 运算符

Shell也有自己的运算符，其运算符和C语言基本类似。其运算符及结合方式如表6.2所示，优先级从上到下递减。

表6.2 运算符及结合方式

运算符	解释	结合方式
()、[]	括号、数组	由左向右
!、～、＋＋、－－	否定、按位否定、增量、减量	由右向左
*、/、%	乘、除、取模	由左向右
＋、－	加、减	由左向右
＜＜、＞＞	左移、右移	由左向右
＜、＜＝、＞＝、＞	小于、小于或等于、大于或等于、大于	由左向右
＝＝、!＝	等于、不等于	由左向右
&	按位与	由左向右
^	按位异或	由左向右
｜	按位或	由左向右
&&	逻辑与	由左向右
｜｜	逻辑或	由左向右
?	条件	由右向左
,	逗号(顺序)	由左向右

请注意，只有使用$((算术表达式))形式才能返回表达式的值，例如：

```
[root@localhost script]#echo  "((12 * 9))"
((12 * 9))
[root@localhost script]#echo  "$((12 * 9))"
108
```

下面的脚本中完成两个整数的四则运算。

```
[root@localhost script]#vim  test_num.sh
#!/bin/bash


echo "Here  are  four  arithmetic  operations  for  two  numbers :"
read -p "Please input Num1: " num1
read -p "Please input NUm2: " num2

add=$(($num1+$num2))
subtract=$(($num1-$num2))
multiply=$(($num1 * $num2))
divide=$(($num1/$num2))


echo "$num1 + $num2 = $add"
echo "$num1 - $num2 = $subtract"
echo "$num1 *  $num2 = $multiply"
echo "$num1 / $num2 = $divide"

exit 0
[root@localhost script]#chmod  +x  *.sh
[root@localhost script]#./test_num.sh
Here  are  four  arithmetic  operations  for  two  numbers :
Please input Num1: 12
Please input NUm2: 3
12 + 3 = 15
12 - 3 = 9
12 * 3 = 36
12 / 3 = 4
```

6.2.3 Shell 的数组

Shell 支持一维数组(不支持多维数组),并且没有限定数组的大小。类似于 C 语言,数组元素的下标由 0 开始编号。获取数组中的元素要利用下标,下标可以是整数或算术表达式,其值应大于或等于 0。

1. 数组的定义

在 Shell 中，用括号来表示数组，数组元素用空格符号分开。

```
array_name=(value0 value1)
```

或者

```
array_name=(
value0
value1
)
```

或者

```
array_name[0]=value0
array_name[1]=value1
array_name[2]=value2
```

可以不使用连续的下标，而且下标的范围没有限制。

2. 读取数组中的元素

valuen= ${array_name[2]}会把数组的第三个元素的值赋值给变量。

使用@ 或 * 可以获取数组中的所有元素，例如 ${array_name[*]}和 ${array_name[@]}。

3. 获取数组长度

取得数组元素的个数：

length= ${#array_name[@]}或者 length= ${#array_name[*]}。

取得数组单个元素的长度：

lengthn= ${#array_name[n]}。

```
[root@localhost script]#vim  test_array.sh
#!/bin/bash

NAME[0]="Tom"
NAME[1]="Mary"
NAME[2]="ZhangSan"
NAME[3]="LiSi"
NAME[4]="WangWu"
echo "First Message: ${NAME[*]}"
echo "Second Message: ${NAME[@]}"

length=${#NAME[@]}
```

```
len3=${#NAME[2]}
echo "length of NAME is $length"
echo "3nd of NAME is ${NAME[2]} and the length is $len3"

exit 0

[root@localhost script]#chmod +x  test_array.sh
[root@localhost script]#./test_array.sh
First Message: Tom Mary ZhangSan LiSi WangWu
Second Message: Tom Mary ZhangSan LiSi WangWu
length of NAME is 5
3nd of NAME is ZhangSan and the length is 8
```

6.3 Shell 的流程控制

通常人们将一些命令写在一个文件中就算是一个 Shell 脚本了，但是如果需要执行更复杂的逻辑判断，就需要流程控制语句来支持。

6.3.1 分支结构：test 命令

如果要对程序流程进行分支处理，首先需要对条件进行判断，这时就需要使用 test 命令。test 命令被用来判断表达式并且产生返回值。

test 命令不会产生标准输出，因此必须通过其返回值来判断 test 的结果，如果表达式为真，返回值会为 0(TRUE)；如果表达式为假，返回值为 1(FALSE)。test 命令可对整数、字符串以及文件进行判断，其使用方法有如下两种形式。

(1) test expression

(2) [expression]

1. 整数

用于比较整数的关系运算符有-lt(小于)、-le(小于或者等于)、-gt(大于)、-ge(大于或者等于)、-eq(等于)、-ne(不等于)。

2. 字符串

用于字符串时，test 可用的关系运算符如下。

(1) -z string：如果 string 的长度为零，则为真。

(2) -n string：如果 string 的长度为非零，则为真。

(3) string1== string2：如果 string1 与 string2 相同，则为真。

(4) string1!=string2：如果 string1 与 string2 不同，则为真。

3. 文件

用于文件时，test 可用的关系运算符如下。

(1) -f file：如果文件存在并且是一个普通文件(不是目录或者设备文件)时为真。

(2) -s file：如果文件存在并且其字节数大于 0 时为真。

(3) -r file：如果文件存在并且是可读时为真。

(4) -w file：如果文件存在并且是可写时为真。

(5) -x file：如果文件存在并且是可执行时为真。

(6) -d directory：目录存在并且是个目录时为真。

6.3.2 分支结构：if 语句

if 语句是用来表示判断的最常用的一条语句。其语法结构分为三种。

1. if 结构

if 结构中 else 部分是可以缺省的。

```
if [expression]; then
    [EXPRESSIONS]
fi
```

2. if…else 结构

```
if [expression]; then
    [EXPRESSIONS 1]
else
    [EXPRESSIONS 2]
fi
```

3. if…elif…else 结构

```
if [expression];then
    [EXPRESSIONS 1]
elif [expression];then
    [EXPRESSIONS 2]
elif [expression];then
    [EXPRESSIONS 3 ]
…
else
    [EXPRESSIONS n]
fi
```

例 6-1 输入一个文件名，判断这个文件名是目录还是文件，如果两者都不是，则给出相应的提示。

【程序代码】

```
[root@localhost script]#vim  FileType.sh
#! /bin/bash
read -p "Please input the filename :" filename
fpath=$filename
if [ -d $fpath ]; then
    echo "$fpath is a directory."
elif [ -f $fpath ]; then
    echo "$fpath is a file."
else
    echo "$fpath is NOT a file or directory."
fi

exit 0
```

【运行结果】

```
[root@localhost script]#touch  1.txt
[root@localhost script]#chmod +x FileType.sh
[root@localhost script]#./FileType.sh
Please input the filename :1_txt
1_txt is NOT a file or directory.
[root@localhost script]#./FileType.sh
Please input the filename :1.txt
1.txt is a file.
[root@localhost script]#pwd
/root/script
[root@localhost script]#./FileType.sh
Please input the filename :/root/script
/root/script is a directory.
```

【代码分析】

作为Shell编程的第一个实例程序，有很多地方需要我们注意，下面以此程序为例，具体说明一下空格和双引号这两个符号在Shell编程中需要注意的问题。

(1) if [-d $fpath]; then

第一个值得注意的地方就是这条语句格式，具体为：

```
if(空格)[(空格)-d(空格) $fpath(空格)];(空格)then
```

上面所有空格都是必需的，特别要注意的是if与[之间一定要有一个空格。因为在Shell中这不是编码规范或风格的问题，而是语法问题。之后的其他流程控制结构也要采用同样的以空格分隔的语句格式。

（2）echo " $ fpath is a directory."

注意：在 Shell 中双引号与单引号有所不同的，虽然都能打印出字符串，但是双引号中的变量，会用其值来代替，而在单引号中则不会对变量求值。例如，在程序中输入：/root，则输出为“/root is a direstory.”。若改为“echo '$ fpath is a directory.';”，则无论输入的内容是什么目录都只会输出“ $ fpath is a directory.”。

例 6-2 根据输入的 YN 指示，给出相应的提示（Y 或 y 为 OK；N 或 n 为 No；若为其他字符，则给出不明确的提示）。

【程序代码】

```
[root@localhost script]#vim  yn.sh
#!/bin/bash

#除第一行#是用来声明 Shell 之外,其他的#都是批注用途

#利用交互式命令来输入 yn
read -p "Please input (Y/N): " yn
if [ "$yn" == "Y" ] || [ "$yn" == "y" ]; then
      echo "OK"
elif [ "$yn" == "N" ] || [ "$yn" == "n" ]; then
      echo "No"
else
      echo "I don't know what is your choice"
fi
exit 0
```

【运行结果】

```
[root@localhost script]#chmod +x yn.sh
[root@localhost script]#./yn.sh
Please input (Y/N): y
OK
[root@localhost script]#./yn.sh
Please input (Y/N): n
No
[root@localhost script]#./yn.sh
Please input (Y/N): yes
I don't know what is your choice
```

【代码分析】

（1）Shell 里面是不允许 if [" $ yn" == "Y" || " $ yn" == "y"]出现的，但是可以用双括号替代为 if [[" $ yn" == "Y" || " $ yn" == "y"]]。

（2）if…elif 结构可以与 6.3.3 节讲到的 case 结构相互替换。

例 6-3 判断奇偶数。

【程序代码】

```
[root@localhost script]#vim EvenOdd.sh
#!/bin/bash

echo "Enter The Number: "
read n

#num=$(expr $n % 2)
num=$(($n % 2))

if [ $num -eq 0 ];then
   echo "$n is an Even Number"
else
   echo "$n is an Odd Number"
fi

exit 0
```

【运行结果】

```
[root@localhost script]#chmod +x EvenOdd.sh
[root@localhost script]#./EvenOdd.sh
Enter The Number:
22
22 is an Even Number
[root@localhost script]#./EvenOdd.sh
Enter The Number:
11
11 is an Odd Number
```

【代码分析】

判断奇偶数的原则就是看是否能被 2 整除,可以通过上述代码中 num 的两种方式 expr 和两个小括号(如 # 注释所示)分别实现其功能,其中命令 expr 请具体参见 man expr。

6.3.3 分支结构:case 语句

除了 if 语句外,case 语句也是一个重要的分支语句。其含义和 C 语言中的 switch 语句相似。在 case 语句中,如果用户没有给程序提供所需要的匹配值,那么程序就找不到它所要匹配的对象,可以使用保留字符(*)来为此留一条后路,即提供一种默认情况,让程序在此执行一些必要的操作。

case 语句的格式如下所示。

```
case word in
condition1)
    [EXPRESSIONS 1]
    ;;
condition2)
    [EXPRESSIONS 2]
    ;;
    ...
*)
    [EXPRESSIONS n]
    ;;
esac
```

例 6-4 利用 case 选择，若输入 one、two、three 则分别给出 ONE、TWO、THREE 的提示输出，否则输出结果为 ERROR。

【程序代码】

```
[root@localhost script]#vim  case.sh
#!/bin/bash
read  -p  "Input your choice: " choice
case $choice in
    "one")
        echo "Your choice is ONE"
        ;;
    "two")
        echo "Your choice is TWO"
        ;;
    "three")
        echo "Your choice is THREE"
        ;;
    *)
        echo "ERROR"
        ;;
esac

echo  "Quit!"
exit 0
```

【运行结果】

```
[root@localhost script]#chmod +x case.sh
[root@localhost script]#./case.sh
```

```
Input your choice: one
Your choice is ONE
Quit!
[root@localhost script]#./case.sh
Input your choice: two
Your choice is TWO
Quit!
[root@localhost script]#./case.sh
Input your choice: three
Your choice is THREE
Quit!
[root@localhost script]#./case.sh
Input your choice: four
ERROR
Quit!
```

【代码分析】

这段代码很容易阅读，因为它去掉了重复的 elif。当然，只要实际需要还可以加入更多可能的值。实际上 case 语句使得程序像流水线一样，让人很容易看懂。但是，在使用 case 语句时，必须记住以下几点。

(1) 程序要匹配的值必须包含一个或多个字符。

(2) 可以用一个变量或值作为程序要匹配的值。

(3) 一个变量或值的右边必须以闭括号")"结尾。

例 6-5 实现两个整数的四则运算，具体如下。

操作演示 两个数的四则运算

(1) 交互式输入三个参数(两个整数和一个四则运算符) num1 flag num2。

(2) 针对 flag 为加减乘除四种符号分别对这两个数进行运算，并输出运算结果。

(3) 如果 flag 不是这些运算符则输出 error flag。

【程序代码】

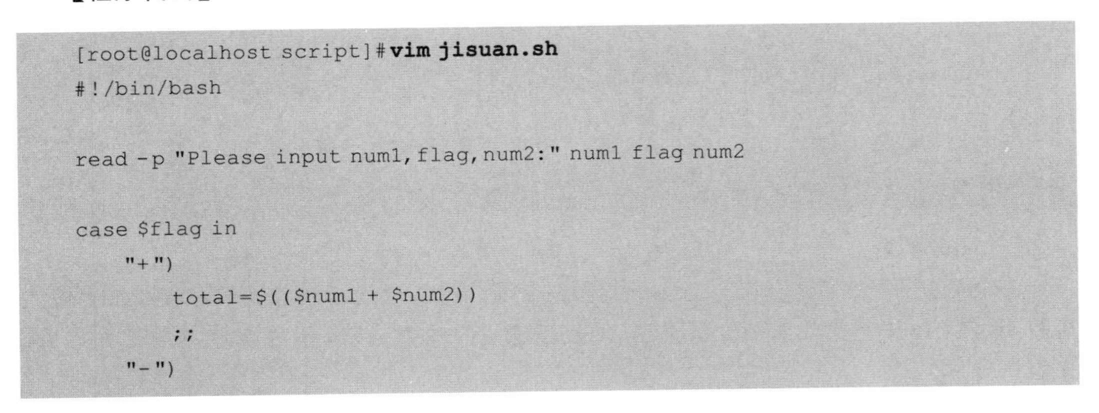

```
[root@localhost script]#vim jisuan.sh
#!/bin/bash

read -p "Please input num1,flag,num2:" num1 flag num2

case $flag in
    "+")
        total=$(($num1 + $num2))
        ;;
    "-")
```

```
        total=$(($num1 - $num2))
        ;;
    "*")
        total=$(($num1 * $num2))
        ;;
    "/")
        total=$(($num1 / $num2))
        ;;
    *)
        total="ERROR"
        ;;
esac

echo "$num1 $flag $num2 = $total"
exit 0
```

【运行结果】

```
[root@localhost script]#chmod  +x  jisuan.sh
[root@localhost script]#./jisuan.sh
Please input num1,flag,num2:10  +  2
10 + 2 = 12
[root@localhost script]#./jisuan.sh
Please input num1,flag,num2:12  -  14
12 - 14 = -2
[root@localhost script]#./jisuan.sh
Please input num1,flag,num2:3  *  8
3 * 8 = 24
[root@localhost script]#./jisuan.sh
Please input num1,flag,num2:20  /  3
20 / 3 = 6
[root@localhost script]#./jisuan.sh
Please input num1,flag,num2:2  &  4
2 & 4 = ERROR
[root@localhost script]#./jisuan.sh
Please input num1,flag,num2:1.0  + 3.4
./sijuan.sh:行 7: 1.0 + 3.4: 语法错误: 无效的算术运算符 (错误符号是 ".0 + 3.4")
1.0 + 3.4 =
```

【代码分析】

本例题是基于 case 语句实现两个整数的四则预算，从运行结果可以看到，如果输入小数，虽然 Shell 能自动识别变量类型，但是不能进行小数，或者说是浮点数的计算，那么该怎么办呢？

在 2.3 节给大家介绍了一个 bc 计算器，可以通过这个计算器来实现两个小数的计算。在脚本中使用 Shell 内置的 bc 计算器，例如：

```
[root@localhost script]#i=5.5
[root@localhost script]#j=6.5
[root@localhost script]#echo  "$i+$j"  | bc
12.0
```

使用 echo 表达式，输出计算表达式，并使用管道，将表达式输入到 bc 计算器，便可实现小数的运算。请注意下面 jisuan2.sh 的变量 total 的赋值语句使用的是倒引号``。

```
[root@localhost script]#vim jisuan2.sh
#!/bin/bash

read -p "Please input num1,flag,num2:" num1 flag num2

total=`echo "$num1  $flag  $num2"  |  bc  `

echo "$num1 $flag $num2 = $total"

exit 0

[root@localhost script]#chmod  + x  jisuan2.sh
[root@localhost script]#./jisuan2.sh
Please input num1,flag,num2:1.0 + 3.4
1.0 + 3.4 = 4.4
[root@localhost script]#./jisuan2.sh
Please input num1,flag,num2:3.4 / 2.3
3.4 / 2.3 = 1
[root@localhost script]#./jisuan2.sh
Please input num1,flag,num2:12.3 *  2.1
12.3 * 2.1 = 25.8
[root@localhost script]#./jisuan2.sh
Please input num1,flag,num2:1.0 - 3.4
1.0 - 3.4 = -2.4
[root@localhost script]#./jisuan2.sh
Please input num1,flag,num2:1.0 a  3.4
(standard_in) 1: syntax error
1.0 a 3.4 =
//因为算式不合法,bc 报错输出
```

6.3.4 循环结构：for 语句

for 语句是常用的循环语句，其格式如下所示。

```
for NAME [in LIST ];
do
    [EXPRESSIONS];
done
```

例 6-6　利用 for 循环求 1～100 的和。

【程序代码】

```
[root@localhost script]#vim  sum1.sh
#!/bin/bash
sum=0

for i in `seq 100`
#for (( i=1; i<=100; i=i+1))
do
    sum=$(($sum+$i))
    #sum=`expr $sum + $i`
done

echo "The 1+…+100 result is $sum"

exit 0
```

【运行结果】

```
[root@localhost script]#chmod +x sum1.sh
[root@localhost script]#./sum1.sh
The 1+…+100 result is 5050
```

【代码分析】

(1) 程序中的 for 语句用到了命令 seq(print a sequence of numbers),大家可通过 man seq 学习该命令的详细用法。当前 for 语句也可以如注释所示,改写为 for ((i=1; i<=100; i=i+1)),这样更能清楚 i 的变化。

(2) 在实现变量自增时,还可以采取以下几种办法。

① i=`expr $i + 1`。

② let i+=1。

③ ((i++))。

④ i=$[$i+1]。

⑤ i=$(($i + 1))。

(3) 语句 sum=$(($sum+$i))实现从 1 到 100 的求和。这个语句可以如注释所示更改为 sum=`expr $sum + $i`。

6.3.5 循环结构：while 语句和 until 语句

除了 for 语句以外，还有两个语句可以执行循环，即 while 语句和 until 语句，一般在事先不知道循环体的执行次数时采用这两个循环结构。

while 循环和 until 循环的语法格式类似，具体如下所示。

```
while CONTROL-COMMAND;
do
    [EXPRESSIONS]
done

until  TEST-COMMAND;
do
    [EXPRESSIONS]
done
```

例 6-7 利用 while 循环求解 100 内整数的和。

【程序代码】

```
[root@localhost script]#vim  sum2.sh
#!/bin/bash
i=0
sum=0
#循环控制条件
while [ "$i" != "100" ]
do
    i=$(($i+1))
    sum=$(($sum+$i))
done
echo "The 1+…+100 result is $sum"
exit 0
```

【运行结果】

```
[root@localhost script]#chmod  +x  sum2.sh
[root@localhost script]#./sum2.sh
The 1+…+100 result is 5050
```

【代码分析】

(1) 通过 while ["$i" !="100"]语句，来控制循环的进行。当 i 增加到 100 时，退出循环。因为只有当 while 循环条件为真时，才会进入循环体。

(2) while 语句可用 for 语句进行替换，例如：

```
for((i=1;i<100;i++))
```

如果需要重复执行某一组指令,且条件是真,就可以使用 while 循环。当程序遇到一个 while 循环时,首先检测它的条件,询问它"这个东西是真还是假?"仅当条件为真时,程序才会读入 while 循环体中的指令。while 循环和 until 循环的区别在于,while 是当判断条件为真时才执行循环,而 until 循环在判断条件为假时才执行循环。until 循环与 while 循环在处理方式上刚好相反,两者完全可以互相转换。一般 while 循环优于 until 循环,但在某些时候也只是极少数情况下,until 循环更加有用。例如,设计一个提示用户输入密码的程序,就可以把那些指令放入一个 until 循环之中,直至用户输入的密码正确才终止输入。

📖操作演示
while 循环和
until 循环

例 6-8 构建循环,交互式输入变量 yn,只有当 yn 是 yes 或 YES 时才停止输入。

【程序代码】

```
[root@localhost script]#vim  until_yn.sh
#!/bin/bash

until [ "$yn" == "yes" ] || [ "$yn" == "YES" ]
#while [ "$yn" != "yes" ] && [ "$yn" != "YES" ]
do
        read -p  "Please input yes/YES to stop the program: " yn
done

exit 0
```

【运行结果】

```
[root@localhost script]#chmod  +x  until_yn.sh
[root@localhost script]#./until_yn.sh
Please input yes/YES to stop the program: no
Please input yes/YES to stop the program: 123
Please input yes/YES to stop the program: yes

[root@localhost script]#./until_yn.sh
Please input yes/YES to stop the program: Yes
Please input yes/YES to stop the program:abc
Please input yes/YES to stop the program: YES
```

【代码分析】

可以分别通过 until 和 while 构建对应的条件退出循环,请大家仔细体会从而更好地理解两者的区别。

6.3.6 break、continue 语句

在 Shell 脚本的 for、while、until 循环语句中，可以使用 C 语言中的 break 和 continue 语句以跳出现有的循环。

操作演示 break、continue 语句

1. break 命令

break 语句用于中断循环的执行，将程序流程转移至循环语句结束之后的下一个命令。语法格式如下。

```
break  [ n ]
```

break 后面的 n 表示跳出指定的循环个数，如 break 2 表示跳出包括当前在内的两个循环。下面通过例子说明。

例 6-9 如何在一个程序中使用 break 命令。

【程序代码】

```
[root@localhost script]#vim  break.sh
#!/bin/bash

while [ 1 -eq 1 ]
do
    echo -n "Input a number between 1 to 5: "
    read aNum
    case $aNum in
        1|2|3|4|5) echo "Your number is $aNum!"
        ;;
        *) echo "You do not select a number between 1 to 5, game is over!"
            break
        ;;
    esac
done
```

【运行结果】

```
[root@localhost script]#chmod +x break.sh
[root@localhost script]#./break.sh
Input a number between 1 to 5: 2
Your number is 2!
Input a number between 1 to 5: 6
You do not select a number between 1 to 5, game is over!
```

【代码分析】

(1) 语句 while [1 -eq 1] 其实就是利用“永真”的条件构建了一个死循环,这就需要在循环体内通过 break 退出这个死循环。当然使用[0 -le 1]、["0" == "0"]等效果都是一样的。

(2) 在循环体内,当输入的数不在 1～5 范围内时,执行语句

```
*) echo "You do not select a number between 1 to 5, game is over!"
   break
```

执行 break 语句时,退出 while 循环。

2. continue 命令

continue 命令跳过循环体中在它之后的语句,回到本层循环的开头,进行下一次循环。其语法格式如下。

```
continue  [ n ]
```

将上例脚本中的 break 语句更换为 continue 时,运行结果如下。

```
[root@localhost script]#vim break.sh
#把 break 更改为 continue

[root@localhost script]#./break.sh
Input a number between 1 to 5:2
Your number is 2!
Input a number between 1 to 5:6
You do not select a number between 1 to 5, game is over!
Input a number between 1 to 5: 3
Your number is 3!
Input a number between 1 to 5:^C
```

从运行结果可以看出,当输入的数字不在 1～5 范围内时,执行到 continue 语句,不会退出 while 循环,只是结束本次循环。该脚本就一直执行这个死循环,需要通过 Ctrl+C 组合键强制退出。

6.4 Shell 函数调用

说起函数调用,相信大家也不会陌生,然而对于 Shell 初学者来说,Shell 中函数调用方式与 C 语言的不同会产生一些不必要的问题。下面通过实例对 Shell 函数的调用进行说明。

操作演示
Shell 函数调用语句

6.4.1 Shell 中函数的定义

为了方便程序管理和模块化,并减少代码的重复,函数的确是一个非常好的机制。Shell 中函数的定义如下,其中关键字 function 也可以去掉。

```
function fname()
{
    [EXPRESSIONS]
}
```

注意,()内是没有参数的,它并不像 C 语言那样,在()里可以有参数。

可以看出 Shell 编程中函数调用与 C 语言中函数调用有所不同。在 C 语言中,定义一个函数 int cmp(int a, int b),那么在函数中使用到函数头中声明的变量 a 和 b,而在 Shell 中却没有定义参数,那 Shell 中的函数又需要用到这两个参数,怎么办好呢?其实参数传递方式为:fname(不传递参数)或 fname agr1 arg2(需要传递两个参数);以此类推,可传递 n 个参数。下面通过一个例子来说明。

例 6-10 调用函数传递参数。

【程序代码】

```
[root@localhost script]#vim  LoopPrint.sh
#!/bin/bash
function LoopPrint()
{
    count=0
    while [ $count -lt $1 ];
    do
        echo  "The count is:"  $count
        let ++count
        sleep 1
    done
    return 0
}

read -p "Please input the times of print you want: " n
LoopPrint $n
exit 0
```

【运行结果】

```
[root@localhost script]#chmod +x LoopPrint.sh
[root@localhost script]#./LoopPrint.sh
Please input the times of print you want: 5
```

```
The count is: 0
The count is: 1
The count is: 2
The count is: 3
The count is: 4
```

【代码分析】

(1) 这个程序的功能,就是输入一个数字 n,然后从 0 开始每隔 1 秒输出一个数字,直到输出 $n-1$ 为止。首先程序会要求输入一个数字,然后调用函数并传递参数来实现输出功能。

(2) 特别注意,传递参数时,(这个例子中)一定要写成 LoopPrint $n 而不能写成 LoopPrint n。例如输入的是 20,则 n 的值($n)为 20,前者表示的是把 n 的值,即 20 传递给函数 LoopPrint,而后者则表示把字符 n 传递给函数 LoopPrint。这点与在静态语言中的函数参数传递是很不同的,因为在 Shell 中变量的使用并不需要先定义,所以要使用变量必须让 Shell 知道它是一个变量,而要传递变量的值时就是用 $n,而不能直接用 n,否则只把 n 当作一个字符来处理,而不是一个变量。函数里面获得多个参数方法可以通过: $0… $n 得到, $0 代表函数本身。

例 6-11 利用函数,实现两整数之和。

【程序代码】

```
[root@localhost script]#vim fsum.sh
#!/bin/sh
fSum 3 2

function fSum()
{
        echo "args is : $1,$2"
        return $(($1+$2))
}

fSum 3 2
sum=$?
echo "sum of 3 +2  is $sum"

exit 0
```

【运行结果】

```
[root@localhost script]#chmod +x fsum.sh
[root@localhost script]#./fsum.sh
./fsum.sh:行 2: fSum: 未找到命令
args is : 3,2
sum of 3 +2  is 5
```

【代码分析】

(1) 从第一行的输出可以看到,必须在调用函数之前先声明函数,因为 Shell 脚本是逐行运行的,不会像其他语言一样预先编译。

(2) 函数返回值,只能通过 $? 系统变量获得,通过等号传值无法达成目的。其实我们知道函数就是一个命令,在 Shell 获得命令返回值,都需要通过 $? 获得。

6.4.2 Shell 函数的作用域

Shell 函数的作用域有一点跟 C/C++ 中不一样的就是变量的作用域问题,例如将例 6-10 的 while [$count -lt $1]语句改为 while [$count -lt $n]也是可行的,即函数可以使用本脚本中出现的任何变量,但还是建议使用上面例子中的方法,并且不要随意使用函数之外的变量,因为并不一定知道调用函数时,函数外有什么变量存在,也不知道它的值是什么;同时也不能保证别人在使用函数时会传递在函数中使用到的变量名,如这里的 *n*,别人在使用时可能传递的就是他自己定义的变量,如 count 等。下面通过一个例子对函数的作用域进行说明。

例 6-12 定义一个函数变量,并计算出函数值。

【程序代码】

```
[root@localhost script]#vim hanshu.sh
#!/bin/bash

#This will run system function
#uname
echo $(uname)

declare num=1000
uname()
{
  echo "test!"
  ((num++))
  return 100
}
testvar()
{
  local num=10
  ((num++))
  echo "in testvar and num is $num"
}

#This will run local function
#echo $(uname)
```

```
uname
echo "Return of  lcoal uname is  $?"
echo "global num is $num"

testvar
echo "global num is $num"

exit 0
```

【运行结果】

```
[root@localhost script]#chmod +x hanshu.sh
[root@localhost script]#./hanshu.sh
Linux
test!
Return of  lcoal uname is  100
global num is 1001
in testvar and num is 11
global num is 1001
```

【代码分析】

(1) echo $(uname)和 uname 这两个语句作用相同,都是运行系统命令或本地函数。所以我们先在运行系统命令时使用了前者,而在运行本地函数时使用了后者。

(2) 定义函数可以与系统命令相同,说明 Shell 搜索命令时,首先会在当前的 Shell 文件定义好的地方查找,找到直接执行。echo $(uname)语句因为在本地函数之前运行,所以会执行系统命令,输出 Linux;而在函数声明之后再次执行 uname,则运行的是本地的函数,输出 test! 字符串。

(3) 获得函数的返回值需要通过 $?,本地函数 uname 的返回值是 100。

(4) 如果需要传出其他类型函数值,可以在函数调用之前,定义变量(这个就是全局变量)。在函数内部就可以直接修改,然后在执行函数后就可以直接使用修改过的值。

(5) 如果需要定义局部变量,可以在函数中定义:local 变量=值,这时变量就是内部变量,它的修改不会影响函数外部相同变量的值。

6.5 实验手册

实验目的和要求:

深入地了解和熟练地掌握 Shell 脚本编程,是每一个 Linux 用户的必修功课之一。下面通过具体的实例操作,熟练掌握 Shell 编程的相关知识和技巧。

(1) 掌握 Shell 脚本的编辑和运行。

(2) 掌握 Shell 脚本中的变量设置和显示。

(3) 掌握 Shell 脚本的流程控制结构。

实验 1 打印直角梯形,上底和下底手动输入。

例如输入 3 和 8 时,打印出图形如下。

```
***
****
*****
******
*******
********
```

【程序代码】

```
#!/bin/bash
read -p "Please Enter a number:" m n
for ((i=$m;i<=$n;i++))
do
    for ((j=1;j<=i;j++))
    do
        echo -n "*"
    done
echo
done
```

【运行结果】

```
[root@localhost script]#vim fun.sh
[root@localhost script]#chmod +x fun.sh
[root@localhost script]#./fun.sh
Please Enter a number:3 7
***
****
*****
******
*******
```

【代码分析】

(1) 利用双循环,来控制 * 的输出。

```
for ((i=$m;i<=$n;i++))
  for ((j=1;j<=i;j++))
```

(2) echo -n "*"语句,因为 $-n$ 的使用,当输出 * 时不换行。

(3) echo 相当于打印出空格,默认情况换行。

实验 2 求 100 内偶数的和。

【程序代码】

```
#!/bin/bash
sum=0
for I in {1..50}
do
    sum=$(($sum+2*$I))
done
echo "the sum is $sum"
```

【运行结果】

```
[root@localhost script]#vim sum2.sh
[root@localhost script]#chmod +x sum2.sh
[root@localhost script]#./sum2.sh
the sum is 2550
```

【代码分析】

(1) 语句 for I in {1..50}中 I 的取值是 1 到 50,可以用 for((I=1;I<=50;I++))语句替换。

(2) 语句 2*$I 得到 100 内的偶数。

实验 3 输入任意三个整数,判断最大数。

【程序代码】

```
#!/bin/bash

echo  "please enter three numbers:"
read -p "the first number is :" n1
read -p "the second number is:" n2
read -p "the third number is:" n3
let MAX=$n1
if [ $n2 -ge $n1 ];then
    MAX=$n2
fi
if [ $n3 -ge $MAX ]; then
    MAX=$n3
fi
echo "the max number is $MAX."
```

【运行结果】

```
[root@localhost script]#vim Max.sh
[root@localhost script]#chmod +x Max.sh
```

```
[root@localhost script]# ./Max.sh
please enter three numbers:
the first number is :5
the second number is:6
the third number is:9
the max number is 9.
```

实验 4 实现 Shell 脚本，程序功能如下。

(1) 命令行输入一个参数 filename(如 zhangsan)。

(2) 交互式输入一个参数 count(如 10)。

(3) 获取明天的日期 date(如 20190101)。

(4) 以 filename_date (如 zhangsan_20190101)作为文件名字开始，依次加 1，创建 count 个空白文件。

如括号的输入，脚本需要创建 10 个空白文件，分别是 zhangsan_20190101、zhangsan_20190102、zhangsan_20190103 等。

【程序代码】

```
#!/bin/bash

filename=$1
read -p "count: " count
i=0
while [ "$i" != "$count" ]
do
        dt=`date  --date="$i days " +%Y%m%d`
        file="$filename"_"$dt"
        echo "$file will be touched!"
        touch $file
        i=$(($i+1))
done
exit 0
```

【运行结果】

```
[root@localhost script]# vim file1.sh
[root@localhost script]# chmod +x file1.sh
[root@localhost script]# ./file1.sh zhangsan
count: 10
zhangsan_20190206 will be touched!
zhangsan_20190207 will be touched!
zhangsan_20190208 will be touched!
zhangsan_20190209 will be touched!
zhangsan_20190210 will be touched!
```

```
zhangsan_20190211 will be touched!
zhangsan_20190212 will be touched!
zhangsan_20190213 will be touched!
zhangsan_20190214 will be touched!
zhangsan_20190215 will be touched!
```

【代码分析】

(1) 请注意命令行输入 $1 和交互式输入 read 命令的区别。

(2) while 语句控制循环 while ["$i" != "$count"]中的 != 比较的是两个字符串,所以两边都要加上双引号。

(3) date=`date --date="$i days" +%Y%m%d`通过 i 的取值来获取第 i 天之后的日期。

实验 5 实现 Shell 脚本,程序功能如下。

(1) 命令行输入一个文件名 file1 如 zhangsan.txt,注意必须是.txt 作为扩展名。

(2) 判断该文件是否存在。如果文件存在,将该文件改名为 file2(首先从 file1 字符串中截取出文件名,加入日期与时间,然后再与.txt 拼接);而如果文件不存在,则创建该文件。

【程序代码】

```
#!/bin/bash

file1=$1
count=${#file}
count=$(($count-4))

prefix=${file1:0:$count}

if  [ -f "$file1" ]; then
        time=`date +%Y%m%d%H%M%S`
        file2="$prefix""_""$time"".txt"
        echo "$file1 exist and will rename $file2"
        mv $file1  $file2
else
        echo "$file1 does not exist and will be touched"
        touch $file1
fi

exit 0
```

【运行结果】

```
[root@localhost test]#./file2.sh  zhang.txt
```

```
zhang.txt does not exist and will be touched
[root@localhost test]#ll  zhang.txt
-rw-r--r-- 1 root root 0 10月 17 09:59 zhang.txt

[root@localhost test]#./file2.sh  zhang.txt
zhang.txt does not exist and will be touched

[root@localhost test]#./file2.sh  zhang.txt
zhang.txt exist and will rename zhang_20191017100043.txt

[root@localhost test]#ll zhang*.txt
-rw-r--r-- 1 root root   0 10月 17 10:00 zhang_20191017100043.txt
```

【代码分析】

(1) ${#file}获取变量 file 的长度。

(2) ${file1:0:$count}则从字符串 file 中从到位置 0 开始截取长度为 count 的子串。

(3) 也可以直接使用一条语句${file1:0:-4},实现上述功能。(可以理解为从位置 0 开始截取子串,最后面的四个字符不截取。)

(4) 语句 time=`date +%Y%m%d%H%M%S获取日期及时间。

(5) 脚本第一次运行时,zhang.txt 文件不存在,会被 touch 命令创建;而第二次运行时,会因为已存在,而被改名。

实验 6 实现一个四则运算器,具体如下。

(1) 交互式输入三个参数 num1、flag、num2。

(2) 当且仅当 num1==0 and num2==0 结束循环退出运算。

(3) 针对 flag 为加减乘除四种符号分别对 num1 和 num2 这两个数进行运算,并输出运算结果。

(4) 如果 flag 不是这种运算符号,则输出 error flag。

(5) 继续步骤(1)。

【程序代码 1——整数运算器】

```
#!/bin/bash
while [ "0"=="0" ]
do
    read -p "Please input num1,flag,num2:" num1 flag num2
    if [ "$num1" == "0" ] && [ "$num2"=="0" ]; then
        echo "Exit"
        break;
    fi
    case $flag in
        "+")  total=$(($num1 + $num2))
```

```
        ;;
        "-")  total=$(($num1 - $num2))
        ;;
        "*")  total=$(($num1 * $num2))
        ;;
        "/")  total=$(($num1 / $num2))
        ;;
        *)   total="ERROR"
        ;;
        esac
    echo "$num1 $flag $num2 = $total"
done
exit 0
```

【运行结果】

```
[root@localhost script]# vim jisuan.sh
[root@localhost script]# chmod +x jisuan.sh
[root@localhost script]# ./jisuan.sh
Please input num1,flag,num2:3 + 2
3 + 2 = 5
Please input num1,flag,num2:3 * 8
3 * 8 = 24
Please input num1,flag,num2:9 / 3
9 / 3 = 3
Please input num1,flag,num2:4 - 2
4 - 2 = 3
Please input num1,flag,num2:0 - 0
Exit
```

【程序代码 2——浮点数运算器】

```
#!/bin/bash

while [ "0"=="0" ]
do
    read -p "Please input num1,flag,num2:  " num1 flag num2
    if [ "$num1" == "0" ] && [ "$num2"=="0" ]; then
        echo "Exit"
        break
    fi

    case $flag in
        "+"|"-"|"*"|"/")
```

```
                total=`echo "$num1 $flag $num2"  | bc `
        ;;
        *)
                total="ERROR"
        ;;
    esac
    echo "$num1 $flag $num2 = $total"
done
exit 0
```

【运行结果】

```
[root@localhost script]#./jisuan2.sh
Please input num1,flag,num2:  1 + 2
1 + 2 = 3
Please input num1,flag,num2:  2.3 * 4
2.3 * 4 = 9.2
Please input num1,flag,num2:  6 / 3
6 / 3 = 2
Please input num1,flag,num2:  7 - 5.6
7 - 5.6 = 1.4
Please input num1,flag,num2:  2 #2
2 #2 = ERROR
Please input num1,flag,num2:  0 + 0
Exit
```

【代码分析】

(1) while ["0"=="0"]这个语句使得循环一直为真,使用"if ["$num1" == "0"] && ["$num2"=="0"];"语句,当 num1 与 num2 均为 0 时,退出 while 循环。

(2) 在循环中,依照例 6-5 分别对整数和浮点数的运算进行了实现。

6.6 本章小结

Shell 脚本是使用纯文本文件,将一些 Shell 的语法和命令写在里面,搭配流程控制结构、管道命令与数据流重定向等功能,以达到人们所想要的处理目的。本章讲解了 Linux 下 Shell 脚本的定义、Shell 脚本的执行方式、Shell 脚本的常见流程控制以及 Shell 的函数调用,这些基础知识是学习 Shell 脚本编程的关键。

Shell 脚本编程的具体细节归纳总结如下。

(1) Shell 脚本的执行至少需要拥有 r 与 x 的权限。

(2) 在 Shell 脚本的文件中,命令从上而下、从左而右地分析与执行,并且要明确区分大小写,否则会导致脚本的运行错误。

(3) 在良好的程序编写习惯中,第一行要声明 Shell(#! bin/bash),最后一行要显式退出脚本(exit 0)。

(4) 脚本中的交互式输入可用 read 命令达成;而 $0, $1, $2,…, $@是有特殊意义的,表示命令行输入。

(5) 条件判断式可使用 if-then 和 case $ var in 来进行分支选择判断,循环结构包括 for、while 和 until 三种结构。

(6) Shell 函数和脚本的返回值,只能是整型,并且在 0~257,可以通过系统变量 $? 获得。其他语言定义的变量,如果没有做特别声明,一般都是局部变量,而 Shell 正好相反,局部变量要特别声明(local)。

当然,请大家注意的是,Shell 脚本只是一个比较简单的编程语言,所以,如果脚本程序复杂度较高,或者要操作的数据结构比较复杂,那么还是应该使用 Python、Perl 这样的脚本语言,或者是本来就已经很擅长的高级语言。具体情况如下。

(1) 它的函数只能返回字串,无法返回数组。

(2) 它不支持面向对象,无法实现一些优雅的设计模式。

(3) 它是解释型的,一边解释一边执行,连 PHP 预编译都不是,如果脚本包含错误(例如调用了不存在的函数),只要没执行到这一行,就不会报错。

6.7 习题

一、知识问答题

1. Shell 脚本是什么? 如何使脚本可执行?
2. 可以在 Shell 脚本中使用哪些类型的变量?
3. Shell 脚本中 if 语句的语法如何嵌套?
4. 简述 Shell 脚本中 case 语句的语法。
5. 简述 Shell 脚本中 for 循环语句的语法。
6. 简述 Shell 脚本中 while 循环语句的语法。
7. 举例比较 while 循环语句和 until 循环语句。
8. 在 Shell 脚本中如何定义函数?
9. Shell 脚本中有诸如 $? 之类的特殊变量吗? 具体的用途是什么?
10. 简述 Shell 脚本中 break、continue 以及 exit 命令的作用。

二、脚本编程题

1. 编写一个 Shell 脚本,判断交互式输入的两个数字的大小。
2. 编写一个 Shell 脚本,判断命令行输入的三个数字的大小。
3. 编写一个 Shell 脚本,交互式输入的两个数字和四则运算符号,执行算术运算。
4. 编写一个 Shell 脚本,判断一文件是不是字符设备文件,如果是将其复制到`/dev`

目录下。

5. 编写一个 Shell 脚本，输出九九乘法表。

6. 编写一个 Shell 脚本，要求输入任意一个目录名和目录下的一个文件名，如果输入正确结果显示这个文件有多少行，如果输入错误根据实际输出错误提示（显示目录名错误或者文件名错误），用 test1 目录下的 file1 文件进行验证。

第 7 章　Linux 的用户与组群管理

学习目标

（1）了解用户与组群的基本知识。
（2）熟练掌握用户与组群的 Shell 命令。
（3）熟练掌握批量创建用户的三种方法。

Linux 是一个多用户、多任务的操作系统，往往有多个用户同时工作在一台主机上，每个用户基于各自的用户身份访问系统资源。Linux 系统为每个用户分别设置配置权限，并且划分成不同的组群。在 Fedora 系统中可以编辑/etc/passwd、/etc/shadow、/etc/group、/etc/gshadow 等配置文件来管理用户与组群，也可以在图形界面下完成管理用户与组群等功能。此外，在所有的 Linux 用户中，有一个最为特殊的用户 root，它具有至高无上的权利，因此被称为超级用户。在 Linux 系统中，用户与组群的概念以及两者之间的关系是非常重要的，它使得复杂的 Linux 环境变得更容易管理。

7.1　用户与组群的基本概念

Linux 是一个多用户系统，想要使用系统资源，就必须在系统中有合法的账号，每个账号都有一个唯一的用户名，同时必须设置密码。在 Linux 系统中加入用户的概念，一方面可以方便识别不同的用户，另一方面也可以为用户设置合理的文件权限，为每个用户提供安全保障。另外，为了更灵活地管理用户，Linux 还提出了组群的概念。本节将具体介绍用户与组群的基本知识。

7.1.1　用户及相关配置文件

Linux 是一个多任务、多用户的操作系统，要做到不同的用户能同时访问不同的文件，允许不同的用户从本地登录或远程登录，这就要求用户必须拥有一个合法的账号。

1. 用户

在 Linux 系统中用户可分为三种类型：超级用户、系统用户和普通用户。

（1）超级用户（即 root 用户）拥有一切权限，可以控制系统中所有的程序、访问系统中所有的文件、使用系统中所有的功能，有权完成任何操作。通常只有在进行系统维护或其他必要的情形下才使用超级用户登录系统，以避免系统出现意外损害。

(2) 系统用户是Linux系统正常工作所必需的内建用户，通常是在安装相关软件包时自动创建的，主要是为了满足相应的系统进程对文件属主的要求而建立的，一般不需要改变其默认设置。系统用户不能用来登录，如bin、daemon、lp等用户都是系统用户。

(3) 普通用户是由超级用户创建的，只具有一定的权限，只能操作拥有权限的文件和目录并管理自己启动的进程，是为了让使用者能够使用Linux系统资源而建立的，大多数用户属于此类。

2. 用户的属性

用户的属性有用户名、用户口令、用户ID(UID)、组群ID(GID)、用户主目录、全称、登录Shell。其中，超级用户的UID为0，系统用户的UID一般为1～499，普通用户的UID为500～60000。

3. 用户账号信息文件/etc/passwd

/etc/passwd文件包含了系统所有用户的基本信息，它是账号管理中最重要的一个文件，也是一个纯文本文件。每一个注册用户在该文件都有一个对应的记录行，这一记录行记录了此用户的必要信息，记录行的内容分为7个域，中间用“:”分隔，格式如下。

```
Username:Password:UID:GID:Userinfo:Home:Shell
```

/etc/passwd文件中各个域的含义如表7.1所示。

表7.1 /etc/passwd文件中各个域的含义

域	含　义
Username	登录名：用户登录Linux系统时使用的名称
Password	加密的用户口令，若为X，说明密码经过了shadow的保护
UID	用户ID：用户标识，是一个数值，Linux系统使用它来区分不同的用户
GID	用户组ID：用户所在组的标识，是一个数值，Linux系统使用它来区分不同的组群，相同的组群具有相同的GID
Userinfo	用户信息：可以记录用户的个人信息
Home	分配给用户的主目录：通常是/home/username，这里username是用户名，用户执行cd ～命令时，当前目录会切换到个人主目录
Shell	用户登录后将执行的Shell(若为空格则默认为/bin/sh)

```
[root@localhost ~]#less  /etc/passwd
root:x:0:0:root:/root:/bin/bash
bin:x:1:1:bin:/bin:/sbin/nologin
daemon:x:2:2:daemon:/sbin:/sbin/nologin
adm:x:3:4:adm:/var/adm:/sbin/nologin
lp:x:4:7:lp:/var/spool/lpd:/sbin/nologin
...............................下面省略...............................
```

在/etc/passwd 文件中需要注意以下几点。

(1) 用户的登录名是用户用来登录的标识,由用户自行选定,主要由方便用户记忆或具有一定含义的字符串组成;所有用户口令的存储都是加密的,通常采用的是不可逆的加密算法。

(2) 用户的 UID 应该是独一无二的,其他用户不应当有相同的 UID 数值,只有 UID 等于 0 时是例外。

(3) 每个用户都需要保存专属于自己的配置文件及其他文件,以免用户间相互干扰。

(4) 当用户登录进入系统时,会启动一个 Shell 程序,默认是 Bash。

(5) /etc/passwd 文件对系统的所有用户都是可读的,这样的好处是每个用户都可以知道系统上有哪些用户,但缺点是其他用户的口令容易受到攻击。所以在 Linux 系统使用影子口令格式,将用户的口令存储在另一个文件/etc/shadow 中,该文件只有根用户 root 可读,因而大大提高了安全性。

4. 用户口令信息文件/etc/shadow

为了安全,Linux 系统使用不可逆的加密算法(如 MD5、SHA1 等)来加密用户口令,并把加密后的密码重定向到另一个文件/etc/shadow(只有超级用户能够读取)中。与/etc/passwd 类似,/etc/shadow 文件中每条记录用冒号分隔,形成 9 个域,格式如下所示。

```
Username:Password:Lastchg:Min:Max:Warn:Inactive:Expire:Flag
```

其中,各个域的含义如表 7.2 所示。

表 7.2 /etc/shadow 文件中各个域的含义

域	含　　义
Username	用户登录名
Password	加密的用户口令
Lastchg	表示从 1970 年 1 月 1 日起到上次修改口令时所经过的天数
Min	表示两次修改口令之间至少经过的天数
Max	表示口令还会有效的最大天数,如果是 99999 则表示永不过期
Warn	表示口令失效前多少天内系统向用户发出警告
Inactive	表示禁止登录前用户名还有效的天数
Expire	表示用户被禁止登录的时间
Flag	保留域,暂时未用

```
[root@localhost ~]#less  /etc/shadow
root:$1$VKQ7aCw8$JIKbRu1lTuGaMgpFYORN01:17204:0:99999:7:::
bin:*:17204:0:99999:7:::
daemon:*:17204:0:99999:7:::
```

```
adm:*:17204:0:99999:7:::
lp:*:17204:0:99999:7:::
..............................下面省略..............................
```

在/etc/shadow文件中,密码字段为*,表示用户被禁止登录;为“!!”表示密码未设置;为“!”表示用户被锁定。

7.1.2 组群及相关配置文件

1. 组群

Linux系统把具有某些相同特性的用户划归为一个组群,这样可以大大简化用户管理,方便用户之间的文件共享。任何一个用户都至少属于一个组群。根据组群的特性,Linux的组群可以分为三种类型:root组群、系统组群和私有组群。

(1) root组群即root用户所属的组群,其GID为0。

(2) 系统组群类似于系统用户,是安装Linux系统或添加新的软件包时,系统自动建立的组群,是系统正常运行所必需的,其GID为1~499。

(3) 私有组群是由超级用户创建的组群,可包含多个用户(用逗号分隔)。在创建一个新用户时,如果没有指定用户账号所属的组群(没有使用-g参数),系统就会自动建立一个和该用户同名的私有组群,只包含一个用户,即其成员只有该用户自身。其GID从500开始。一个用户可以属于多个组群,用户所属组群分为主要组群和附加组群。一个用户只能属于一个主要组群,但能同时属于多个附加组群。

2. 组群账号信息文件/etc/group

在Linux系统中,使用组来赋予用户访问文件的不同权限。组的划分可以采用多种标准。管理用户组的基本文件是/etc/group,其中包含了系统中所有用户组的相关信息,所有用户都可以查看其内容。每一个用户组对应文件中的一行,并用冒号分成四个字段:第一个字段是组群名称;第二个字段是组群密码;第三个字段是GID;第四个字段是用户列表。每个用户之间用“,”分隔;本字段可以为空,如果字段为空则表示组群为GID的用户名。

```
[root@localhost ~]#less /etc/group
root:x:0:root
bin:x:1:root,bin,daemon
daemon:x:2:root,bin,daemon
sys:x:3:root,bin,adm
adm:x:4:root,adm,daemon
..............................下面省略..............................
```

Fedora 29在安装中同样创建了一些标准的用户组。通常建议不要对这些用户组进行删除或修改,除非完全明白它们的用途和意义。

3. 组群口令信息文件/etc/gshadow

/etc/gshadow 文件与/etc/shadow 文件类似，根据/etc/group 文件而产生，主要用于保存加密的组群口令，只有超级用户才能查看/etc/gshadow 文件的内容。

Red Hat Linux 提供了 pwck 和 grpck 两个命令分别验证用户以及组群文件，以保证这两个文件的一致性和正确性。与 pwck 命令类似，grpck 命令的作用是检验/etc/group 和/etc/gshadow 数据项中每个域的格式以及数据的正确性，并对组群账号文件(/etc/group)及其影子文件(/etc/gshadow)的一致性进行校验。如果发现错误，该命令将会提示用户对出现错误的数据项进行修改或删除。

```
[root@localhost ~]#less /etc/gshadow
root:::root
bin:::root,bin,daemon
daemon:::root,bin,daemon
sys:::root,bin,adm
adm:::root,adm,daemon
................................下面省略................................
```

7.2 桌面环境下管理用户

1. 新建用户

如图 7.1 所示，单击桌面右上角的按钮，在 root 用户下单击“账号设置”命令，进入系统用户管理界面，如图 7.2 所示。单击“添加用户”按钮，在弹出的“添加新用户”窗口(见

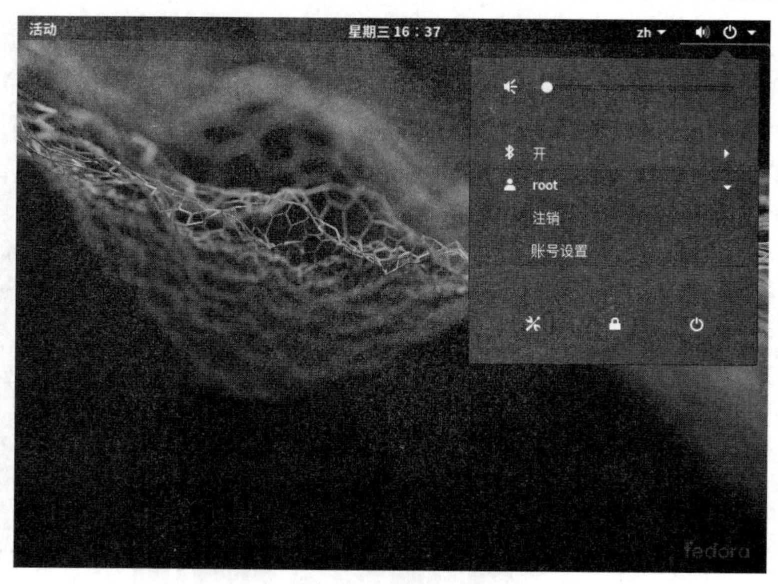

图 7.1 账号设置

图7.3)中输入要添加的用户名和密码等信息。

图 7.2　管理用户

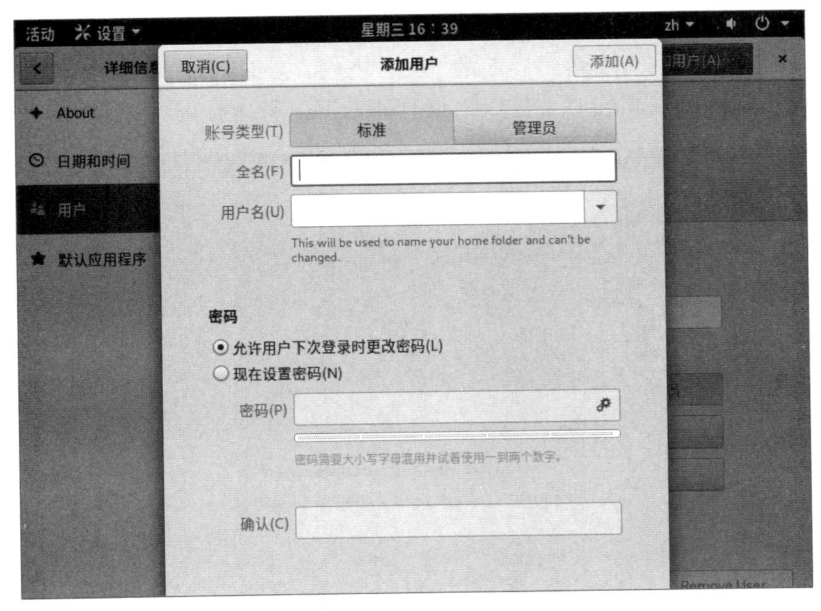

图 7.3　添加新用户

2. 修改用户属性

选中对应用户，在弹出的窗口中直接进行相关属性的修改(见图7.4)。

图 7.4　修改用户属性

3. 删除用户

选中对应用户，单击右下角的界面的“删除”按钮，会询问是否“删除用户时可以保留其主目录、电子邮件目录和临时文件”，根据具体情况进行选择即可(见图 7.5)。

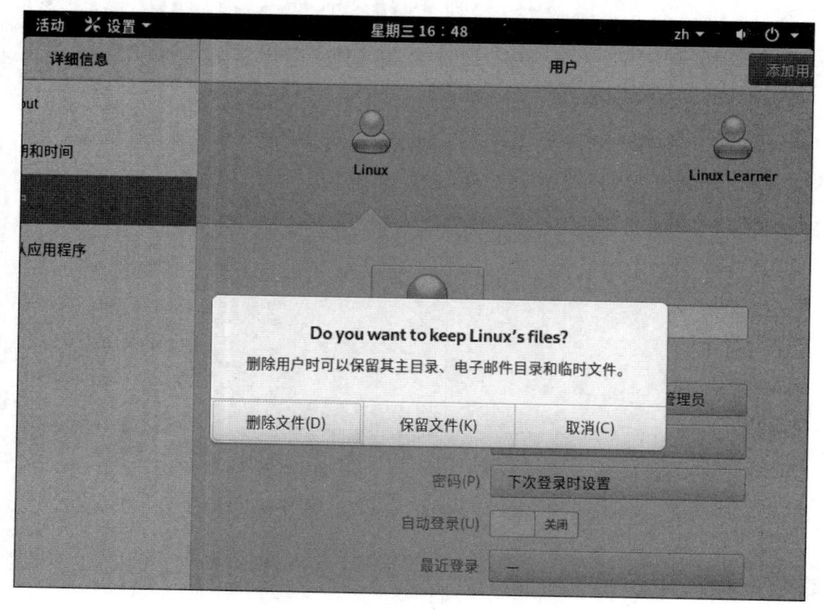

图 7.5　删除用户

7.3 用户与组群的Shell命令

在对用户与组群进行管理时，可以采用两种方式，即命令行(Shell)方式和图形界面(GUI)方式。本节主要介绍如何使用命令行方式管理用户与组群。

7.3.1 管理组群的相关命令

1. groupadd命令

格式：

```
groupadd [选项]组群名
```

功能：新建组群，属于超级用户命令。

选项说明：

```
-g 组群 ID
```

功能：指定组群的GID(如果不指定GID，则其GID由系统确定)。

用groupadd命令先创建一个名为Linux1的组群，再创建一个名为Linux2的组群，并指定其GID为700。可以通过配置文件/etc/group来确认创建的组群的具体信息。

```
[root@localhost ~]#groupadd  Linux1
[root@localhost ~]#groupadd  -g  700  Linux2
[root@localhost ~]#tail  -n  2  /etc/group
Linux1:x:1002:
Linux2:x:700:
```

2. groupdel命令

格式：

```
groupdel 组群名
```

功能：删除指定的组群，属于超级用户命令。

用groupdel命令删除刚创建成功的组群ludong。

```
[root@localhost ~]#groupadd  ludong
[root@localhost ~]#less  /etc/group         //确认该组群名是否已被创建
[root@localhost ~]#groupdel  ludong
[root@localhost ~]#less  /etc/group         //确认该组群名是否已被删除
```

3. groupmod命令

格式：

groupmod [选项]组群名

功能：修改指定组群的属性，属于超级用户命令。
选项说明：

-g 组群 ID

功能：重新设置组群的 GID。

-n 新的组群名　原来的组群名

功能：重新设置组群名。
用 groupmod 命令将组群名 ludong 改为 linux。

```
[root@localhost ~]#groupdel  linux
[root@localhost ~]#groupadd  ludong
[root@localhost ~]#less  /etc/group       //确认 ludong 存在而 linux 已被删除

[root@localhost ~]#groupmod  -n  linux  ludong
[root@localhost ~]#less  /etc/group       //确认该组群名是否已被修改
```

7.3.2　管理用户的相关命令

1. useradd 命令

超级用户 root 可以通过在终端运行 useradd 命令来创建用户账号。
格式：

useradd[选项]用户名

📖操作演示
管理用户的命令演示

功能：新建用户账号，属于超级用户命令。
useradd 命令有很多可选选项，具体选项说明如表 7.3 所示。

表 7.3　与 useradd 命令有关的选项说明

选项	功　　能
-c	设置用户账号的全称
-d	建立用户登录目录，参数即所建的用户目录
-n	不要为用户创建私有组群
-e	设置用户账号的失效日期，格式为 YYYY-MM-DD(例如 2021-01-11 或 20210111)。注意失效日期如果早于当前系统日期则无法登录
-g	指定用户所属的基本组群(组群必须存在)，参数可以是组群名称或组群 ID(GID)。只能有一个基本组群，以后不再建立和用户同名的私有组群
-G	指定用户所属的附加组群(组群必须存在)，参数可以是组群名称或 GID，可以有一个或多个附加组群，之间用逗号分隔，注意不要有空格

续表

选项	功　　能
-u	设置用户ID,用户ID和账号一样必须是唯一的
-s	设置用户的登录Shell
-p	设置用户的密码,注意密码是加密后的字符串
-M	不要创建用户主目录
-r	创建一个UID小于500的不带主目录的系统账号

用useradd命令创建新用户linux,不加任何参数。命令执行后,可以通过/etc/passwd配置文件确认新建用户的信息,并可以看到其对应的主目录也已成功创建。

```
[root@localhost ~]#useradd linux
[root@localhost ~]#tail  -n  1  /etc/passwd
linux:x:1001:1001::/home/linux:/bin/bash
[root@localhost ~]#ll  /home/linux
总用量 0
```

用useradd命令创建新用户ludong,并设置其用户ID为666,所属的基本组群为Linux1,附加组群为Linux2(相关组群已通过命令groupadd创建),主目录为/home/ludong。通过配置文件/etc/passwd可以看到第四列所属基本组群的GID 1002正是组群Linux1的GID,而通过配置文件/etc/group可以看到Linux2组群后面已经把用户ludong加了进去,表明ludong属于该组群。

```
[root@localhost ~#useradd  -u  666  -g  Linux1  -G  Linux2  ludong
//查看新用户 ludong 是否已被创建
[root@localhost ~]#tail -n  1  /etc/passwd
ludong:x:666:1002::/home/ludong:/bin/bash
[root@localhost ~]#tail  -n  2  /etc/group
Linux1:x:1002:
Linux2:x:700:ludong
```

2. passwd命令

root用户使用useradd命令创建新用户账号后,使用passwd命令为新账号设置密码。在没有为该用户设置密码前,无法使用该用户账号登录系统。同时passwd命令还可以修改已有用户的口令以及口令的属性。设置的密码的长度应在6位或者6位以上,可以是数字或英文。

格式:

```
passwd [选项]用户名
```

功能:设置或修改用户的口令以及口令的属性。

与 passwd 命令有关的选项说明如表 7.4 所示。

表 7.4 与 passwd 命令有关的选项说明

选　项	功　能
-d	设置密码为空
-l	锁定已经命名的账户名称,用户无权更改其密码,只有具备超级用户权限的使用者具有操作权限
-u	解开账户锁定状态,只有具备超级用户权限的使用者才具有操作权限
-S	检查指定使用者的密码认证种类,只有具备超级用户权限的使用者才具有操作权限
--stdin	标准输入,适用于没有交互的环境

注意:只有 root 用户才有权限为其他用户设置密码。普通用户只能使用没有任何参数的 passwd 命令来更改自己的密码。用户修改自己的密码时,系统会向用户询问原来的密码,验证通过后才可以输入新密码。

用 passwd 命令为新建用户 linux 和 ludong 设置密码,该命令也可以修改对应用户的密码。在设置密码之前先看一下配置文件/etc/shadow 中这两个用户的情况,其第二列都是两个"!",表明密码没有进行设置。

```
[root@localhost ~]#tail  -n  2  /etc/shadow
linux:!!:18179:0:99999:7:::
ludong:!!:18179:0:99999:7:::
```

通过下面命令的运行结果可以看到,root 在修改普通用户的密码时不需要知道对应用户之前的密码。

```
[root@localhost ~]#passwd  linux
更改用户 linux 的密码。
新的密码:
重新输入新的密码:
passwd:所有的身份验证令牌已经成功更新。
[root@localhost ~]#passwd  ludong
更改用户 ludong 的密码。
新的密码:
重新输入新的密码:
passwd:所有的身份验证令牌已经成功更新。
[root@localhost ~]#tail  -n  2  /etc/shadow
linux:  $6  $cfVOdn7QsfjiMzZm  $l4reDFlq60HCHTwBRg7RvwAPcGuPZ/t4LrLvJW0bw.
Bh8J4sr.W9qCM0aWUXB1Ypp0U0TfyBwrs5//gSTXf6G1:18179:0:99999:7:::
ludong:$6$5jeZPpgobJ1Uv7j2$cJTbOX/EGNM/tEF./gtaOhWdnzfQTvKvVQ8VKelYAf5z9
R3gOMy3YP7o5ynlULsDCNtS9phxMpCHiexkZhcEF1:18179:0:99999:7:::
//可以看到第二列的内容已经变更为对应密码加密后的密文
```

用passwd命令清除用户ludong的密码。

```
[root@localhost ~]#passwd -d ludong
清除用户的密码 ludong。
passwd: 操作成功                          //密码清除成功
[root@localhost ~]#less /etc/shadow    //查看密码是否清除
ludong::18179:0:99999:7:::              //通过第二列可以看到密码不存在
```

将当前用户从root切换到ludong,用passwd命令修改ludong的密码。通过下面运行结果可以看到,普通用户只能通过不带参数的命令passwd来修改自身的密码。

```
[root@localhost ~]#su ludong
[ludong@localhost root]$passwd ludong
passwd: Only root can specify a user name.     //只有 root 有权限设置密码

[ludong@localhost root]$passwd
更改用户 ludong 的密码。
新的密码:
重新输入新的密码:
passwd:所有的身份验证令牌已经成功更新。

[ludong@localhost root]$su
密码:
[root@localhost ~]#
//输入 root 的密码重新切换到管理员 root
```

命令passwd默认需要交互式地输入两次新的密码才能实现密码的设置与修改,可以采用stdin选项实现非交互式密码修改,此选项用于指示passwd应从标准输入读取新密码,标准输入可以是管道(|)。

```
[root@localhost ~]#echo  "123456"  |  passwd  --stdin  ludong
更改用户 ludong 的密码。
passwd:所有的身份验证令牌已经成功更新。
```

3. usermod命令

格式:

```
usermod[选项]用户名
```

功能:修改用户的属性,是超级用户命令。

与usermod命令有关的选项说明如表7.5所示。

表 7.5　与 usermod 命令有关的选项说明

选项	功　　能
-c	修改用户账号的备注文字
-d	修改用户的主目录
-g	修改用户所属的组群
-G	修改用户所属的附加群
-u	修改用户的 UID。修改时主目录及其中所有文件或子目录将自动更改 UID,但主目录之外的文件和目录却不能自动改变
-l	修改账户登录名称,其他不变
-L	锁定用户账号
-p	修改用户的密码
-s	修改用户的登录 Shell

用 usermod 命令修改用户属性,将用户 Linux 主目录修改为/home/ludong。

```
[root@localhost ~]#useradd  Linux
[root@localhost ~]#usermod -d /home/ludong Linux
[root@localhost ~]#less /etc/passwd
Linux:x:501:501:Linux:/home/ludong:/bin/bash    //确认已更改
```

4. userdel 命令

格式:

```
userdel [-rf]用户名
```

功能:删除指定用户账号,属于超级用户命令。

命令中选项-r 表示在删除账号的同时,将用户主目录整体以及用户的邮箱(/var/spool/mail 目录中的与用户名相同的文件)同时删除。若不加选项-r,则表示只删除用户账号而保留其主目录和邮箱。请注意选项 -r 不会自动删除该用户在系统其他目录中所拥有的文件。如果该用户当前已经登录进入系统就无法执行删除操作,此时可以加上-f 参数表示强制操作(force):

```
userdel  -rf  用户名
```

```
[root@localhost ~]#userdel -r ludong
[root@localhost ~]#cat /etc/passwd  | grep ludong
//passwd 配置文件中 ludong 这一行已经不存在

[root@localhost ~]#ll  /home/ludong
ls: 无法访问'/home/ludong': No such file or directory
//使用了 r 参数,也被一并删除用户的主目录
```

5. 检查用户身份

用户可以使用表 7.6 所示的命令了解用户身份。

表 7.6 关于用户身份的命令

命令	功　　能	命令	功　　能
who	查询当前在线的用户	finger	查询用户信息
groups	查询用户所属的组群	last	显示近期用户或终端的登录情况
id	显示当前用户信息		

使用 who 命令查询当前在线的用户。

```
[root@localhost ~]#who
root     tty3         2020-10-10 09:04 (/dev/tty3)
```

使用 groups 命令查询用户 linux(之前已经通过命令 useradd 创建)所属的组群。

```
[root@localhost ~]#groups  linux
linux : linux     //表示用户 linux 所属的组群为 linux
```

使用 id 命令显示用户 linux 的信息。

```
[root@localhost ~]#id  linux
uid=501(linux) gid=501(linux) 组=501(linux)
```

使用 finger 命令查询用户 linux 的信息。

```
//系统默认没有安装 finger 命令,先通过 dnf 命令完成安装后再运行
[root@localhost ~]#dnf  -y install  finger
…

[root@localhost ~]#finger  linux
Login: linux                          Name:
Directory: /home/linux                       Shell: /bin/bash
Never logged in.
No mail.
No Plan.
```

通过 last 命令管理员可以获知谁曾经或者企图连接系统。下面操作显示最近登录系统的五条记录,其中各列具体如下。

(1) 第一列:用户名。

(2) 第二列:终端位置(pts/0 伪终端,意味着从 SSH 或 Telnet 等工具远程连接的用户,图形界面终端归于此类。tty0 直接连接到计算机或本地连接的用户。后面的数字代

表连接编号)。

(3) 第三列:登录 IP 或内核(如果是 0.0 或者什么都没有,意味着用户通过本地终端连接。除了重启活动,内核版本会显示在状态中)。

(4) 第四列:开始时间。

(5) 第五列:结束时间(still logged in 表示尚未退出,down 表示正常关机,crash 表示强制关机)。

(6) 第六列:持续时间。

```
[root@localhost ~]#last  -n  5
root     tty2         tty2                 Fri Nov  8 19:17   still logged in
reboot   system boot  4.18.16-300.fc29 Fri Nov  8 19:16   still running
root     tty2         tty2                 Fri Nov  8 19:00 - 19:15  (00:15)
reboot   system boot  4.18.16-300.fc29 Fri Nov  8 18:58 - 19:15  (00:16)
root     tty2         tty2                 Fri Jul 26 18:57 - crash (105+00:01)

wtmp begins Sat Jul 27 02:49:40 2019
```

6. su 命令

格式:

```
su [-]用户名
```

功能:切换用户身份,exit 可返回本来的用户身份。

使用"-"选项时在切换为新用户的同时使用新用户的环境变量。超级用户切换为任何普通用户,不需要输入口令;普通用户切换为其他用户时需要输入被切换用户口令。如果没有用户名参数,则切换到超级用户 root。

下面在 root 状态下,用 su ludong 和 su - ludong 命令分别切换到 ludong 用户,注意对比命令提示符的区别。

```
[root@localhost ~]#su ludong            //切换到用户 ludong,但是不切换环境变量
[ludong @localhost ~]#pwd               //目录没有变化
/root
[ludong@localhost root]$su -
密码://将用户再切换回 root,所以输入 root 的密码
[root@localhost ~]#su - ludong          //表示完整地切换到另一个用户环境
[ludong @localhost ~]#pwd               //当前目录发生变化,切换到 ludong 的主目录
/home/ludong
```

7. chage 命令

格式:

chage [选项]用户名

功能：用来修改账号和密码的有效期限。

与 chage 命令有关的选项如表 7.7 所示。

表 7.7　与 chage 命令有关的选项说明

选　项	功　能
-d	指定密码最后修改日期，0 表示必须立刻修改密码
-E	密码到期的日期，过了这天，此账号将不可用。 0 表示马上过期，-1 表示永不过期
-I	密码过期后，锁定账号的天数
-l	列出用户以及密码的有效期
-m	密码可更改的最小天数，为零时代表任何时候都可以更改密码
-M	密码保持有效的最大天数
-W	用户密码到期前，提前收到警告信息的天数

```
[root@localhost ~]#useradd  linuxer
[root@localhost ~]#echo 123456  | passwd  --stdin  linuxer
更改用户 linuxer 的密码。
passwd:所有的身份验证令牌已经成功更新。
[root@localhost ~]#chage  -d  0  linuxer
//通过 chage 命令将新建的 linuxer 用户的密码期限设置为只要登录立即失效

[root@localhost ~]#su ludong
//从 root 用户切换到 ludong 用户,不需要输入密码

[ludong@localhost root]$su  linuxer
密码:(输入 123456)
You are required to change your password immediately (administrator enforced)
Current password:
…
//再次切换到 linuxer (密码 123456),报告必须立即修改密码,必须输入最新的密码
```

8. pwunconv 命令与 pwconv 命令

在 Linux 系统，早期的用户密码（经过加密）存储在/etc/passwd 文件中，但是大多数的应用程序通常都需要读取这个文件，所以会造成一定的安全隐患。因此，后来的 Linux 系统将这个文件的用户密码投射成影子文件，也就是/etc/shadow 这个文件，这个文件只有 root 用户能够查看，普通用户则没有权限查看。我们通过 passwd 命令为用户创建密码时这个密码会以字符 X 的形式存储在/etc/passwd 文件中。

pwconv 命令就是用来通过/etc/passwd 文件来创建影子文件/etc/shadow 的，而

pwunconv 则是逆过程，把 shadow 文件中的用户密码归还到 passwd 文件中，同时删除 shadow 文件。

通过下面的一系列操作来演示这两个命令的具体功能。

1）查看/etc/passwd 文件和/etc/shadow 文件

```
[root@localhost testuser]#less /etc/passwd
[root@localhost testuser]#less /etc/shadow
//这两个文件都存在，且 passwd 的第二列密码显示为 X
```

2）将/etc/passwd 和/etc/shadow 两个文件合二为一

```
[root@localhost testuser]#pwunconv
```

3）再次查看/etc/passwd 文件和/etc/shadow 文件

```
[root@localhost testuser]#less  /etc/shadow
/etc/shadow: 没有那个文件或目录
//此时/etc/shadow 文件不存在

[root@localhost testuser]#less  /etc/passwd
//第二列为用户密码的密文
```

4）再把两个文件分开

```
[root@localhost testuser]#pwconv
[root@localhost testuser]#less  /etc/passwd
[root@localhost testuser]#less  /etc/shadow
//这两个文件又恢复原状
```

7.3.3 其他涉及的相关命令

1. gawk 命令和 cut 命令的再学习

我们已经在 5.3.5 节结合管道介绍了 gawk 和 cut 这两个命令的使用，下面继续结合用户相关的操作进行这两个命令的再学习。

📖操作演示 gawk 和 cut 再学习

（1）基于 last＋gawk 两个命令实现只显示最近登录的五个账号。

下面操作共使用了两个管道。第一个管道 grep 的作用是过滤掉 last 命令输出的以 wtmp 开头的最后一行。第二管道 gawk 工作流程是这样的：读入有'\n'换行符分割的一条记录，然后将记录按指定的域分隔符划分域，$0 表示所有域，$1 表示第一个域，$n 表示第 n 个域。默认域分隔符是 Space 键或 Tab 键，所以 $1 表示登录用户，$3 表示登录用户 ip，以此类推。

```
[root@localhost ~]#last -n 5
root     tty2        tty2              Fri Nov  8 19:17   still logged in
reboot   system boot  4.18.16-300.fc29 Fri Nov  8 19:16   still running
root     tty2        tty2              Fri Nov  8 19:00 - 19:15  (00:15)
reboot   system boot  4.18.16-300.fc29 Fri Nov  8 18:58 - 19:15  (00:16)
root     tty2        tty2              Fri Jul 26 18:57 - crash (105+00:01)

wtmp begins Sat Jul 27 02:49:40 2019

[root@localhost ~]#last -n 5 | grep oo | gawk '{print $1}'
root
reboot
root
reboot
root
```

(2) 基于 cat+gwak 两个命令实现只是显示/etc/passwd 的账户,其中-F 指定域分隔符为':'。

```
[root@localhost ~]#cat /etc/passwd | gawk -F ':' '{print $1}'
root
bin
daemon
…
```

在上面操作的基础上更进一步只是显示/etc/passwd 的账户和账户对应的 Shell,而账户与 Shell 之间以 Tab 键分割。

```
[root@localhost ~]#cat /etc/passwd | gawk -F ':' '{print $1"\t"$7}'
root  /bin/bash
bin  /sbin/nologin
daemon  /sbin/nologin
…
```

(3) 基于 cat+cut 两个命令实现只是显示/etc/passwd 的账户,其中-d 指定分隔符为':'。

```
[root@localhost ~]#cat /etc/passwd | cut -d ':' -f 1
root
bin
daemon
…
```

也可以不使用管道,直接仅基于 cut 命令实现上述功能。

```
[root@localhost ~]#cut  -d  ':'  -f  1  /etc/passwd
root
bin
daemon
…
```

但是如果想只显示/etc/passwd 的前三个账户，就必须使用管道了。

```
[root@localhost ~]#cat  /etc/passwd  |  head  -n  3  |  cut  -d':'  -f1
root
bin
daemon
```

在上面基础上，显示/etc/passwd 的前三行的多列内容，例如第 3、4、5 和 7 列。

```
[root@localhost ~]#cat  /etc/passwd  | head -n 3 |  cut  -d ':'  -f 3-5,7
0:0:root:/bin/bash
1:1:bin:/sbin/nologin
2:2:daemon:/sbin/nologin
```

(4) 最后我们基于 who+cut 演示如何实现基于字节定位截取，先只显示 who 命令输出的第 4 个字符，再截取 who 命令输出的字符串中的年份。

```
[root@localhost ~]#who
root     tty2          2019-11-08 19:17 (tty2)

[root@localhost ~]#who  |  cut  -c  4
t

[root@localhost ~]#who  |  cut  -c  23-33
2019-11-08
[root@localhost ~]#who  |  cut  -c  23-26
2019
```

2. xargs 命令

在本节的后面会经常接触到 xargs 命令，同时在别人写的脚本里面也经常会遇到这个命令。但是非常容易把 xargs 命令与管道混淆，接下来会详细讲解到底什么是 xargs 命令，为什么要用 xargs 命令以及它与管道的区别。

📖操作演示
xargs 命令的演示

1) xargs

Linux 命令可以从两个地方读取要处理的内容：一个是通过命令行参数；另一个是标准输入，例如 cat、grep 就是这样的命令。

```
[root@localhost ~]#echo 'hello' |cat test.cpp
cat: test.cpp: No such file or directory
```

这种情况下 cat 会输出 test.cpp 的内容，而不是'hello'字符串，如果 test.cpp 不存在则 cat 命令报告该文件不存在，并不会尝试从标准输入中读取。echo 'hello' | 会通过管道将 echo 的标准输出(也就是字符串'hello')导入到 cat 的标准输入。也就是说，此时 cat 的标准输入中是有内容的，其内容就是字符串'hello'，但是上面的操作中 cat 不会从它的标准输入中读入要处理的内容。

基本上 Linux 系统的很多命令的设计是先从命令行参数中获取参数，然后再从标准输入中读取相应内容。反映在具体程序上，命令行参数是通过 main 函数 int main(int argc,char * argv[]) 的函数参数获得的，而标准输入则是通过标准输入函数(例如 C 语言中的 scanf)读取到的。

由此可见，它们获取的地方是不一样的。例如，下面的操作中 cat 会从其标准输入中读取内容并处理，也就是会输出 'hello' 字符串。echo 命令将其标准输出的内容 'hello' 通过管道定向到 cat 的标准输入中。

```
[root@localhost ~]#echo 'hello' | cat
hello
```

如果仅仅输入 cat 并回车，则该程序会等待输入，需要从键盘输入要处理的内容给 cat，此时 cat 也是从标准输入中得到要处理的内容的(以 Ctrl+D 组合键为结尾完成内容的录入)，因为 cat 命令行中也没有指定要处理的文件名。

```
[root@localhost ~]#cat
Ctrl+D
[root@localhost ~]#
```

其实大多数命令都有一个参数“-”，如果直接在命令的最后指定“-”，则表示从标准输入中读取，例如下面操作也是可行的，会显示 'hello' 字符串，同样输入 cat - 直接回车与输入 cat 直接回车的效果也一样。

```
root@localhost ~]#echo 'hello' | cat -
hello
```

如果同时指定 test.cpp 和 - 参数，此时 cat 程序会先输出 test.cpp 的内容，然后输出标准输入'hello'字符串。

```
[root@localhost ~]#echo 'hello' |cat test.cpp -
cat: test.cpp: No such file or directory
hello
```

如果变换一下顺序，则会先输出标准输入'hello'字符串，然后输出 test.cpp 文件的内容。而如果去掉这里的“-”参数，则 cat 只会输出 test.cpp 文件的内容。

```
[root@localhost ~]#echo 'hello' | cat - test.cpp
hello
cat: test.cpp: No such file or directory
```

另外，如果同时传递标准输入和文件名，grep 也会同时处理这两个输入，例如下面操作中 grep 也会同时处理标准输入和文件 passwd 中的内容。也就是说，会在标准输入中搜索 'root'，也会在文件 passwd（该文件名从 grep 命令行参数中获得）中搜索 'root'。

```
[root@localhost ~]#echo 'root' | grep 'root' /etc/passwd -
/etc/passwd:root:x:0:0:root:/root:/bin/bash
/etc/passwd:operator:x:11:0:operator:/root:/sbin/nologin
(标准输入):root
```

也就是说，当命令行参数与标准输入同时存在时，grep 和 cat 会同时处理这两个输入，但是有很多程序是不处理标准输入的，例如 kill、rm 这些程序如果命令行参数中没有指定要处理的内容则不会默认从标准输入中读取。所以下面的这两个操作都是没有效果的，这两个命令只接受命令行参数中指定的处理内容，不从标准输入中获取处理内容。

```
[root@localhost ~]#echo '666' | kill
kill: 用法:kill [-s 信号声明 | -n 信号编号 | -信号声明] 进程号 | 任务声明 … 或 kill
-l [信号声明]
[root@localhost ~]#echo '666' | rm
rm: 缺少操作数
请尝试执行 "rm --help" 来获取更多信息。
```

但是有时候却需要如 # ps aux | grep 'top' | kill 这样的效果，就是筛选出符合某条件的进程 pid 然后结束它，这种需求是很常见的，那么应该怎样达到这样的效果呢。

例如现在在另外的两个窗口都运行有 # top d 1，我们想一条命令把这些 top 命令都终止，有以下两个解决办法。

（1）kill + 倒引号实现，其效果类似于 **# kill　$ pid**。

```
//先在另两个窗口运行命令#top d 1

[root@localhost ~]#ps aux |grep top
root  2504  0.8  0.1 226192  3996 pts/2   S+   12月14  10:25 top d 1
root  4986  1.0  0.2 226192  4576 pts/0   S+   16:16   0:00 top d 1
root  4995  0.0  0.0 213216   812 pts/1   S+   16:16   0:00 grep --color=auto top

//不想打印出"ps | grep top"这个当前进程
[root@localhost ~]#ps aux | grep [t]op
root  2504  0.8  0.1 226192  3996 pts/2   S+   12月14  10:25 top d 1
root  4986  0.9  0.2 226192  4576 pts/0   S+   16:16   0:00 top d 1
```

```
//下面过滤出这两个 top 进程的 pid
[root@localhost ~]#ps  aux  |grep  [t]op  |gawk  '{print $2}'
2504
4986

//用倒引号把上述命令包裹后作为 kill 命令的参数
[root@localhost ~]#kill  `ps  aux  |grep  [t]op  |gawk  '{print $2}' `

//去对应窗口可以看到两个 top 进程都被终止了,用 ps+grep 命令再次确认
[root@localhost ~]#ps  aux  |grep  top
root   5052  0.0  0.0 213216   888 pts/1    S+   16:17   0:00 grep --color=auto top
```

(2) xargs+kill 实现。

```
//再次在另两个窗口运行命令#top d  1

[root@localhost ~]#ps  aux  |grep  [t]op
root   5062  0.9  0.2 226192  4592 pts/2    S+   16:22   0:00 top d 1
root   5063  1.0  0.2 226192  4652 pts/0    S+   16:22   0:00 top d 1
[root@localhost ~]#ps  aux  |grep  [t]op  |gawk  '{print $2}'
5062
5063
[root@localhost ~]#ps  aux  |grep  [t]op  |gawk  '{print $2}'  |  xargs
kill
[root@localhost ~]#ps  aux  |grep  [t]op
[root@localhost ~]#
//可以确认 5062 和 5063 这两个进程都已被终止
```

由上述操作可以看到,xargs 命令可以通过管道接收字符串,并将接收的字符串通过空格分割成许多参数,然后将参数传递给其后面的命令,作为后面命令的命令行参数。

2) xargs 与管道的不同

xargs 与管道非常容易混淆,看了上面的 xargs 的例子我们大体知道了 xargs 的作用,继续通过下面的例子弄清楚为什么需要 xargs。

```
[root@localhost ~]#echo  '--help'  |cat
--help
[root@localhost ~]#echo  '--help'  |xargs  cat
用法:cat [选项]… [文件]…
连接所有指定文件并将结果写到标准输出。
…
```

可以看到,echo '--help' | cat 命令输出的是 echo 的内容,实际上就是 echo 命令的输

出通过管道定向到 cat 的输入，然后 cat 从其标准输入中读取待处理的文本内容。而 echo '--help' | xargs cat 等价于 cat --help 是什么意思呢，就是 xargs 将其接收的字符串 --help 做成 cat 的一个命令参数来运行 cat 命令。

由此可见，在 Linux 系统中由于很多命令不支持“|”管道来传递参数，而日常工作中又有这个必要，所以就有了 xargs 命令。xargs 命令可以读入 stdin 的数据，并且以空白字符或者断行字符作为分隔，将 stdin 的信息分隔成为若干个参数(argument)。

xargs 命令功能归纳总结如下。

(1) 构造参数列表并运行命令，即将接收的参数传递给后面的命令执行。

(2) 将多行输入转换为单行。

下面命令实现查看 passwd 配置文件的第一个用户账号的详细信息(finger　用户名)。

```
[root@localhost ~]#cut  -d ':'  -f 1  /etc/passwd  |  head  -n 1  |  xargs
  finger
Login: root                           Name: root
Directory: /root                           Shell: /bin/bash
On since 四  2 月  9 05:44 (PST) on tty1 from :0
    3 minutes 58 seconds idle
On since 四  2 月  9 05:44 (PST) on pts/0 from :0.0
Mail last read 四 12 月  8 00:37 2011 (PST)
No Plan.

/* 采用 cut 取出账号名称，用 head 取出一个账号，再由 xargs 将账号的名称变成 finger 后
面需要的参数 */
```

3) xargs 的一些有用的选项

xargs 的具体格式如下。

```
xargs [选项]参数
```

与 xargs 命令有关的选项如表 7.8 所示。

表 7.8　与 xargs 命令有关的选项说明

选项	意　　义
-d	指定分隔符
-p	在执行每个命令的参数时，都会询问用户
-n	后面接次数，每次命令执行时要使用几个参数
-E	是 EOF(End of File)，后面可以接一个字符串，当 xargs 分析到这个字符串时，就会停止继续工作
-0	与-d 的作用基本是一样的，只是-d 是指定分隔符，-0 是指定固定的\0 作为分隔符。其实 xargs -0 就是特殊的 xargs -d 的一种，它等价于 xargs -d"\0"
-a file	从文件 file 中读入作为 stdin
-t	表示先打印命令然后再执行，与-p 选项作用类似

(1) -d 选项：在默认情况下，xargs 将其标准输入中的内容以空白(包括空格、Tab、回车换行等)分割成多个之后当作命令行参数传递给其后面的命令，并运行，可以使用 -d 命令指定分隔符。在默认情况下，xargs 以空白分割，那么 11@22@33 这个字符串中没有空白，所以实际上等价于 echo 11@22@33，其中字符串 '11@22@33' 被当作 echo 命令的一个命令行参数；而指定以@符号分割参数，则等价于 echo 11 22 33，相当于给 echo 传递了 3 个参数，分别是 11、22、33。请注意，当 xargs 后面没有加任何的命令时，默认是以 echo 来进行输出。

```
[root@localhost ~]#echo '11@22@33'  | xargs
11@22@33
[root@localhost ~]#echo '11@22@33'  | xargs  -d '@'  echo
11 22 33
```

(2) -p 选项：使用该选项之后 xargs 并不会马上执行其后面的命令，而是输出即将要执行的完整的命令(包括命令以及传递给命令的命令行参数)，询问是否执行，输入 y 才继续执行，否则不执行。这种方式可以清楚地看到执行的命令是什么样子，也就是 xargs 传递给命令的参数是什么，例如：

```
[root@localhost ~]#echo  '1.txt@2.txt'  |  xargs  -p  -d '@'  echo
echo 1.txt 2.txt
?… y         //这里询问是否执行命令，输入 y 并回车，则显示执行结果，否则不执行
1.txt 2.txt
```

(3) -n 选项：该选项表示将 xargs 生成的命令行参数，每次传递几个参数给其后面的命令执行，例如如果 xargs 从标准输入中读入内容，然后以分隔符分割之后生成的命令行参数有 10 个，使用 -n 3 之后表示一次传递给 xargs 后面的命令是 3 个参数，因为一共有 10 个参数，所以要执行 4 次，才能将参数执行完。

```
[root@localhost ~]#echo  '11@22@33@44@55@66@77@88@99@00'  |  xargs  -d '@' -n
3  echo
11 22 33
44 55 66
77 88 99
00

/* 上述命令等价于:
#echo 11 22 33
#echo 44 55 66
#echo 77 88 99
#echo 00
实际上运行了 4 次，每次传递 3 个参数，最后还剩一个，就直接传递一个参数 */
```

(4) -E 选项：该选项指定一个字符串，当 xargs 解析出多个命令行参数时，如果搜索

到-E 指定的命令行参数,则只会将-E 指定的命令行参数之前的参数(不包括-E 指定的这个参数)传递给 xargs 后面的命令。

```
[root@localhost ~]#echo  "11 22 33 44"  | xargs  echo
11 22 33 44
[root@localhost ~]#echo  "11 22 33 44"  | xargs  -E  '33'  echo
11 22
```

可以看到正常情况下有 4 个命令行参数 11、22、33、44,由于使用了-E '33' 表示将命令行参数 33 之前的参数传递给执行的命令,33 本身以及之后的都不传递,等价于 echo 11 22。由此可见,-E 选项实际上有搜索的作用,表示只取 xargs 读到的命令行参数前面的某些部分给命令执行。

注意: -E 只有在 xargs 不指定-d 和-0 时才有效。不管-d 指定的是什么字符,哪怕是空格,该选项都不起作用。

```
[root@localhost ~]#echo "11 22 33 44"  | xargs  -d ' '  -E '33' echo
xargs: warning: the -E option has no effect if -0 or -d is used.

11 22 33 44
```

7.4 批量创建与删除用户

作为系统管理员经常会遇到这样的问题:就是有连续、成批的用户要在系统中建立用户账户,例如,学校计算机实验室某个学期有某年级某班的几十名学生要通过网络远程登录到学校 Linux 服务器进行 Shell 编程实验。在这种情况下,如果采用 useradd 命令在服务器上添加学生账户,则只能一个一个地添加,不但速度慢而且还容易出错。这时如何编写 Shell 脚本程序来实现上述功能是本节要重点介绍的内容。

7.4.1 基于两个配置文件批量创建用户账号

1. 批量创建用户账号

在 Red Hat Linux 版本中提供了一个新的添加用户的命令 newusers,利用它就可以实现快速、便捷地成批添加用户。具体步骤如下。

(1) 创建公用组群。

(2) 编辑用户信息文件。

(3) 创建用户口令文件。

(4) 利用 newusers 命令批量创建用户账号。

(5) 利用 pwunconv 命令暂时取消 shadow 加密。

(6) 利用 chpasswd 命令为用户设置口令。

（7）利用pwconv命令恢复shadow加密。

具体操作如下。

（1）创建公用组群。（确保GID 800未被占用）

```
[root@localhost ~]#groupadd -g 800 08students
```

（2）编辑用户信息，保存文件名为student.txt。（注意新建的两个文件不能有空行）

```
[root@localhost ~]#vim student.txt
s080101:x:801:800::/home/s080101:/bin/bash
s080102:x:802:800::/home/s080102:/bin/bash
s080103:x:803:800::/home/s080103:/bin/bash
s080104:x:804:800::/home/s080104:/bin/bash
```

（3）创建用户口令文件。

```
[root@localhost ~]#vim passwd.txt
s080101:s080101
s080102:s080102
s080103:s080103
s080104:s080104
```

（4）利用newusers命令批量创建用户账号。

```
[root@localhost ~]#newusers < student.txt
[root@localhost ~]#less /etc/passwd
s080101:x:801:800::/home/s080101:/bin/bash
s080102:x:802:800::/home/s080102:/bin/bash
s080103:x:803:800::/home/s080103:/bin/bash
s080104:x:804:800::/home/s080104:/bin/bash
//可以在/etc/passwd文件的最后看到下面四行信息，表示用户已创建

[root@localhost ~]#ls /home
gxj  linux  Linux  ludong  s080101  s080102  s080103  s080104  uptech
//可以看到随着新用户的批量添加，各用户的主目录也被添加
```

（5）利用pwunconv命令暂时取消shadow加密。

```
[root@localhost ~]#pwunconv
//将/etc/passwd文件和/etc/shadow文件合二为一
```

（6）利用chpasswd命令为用户设置口令。

```
[root@localhost ~]#chpasswd < passwd.txt
```

(7) 利用 pwconv 命令恢复 shadow 加密。

```
[root@localhost ~]#pwconv
//两个文件恢复原状
[root@localhost ~]#less /etc/shadow
s080101:$1$c7hnD/or$xsQLMG/1u2jEPHxgit4CR.:17188:0:99999:7:::
s080102:$1$pRQvfA6o$fbJUORfAHtesrYbqHHtfr0:17188:0:99999:7:::
s080103:$1$UUq3s/WU$Bj5MPLm/Ru4JfcjkyrG6I1:17188:0:99999:7:::
s080104:$1$IukDA/Rv$.7K4TOArZMood50IILfe11:17188:0:99999:7:::
//在/etc/shadow 文件的最后看到下面四行信息,表示用户口令已设置完毕
```

2. 批量删除用户账号

采用 xargs 命令与 userdel 命令组织删除刚才创建的用户。

```
[root@localhost ~]#cut -d':' -f1 student.txt | xargs -n 1 userdel-r
//得到 student.txt 文件的第一列,即用户名,然后用 userdel -r 命令删除用户

[root@localhost ~]#less /etc/passwd    //确认用户已被删除
```

7.4.2 基于一个配置文件批量创建用户账号

1. 编写脚本实现批量创建用户账号

基于 useradd 命令与 passwd --stdin 命令编写脚本实现用户批量创建。

【解题思路】

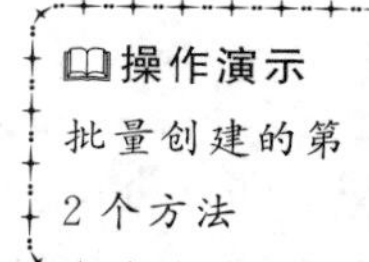

首先将需要批量创建的用户名写入名为 std.txt 的文件中(存储要批量创建的用户名,注意也是不能有空行),然后编写脚本基于 useradd 命令与 passwd --stdin 命令批量创建用户账号。

```
[root@localhost ~]#vim std.txt
linux001
linux002
linux003
```

【程序代码】

```
[root@localhost ~]#vim account1.sh
#!/bin/bash
if [ ! -f $1 ]; then                    #如果文件不存在,报错退出
    echo "$1 not exist!"
```

```
    exit 1
fi

usernames=` cat $1 `                    #变量 usernames 为$1 文件的内容

for username in $usernames
do
    #循环创建新用户
    echo  "$username will be created"
    useradd $username
    echo $username | passwd --stdin $username
done

exit  0
```

【运行结果】

```
[root@localhost ~]#chmod +x account1.sh
[root@localhost ~]#./account1.sh std.txt
linux001 will be created
更改用户 linux001 的密码。
passwd:所有的身份验证令牌已经成功更新。
linux002 will be created
更改用户 linux002 的密码。
passwd:所有的身份验证令牌已经成功更新。
linux003 will be created
更改用户 linux003 的密码。
passwd:所有的身份验证令牌已经成功更新。

[root@localhost ludong]#less /etc/passwd
//确认新用户创建完成,在/etc/passwd 文件的最后可以看到以下三行内容
linux001:x:812:812::/home/linux001:/bin/bash
linux002:x:813:813::/home/linux002:/bin/bash
linux003:x:814:814::/home/linux003:/bin/bash
```

【代码分析】

(1) 这段代码的功能就是采用 useradd 命令与 passwd --stdin 命令对文件 std.txt 中的用户名进行批量创建。在运行该脚本时要在命令行输入文件名 std.txt 作为参数。

(2) 代码中采用了循环结构 for,使变量 username 依次为变量 usernames 中的 linux001、linux002、linux003,然后利用 useradd 命令循环创建新用户,来达到批量添加用户的效果,再用 passwd --stdin 命令将每一个用户的密码都设置为与用户名一致。

2. 批量删除用户脚本

基于 userdel -r 命令按照同样的思路编写脚本实现用户的批量删除。

【解题思路】

编写脚本 delaccount1.sh，在 for 循环中采用 userdel -r 命令批量删除用户。

【程序代码】

```
[root@localhost ~]#vim delaccount1.sh
#!/bin/bash
if [ ! -f $1 ]; then
    echo "$1 not exist!"
    exit 1
fi

#下面用法与倒引号效果一致
usernames=$(cat $1)

for username in $usernames
do
   echo "$username will be deleted!"
   userdel -r $username
done

exit 0
```

【运行结果】

```
[root@localhost ~]#chmod +x delaccount1.sh
[root@localhost ~]#./delaccount1.sh std.txt
linux001 will be deleted!
linux002 will be deleted!
linux003 will be deleted!
[root@localhost ~]#less /etc/passwd     //确认用户已被成功删除
```

7.4.3 基于四个参数批量创建用户账号

1. 编写脚本实现批量创建用户账号

【解题思路】

(1) 交互式输入四个对应的参数：用户名的前缀、用户名后缀的位数、用户名的起始序号、用户的数量。

(2) 基于这四个参数，构建一个循环。基于当前的序号，

📖 操作演示
批量创建的第3个方法

获取当前序号的长度，确定填充0的个数，以补齐后缀位数，从而得到有效的用户名，并将其追加写入一个配置文件中。

(3) 采用 useradd 命令与 xargs 命令批量创建用户，chpasswd 用来设置用户的密码。

【获取数字长度的脚本程序】

```
[root@localhost testuser]#vim test1.sh
#!/bin/bash

num=$1                                    #变量 num 为命令行输入的第一个元素
count=${#num}                             #求得 num 的长度
echo "Length of $num is $count "          #输出 num 的长度

exit 0
```

【运行结果】

```
[root@localhost testuser]#chmod  +x  test1.sh
[root@localhost testuser]#./test1.sh  23              //23 的长度为 2
Length of 23 is 2
[root@localhost testuser]#./test1.sh  999
Length of 999 is 3
[root@localhost testuser]#./test1.sh  12345678
Length of 12345678 is 8
```

【获取某字符串的一个指定子串的脚本程序】

```
[root@localhost testuser]#vim  test2.sh
#!/bin/bash

nu="abcdefghijk"

#subnu 为截取后,从$1 位置开始的$2 个长度字符组成的子串
subnu=${nu:$1:$2}

echo "$nu : from $1 and  $2 count is $subnu"

exit 0
```

【运行结果】

```
[root@localhost testuser]#chmod  +x  test2.sh
[root@localhost testuser]#./test2.sh  0  2        //从位置 0 的 a 开始的两个字符
abcdefghijk : from 0 and  2 count is ab
```

```
[root@localhost testuser]#./test2.sh   1  3
abcdefghijk : from 1 and  3 count is bcd

[root@localhost testuser]#./test2.sh   5  4
abcdefghijk : from 5 and  4 count is fghi
```

【最终的完整程序代码】

```
[root@localhost ~]#vim account2.sh
#!/bin/bash

accountfile="user_passwd"                    #要生成配置文件的名字
read -p "qianzhui:" username_start           #交互式输入用户名的前缀
read -p "weishu:" nu_nu                      #交互式输入用户名的后缀位数
read -p "start num:" nu_start                #交互式输入用户名的起始序号
read -p "shuliang:" nu_amount                #交互式输入要创建用户的数量
if [ -f "$accountfile" ]; then               #如果要创建的配置文件已存在,就将其改名
        mv $accountfile "$accountfile"'date+%Y%m%d'
else                                         #如果要创建的配置文件不存在就创建配置文件
        touch "$accountfile"
fi
nu_end=$(($nu_start+$nu_amount-1))           #nu_end为用户名的终止数字
for ((i=$nu_start; i<=$nu_end; i++))         #变量i为用户名的起始序号到终止序号的循环
do
  nu_len=${#i}                               #nu_len为变量i的长度
nu_diff=$(($nu_nu-$nu_len))                  #nu_diff为用户名数字的位数和长度之差
        if [ "$nu_diff" != "0" ]; then       #如果nu_diff不等于0,则用0补齐
                nu_nn=0000000000
                nu_nn=${nu_nn:0:$nu_diff}
        fi
        account="$username_start""$nu_nn""$i"      #account为本次循环最终的用户名
        echo "$account":"$account" >>$accountfile   #追加写到配置文件中
done

#得到配置文件的第一列,即所有的用户名,通过xargs传给useradd命令进行创建
cat "$accountfile" | cut -d ':' -f1 | xargs -n 1 useradd

#将用户账号信息文件/etc/passwd和用户口令信息文件/etc/shadow合二为一
pwunconv

#从刚生成的配置文件读入数据设置新建用户的密码跟用户名保持一致
chpasswd < "$accountfile"
```

```
#将用户账号信息文件/etc/passwd 和用户口令信息文件/etc/shadow 恢复原状
pwconv

echo "OK!"

exit 0
```

【运行结果】

```
[root@localhost ~]#chmod +x account2.sh
[root@localhost ~]#./account2.sh
qianzhui: student2019
weishu: 4
start num: 1
shuliang: 10
OK!
[root@localhost ~]#tail -n 11  /etc/passwd
linuxer:x:1001:1001::/home/linuxer:/bin/bash
student20190001:x:1002:1002::/home/student20190001:/bin/bash
student20190002:x:1003:1003::/home/student20190002:/bin/bash
student20190003:x:1004:1004::/home/student20190003:/bin/bash
student20190004:x:1005:1005::/home/student20190004:/bin/bash
student20190005:x:1006:1006::/home/student20190005:/bin/bash
student20190006:x:1007:1007::/home/student20190006:/bin/bash
student20190007:x:1008:1008::/home/student20190007:/bin/bash
student20190008:x:1009:1009::/home/student20190008:/bin/bash
student20190009:x:1010:1010::/home/student20190009:/bin/bash
student20190010:x:1011:1011::/home/student20190010:/bin/bash
```

2. 批量删除用户

用 xargs 命令与 userdel 命令删除刚才创建的用户。

```
[root@localhost ~]#cut -d':' -f1 user_passwd | xargs -n 1 userdel -r
//将配置文件中的第一列所包含的用户批量删除

[root@localhost ~]#less /etc/passwd    //确认用户已成功删除
```

7.5 实验手册

实验目的和要求：

(1) 理解用户和组群的概念以及配置文件格式。

(2) 掌握用户和组群相关的命令的使用。

(3) 掌握用户批量添加与删除的脚本实现(重点和难点)。

实验 1 用户和组群的基本操作。

1. 创建工作目录

```
[root@localhost ~]#mkdir -p testuser
[root@localhost ~]#cd testuser
[root@localhost testuser]#

//在 testuser 目录下工作,并查阅跟用户和组群相关的四个配置文件,了解其格式和内容
[root@localhost testuser]#less /etc/passwd
[root@localhost testuser]#less /etc/shadow
[root@localhost testuser]#less /etc/group
[root@localhost testuser]#less /etc/gshadow
```

2. 命令行用户的创建、密码的设置与用户的删除

1) 创建新用户 linux(创建前确保 passwd 配置文件中没有该用户名)

```
[root@localhost testuser]#useradd linux
```

2) 为新用户 linux 设置密码

```
[root@localhost testuser]#passwd linux
更改用户 linux 的密码。
新的密码:
无效的密码:过于简单化/系统化
无效的密码:过于简单
重新输入新的密码:            //交互式连续两次输入密码 123456
passwd:所有的身份验证令牌已经成功更新。
```

3)检查新用户是否创建

```
[root@localhost testuser]#less /etc/passwd
//可以在最后一行看到新用户 linux 已创建
linux:x:501:501::/home/linux:/bin/bash
```

4) 删除用户 linux

```
[root@localhost testuser]#userdel -r linux
//-r 表示在删除账号的同时,将用户主目录以及用户的其他相关信息都同时删除
```

5)确认用户 linux 已被删除

```
[root@localhost testuser]#cat  /etc/passwd  | grep  linux
```

思考题:如何设置使得 linux 这个新建的用户不能登录,并进行验证。

3. 熟悉 passwd 命令的 stdin 参数

1)创建新用户 ludong 和 ludong2

```
[root@localhost testuser]#useradd ludong
[root@localhost testuser]#useradd ludong2
```

2)为新用户设置密码

```
[root@localhost testuser]#passwd ludong
//需要输入123456两次

[root@localhost testuser]#passwd ludong2
//需要输入123456两次
```

3)修改用户 ludong2 的密码为 654321

```
[root@localhost testuser]#echo 654321 | passwd --stdin ludong2
更改用户 ludong2 的密码。
passwd:所有的身份验证令牌已经成功更新。
//不要交互式输入两次密码,直接命令行完成密码的修改
```

4)将用户切换到 ludong(不需要密码)

```
[root@localhost testuser]#su ludong
```

5)将用户切换到 ludong2

```
[ludong@localhost testuser]$su ludong2
密码:
//输入 ludong2 修改以后的密码(654321)后成功登录
```

6)将用户切换到 root

```
[ludong2@localhost testuser]$su
密码:
//输入 root 的密码后切换到 root
[root@localhost testuser]#
```

4. 熟悉 finge 命令、cu 命令与 xargs 命令

1）采用 finger 命令显示 root 的用户信息

```
[root@localhost testuser]#finger root
Login: root                            Name: root
Directory: /root                               Shell: /bin/bash
On since 五 11月  8 19:17 (CST) on tty2 from tty2
7 days 15 hours idle
Last login 六 11月  9 16:57 (CST) on pts/0
No mail.
No Plan.
```

2)依次显示 ludong 和 ludong2 的用户信息

```
[root@localhost testuser]#finger ludong ludong2
Login: ludong                          Name:
Directory: /home/ludong                        Shell: /bin/bash
Never logged in.
No mail.
No Plan.

Login: ludong2                         Name:
Directory: /home/ludong2                       Shell: /bin/bash
Never logged in.
No mail.
No Plan.
```

3）显示所有用户名(即/etc/passwd 文件的第一列内容)

```
[root@localhost testuser]#cut -d':' -f1 /etc/passwd
root
bin
daemon
adm
…
```

4）显示/etc/passwd 用冒号分隔的第二列(全部为 x)

```
[root@localhost testuser]#cut -d':' -f2 /etc/passwd
x
…
```

5）显示/etc/passwd用冒号分隔的第四列（为各用户的GID）

```
[root@localhost testuser]#cut -d':' -f4 /etc/passwd
0
1
2
4
…
```

6）显示所有用户的详细信息

```
[root@localhost testuser]#cut -d':' -f1 /etc/passwd | xargs -n 1 finger
…
```

5. 熟悉pwunconv命令与pwconv命令

1)将etc/passwd和/etc/shadow两个文件合二为一

```
[root@localhost testuser]#pwunconv

[root@localhost testuser]#less /etc/shadow
/etc/shadow: 没有那个文件或目录#此时/etc/shadow文件不存在

[root@localhost testuser]#less /etc/passwd  #第二列为用户密码的密文
…
```

2）再把两个文件分开

```
[root@localhost testuser]#pwconv
[root@localhost testuser]#less /etc/passwd
[root@localhost testuser]#less /etc/shadow
//这两个文件又恢复原状
```

实验2 锁定账号，禁止登录系统的设置总结。

在Linux的日常运维工作中，会经常要求一些用户不允许登录系统，以加固系统安全。在这里对常用的几种锁定账号登录的方法进行总结。

1. 最常用方式，修改用户的Shell类型为/sbin/nologin（推荐使用）

这种方式会更加人性化一点，因为不仅可以禁止用户登录，还可以在禁用登录时给出原因。

修改/etc/nologin.txt，如果没有就直接新建一个，在里面添加被禁止用户的提示（这种方式的所有用户的锁定信息都在这个文件中，在登录时提示）。

禁用test账号登录系统操作如下。

1)新建用户 test,并设置密码

```
[root@localhost ~]#useradd  test
[root@localhost ~]#echo '123456'  | passwd  --stdin  test
更改用户 test 的密码。
passwd:所有的身份验证令牌已经成功更新。
[root@localhost ~]#cat  /etc/passwd  |  grep test
test:x:1002:1002::/home/test:/bin/bash
```

2)修改/etc/passwd 配置文件

方法一:直接通过 vim 命令修改。

```
[root@localhost ~]#vim  /etc/passwd
//将 test 的最后一列修改为/sbin/nologin

[root@localhost ~]#cat    /etc/passwd   | grep test
test:x:1002:1002::/home/test:/sbin/nologin
```

方法二:使用 usermod 命令修改。

```
[root@localhost ~]#usermod  -s  /bin/bash  test
[root@localhost ~]#cat    /etc/passwd   | grep test
test:x:1002:1002::/home/test:/bin/bash
[root@localhost ~]#usermod  -s  /sbin/nologin  test
[root@localhost ~]#cat    /etc/passwd   | grep test
test:x:1002:1002::/home/test:/sbin/nologin
```

3)编辑/etc/nologin.txt 配置文件,并尝试用 test 账号登录系统

```
[root@localhost ~]#vim  /etc/nologin.txt
//录入一行如下的内容"为了系统安全,该用户被禁止登录!"

[root@localhost ~]#cat  /etc/nologin.txt
为了系统安全,该用户被禁止登录!

[root@localhost ~]#su  test
为了系统安全,该用户被禁止登录!
```

4)解禁用户登录,改回/bin/bash 即可

```
[root@localhost ~]#vim  /etc/passwd
[root@localhost ~]#cat /etc/passwd  | grep test
```

```
test:x:1002:1002::/home/test:/bin/bash

[root@localhost ~]#su  test
[test@localhost root]$
```

2. 修改用户配置文件/etc/shadow，将第二栏设置为 *

使用这种方式会导致该用户的密码丢失，要再次使用时，需要重设密码，一般不推荐这种方式。

1）设置只读文件/etc/shadow 为 root 用户可写模式以便修改其内容

```
[root@localhost ~]#ll  /etc/shadow
-r--------. 1 root root 1829 1月   9 09:45 /etc/shadow
[root@localhost ~]#chmod  u+w  /etc/shadow
[root@localhost ~]#ll  /etc/shadow
-rw-------. 1 root root 1829 1月   9 09:45 /etc/shadow
```

2）修改/etc/shadow 配置文件，将 test 的第二列修改为 *

```
[root@localhost ~]#cat  /etc/shadow  |  grep  test
test:$6$v.ErOoDhWbQgBqLP$MdQuWCXcLG0Q0UZGb5tBCArNCK8AZVuuBF.aVoa
QeqoktLJJh7PNs4M01JTNpD3iQ.1xwefwy119pgfz.SII/:18270:0:99999:7:::
[root@localhost ~]#vim /etc/shadow
[root@localhost ~]#cat  /etc/shadow  |  grep  test
test:*:18270:0:99999:7:::
```

3）尝试用 test 账号登录系统

```
[root@localhost ~]#su test
[test@localhost root]
//从 root 切换到 test 账号因为不需要输入密码，所以可以成功切换登录
//但是直接以 test 登录系统或者从其他普通用户切换，则因为密码失效不能登录

[test@localhost root]$su -
密码:
[root@localhost ~]#su  linuxer
[linuxer@localhost root]$su  test
密码:
su: 鉴定故障
```

4）解禁用户登录，需要重置密码

```
[root@localhost ~]#echo  '123456'  |passwd  --stdin  test
更改用户 test 的密码。
```

```
passwd:所有的身份验证令牌已经成功更新。
[root@localhost ~]#cat  /etc/shadow  |  grep  test
test:  $6  $v.  ErOoDhWbQgBqLP  $MdQuWCXcLG0Q0UZGb5tBCArNCK8AZVuuBF.
aVoaLQeqoktLJJh7PNs4M01JTNpD3iQ.1xwefwy119pgfz.SII/:18270:0:99999:7:::
```

3. 使用 passwd 命令锁定账号

```
usermod  -l 用户          //锁定账号,-l:lock
usermod  -u 用户          //解锁账号,-u:unlock
```

```
[root@localhost ~]#cat  /etc/shadow  |  grep  test
test:$6$v.ErOoDhWbQgBqLP$MdQuWCXcLG0Q0UZGb5tBCArNCK8AZVuuBF.aVoaLQeqoktLJ
Jh7PNs4M01JTNpD3iQ.1xwefwy119pgfz.SII/:18270:0:99999:7:::

[root@localhost ~]#passwd  -l  test
锁定用户 test 的密码。
passwd: 操作成功

[root@localhost ~]#cat /etc/shadow  | grep test
test:!!$6$t7HCpwsXWsVtvJhP$PyR/KwYB6PT7Abj2zyzt2S3JnDnCJfxBRC.OtSgWCcOKA
tzXDT7h.Srq3eWHOr0ME6s076n0kaCZNW.YBsG220:18270:0:99999:7:::
//可以看到第二列前面多了“!!”,效果跟修改为 * 是一样的,但是密码没有丢失

[root@localhost ~]#passwd  -u  test
解锁用户 test 的密码。
passwd: 操作成功
[root@localhost ~]#cat  /etc/shadow  | grep test
test:$6$t7HCpwsXWsVtvJhP$PyR/KwYB6PT7Abj2zyzt2S3JnDnCJfxBRC.OtSgWCcOKAtzX
DT7h.Srq3eWHOr0ME6s076n0kaCZNW.YBsG220:18270:0:99999:7:::
//解锁后,恢复正常
```

实验 3 脚本编程。

1. 获取数字长度的小脚本

【程序代码】

```
[root@localhost testuser]#vim test1.sh
#!/bin/bash
num=$1                                  //变量 num 为命令行输入的第一个元素
count=${#num}                           //求得 num 的长度
echo "Length of $num is $count "        //输出 num 的长度
exit 0
```

【运行结果】

```
[root@localhost testuser]#chmod +x test1.sh
[root@localhost testuser]#./test1.sh  23//23 的长度为 2
Length of 23 is 2
[root@localhost testuser]#./test1.sh  999
Length of 999 is 3
[root@localhost testuser]#./test1.sh  12345678
Length of 12345678 is 8
```

2. 获取某字符串的一个指定子串的小脚本

【程序代码】

```
[root@localhost testuser]#vim test2.sh
#!/bin/bash
nu="abcdefghijk"

#subnu 为截取后,从$1 位置开始的$2 个长度字符组成的子串
subnu=${nu:$1:$2}

echo "$nu : from $1 and  $2 count is $subnu"

exit 0
```

【运行结果】

```
[root@localhost testuser]#chmod +x test2.sh
[root@localhost testuser]#./test2.sh   0  2        //从位置 0 的 a 开始的两个字符
abcdefghijk : from 0 and  2 count is ab

[root@localhost testuser]#./test2.sh  1  3
abcdefghijk : from 1 and  3 count is bcd

[root@localhost testuser]#./test2.sh  5  4
abcdefghijk : from 5 and  4 count is fghi
```

3. 脚本实现用户批量添加与删除的第一种方式(见 7.4.1 节)

将 newusers 批量创建用户的相关命令集成到一个脚本中,运行该 Shell 脚本即可实现该功能。

1）编辑用户信息,保存为文件 student.txt

```
[root@localhost testuser]#gvim student.txt
```

```
t001001:x:801:800::/home/t001001:/bin/bash
t001002:x:802:800::/home/t001002:/bin/bash
t001003:x:803:800::/home/t001003:/bin/bash
t001004:x:804:800::/home/t001004:/bin/bash
```

2）编辑用户口令信息，保存为文件 passwd.txt

```
[root@localhost testuser]#gvim passwd.txt
t001001:t001001
t001002:123456
t001003:123456
t001004:123456
```

3）编写脚本

```
[root@localhost testuser]#vim  newusers.sh
#!/bin/bash

groupadd -g 800 linux2019

newusers  <  student.txt

pwunconv
chpasswd  <  passwd.txt
pwconv

exit 0
```

4）执行脚本并确认

```
[root@localhost testuser]#chmod  +x  newusers.sh
[root@localhost testuser]#./newusers.sh
[root@localhost testuser]#less /etc/passwd
[root@localhost testuser]#less /etc/shadow、
//确认四个用户均已成功创建
```

5）采用 xargs 命令与 userdel 命令组织删除刚才创建的用户

首先得到 student.txt 文件的第一列。

```
[root@localhost testuser]#cut -d':' -f1 student.txt
t001001
t001002
t001003
t001004
```

然后删除 student.txt 文件中的用户,并确认。

```
[root@localhost testuser]#cut -d':'-f1 student.txt | xargs -n 1 userdel -r
[root@localhost testuser]#less  /etc/passwd
//确认四个用户已成功删除
```

4. 脚本实现用户批量添加与删除的第二种方式(见7.4.2节)

(1) 将添加与删除集成到一个脚本中,以一个 flag 变量控制是添加还是删除。
(2) 采用 useradd 命令与 passwd --stdin 命令批量创建用户。
(3) 采用 userdel 命令实现用户的批量删除。
1) 将需要批量创建的用户名写入名为 std.txt 的文件中

```
[root@localhost ~]#vim std.txt
linux001
linux002
linux003
```

2) 编写脚本

```
[root@localhost ~]#vim muilti_user.sh
#!/bin/bash
if [!-f $1 ]; then
echo "$1 not exist"
exit 1
fi
read -p  "Please input flag: " flag
if [ "$flag" != "add" ]  && [ "$flag" != "del" ];then
echo  "ERROR FLAG"
exit 1
fi

usernames=` cat $1 `
for username in $usernames
do
if [ "$flag" == "add" ];then
echo  "$username will be created"
useradd $username
echo $username | passwd --stdin $username
else
echo "$username will be deleted"
userdel -r  $username
fi
done
```

```
exit 0
```

3）修改脚本权限，执行脚本演示错误示例

```
[root@localhost testuser]#chmod  +x  muilti_user.sh
[root@localhost testuser]#./muilti_user.sh                    //命令行没有输入文件名
no exist!:
[root@localhost testuser]#./muilti_user.sh  std1.txt  //std1.txt 文件不存在
std1.txt not exist
[root@localhost testuser]#./muilti_user.sh  std.txt
Please input flag: 123                                  //没有输入 add 或 del
ERROR FLAG
```

4）运行脚本实现用户的添加

```
[root@localhost testuser]#./muilti_user.sh  std.txt
Please input flag: add
linux001 will be created
更改用户 linux001 的密码。
passwd:所有的身份验证令牌已经成功更新。
linux002 will be created
更改用户 linux002 的密码。
passwd:所有的身份验证令牌已经成功更新。
linux003 will be created
更改用户 linux003 的密码。
passwd:所有的身份验证令牌已经成功更新。

[root@localhost testuser]#tail -n 3  /etc/passwd
linux001:x:1012:1012::/home/linux001:/bin/bash
linux002:x:1013:1013::/home/linux002:/bin/bash
linux003:x:1014:1014::/home/linux003:/bin/bash
```

5）运行脚本实现用户的删除

```
[root@localhost testuser]#./muilti_user.sh  std.txt
Please input flag: del
linux001 will be deleted
linux002 will be deleted
linux003 will be deleted
[root@localhost ~]#less /etc/passwd    //确认用户已被删除
```

5. 脚本实现

用户批量添加的第三种方式的变种，在 7.4.3 节的脚本基础上，不需要任何配置文件，也不需要在脚本中生成任何配置文件，只需要输入产生前缀、位数、首位、数量，直接在for循环中，使用useradd + passwd实现用户的批量添加。

【程序代码】

```
[root@localhost testuser]#vim account3.sh
#!/bin/bash
read -p "qianzhui: "  username_start
read -p "weishu: "  nu_nu
read -p "star num: " nu_start
read -p "shuliang: " nu_amount
nu_end=$(($nu_start+$nu_amount-1))
for (( i=$nu_start; i<=$nu_end; i++ ))
do
nu_len=${#i}
nu_diff=$(($nu_nu-$nu_len))
if [ "$nu_diff" != "0" ];then
nu_nn=00000000000
nu_nn=${nu_nn:0:$nu_diff}
fi
account="$username_start""$nu_nn""$i"
useradd $account
echo $account |passwd --stdin  $account  #将用户密码设置为用户名
done

exit 0
```

【运行结果】

```
[root@localhost testuser]#chmod +x account3.sh
[root@localhost testuser]#./account3.sh
qianzhui:ludong
weishu: 4
star num: 97
shuliang: 5
更改用户 ludong0097 的密码。
passwd:所有的身份验证令牌已经成功更新。
更改用户 ludong0098 的密码。
passwd:所有的身份验证令牌已经成功更新。
更改用户 ludong0099 的密码。
passwd:所有的身份验证令牌已经成功更新。
更改用户 ludong0100 的密码。
passwd:所有的身份验证令牌已经成功更新。
更改用户 ludong0101 的密码。
passwd:所有的身份验证令牌已经成功更新。
```

```
[root@localhost testuser]#tail -n 5etc/passwd
//在/passwd 文件的最后五行有新创建的五个新用户的信息
```

6. 脚本实现

在步骤 5 的基础上修改脚本，采用 userdel -r 命令组织删除刚才创建的用户。

【程序代码】

```
[root@localhost testuser]#vim delaccount3.sh
#!/bin/bash
read -p "qianzhui: "  username_start
read -p "weishu: "  nu_nu
read -p "star num: " nu_start
read -p "shuliang: " nu_amount
nu_end=$(($nu_start+$nu_amount-1))
for (( i=$nu_start; i<=$nu_end; i++ ))
do
    nu_len=${#i}
nu_diff=$(($nu_nu-$nu_len))
if [ "$nu_diff" != "0" ]; then
    nu_nn=00000000000
    nu_nn=${nu_nn:1:$nu_diff}
    fi
    account="$username_start""$nu_nn""$i"
    userdel -r $account        //删除用户
done

exit 0
```

【运行结果】

```
[root@localhost testuser]#chmod +x delaccount3.sh
[root@localhost testuser]#./delaccount3.sh
qianzhui:ludong
weishu: 4
star num:99
shuliang: 3
[root@localhost testuser]#tail -n 5 /etc/passwd
//文件 passwd 中只剩下用户 ludong0097 和用户 ludong0098
```

7.6 本章小结

本章主要讲解了Linux的用户与组群管理的相关内容，首先介绍了与用户和组群相关的基本概念；然后学习了用户与组群管理的各个Shell命令；最后重点讲解了用户的批量创建与删除。

在Linux操作系统中，与用户相关的配置文件主要有如下两个。

(1) /etc/passwd文件结构以冒号隔开，共分为七个字段，分别是账号名称、密码(X)、UID、GID、全名、主文件夹和Shell，其中用户的密码在该文件中显示为X。

(2) 用户密码相关的详细信息已经移动到/etc/shadow文件中，分为九个字段，分别为账号名称、加密密码、密码更改日期、密码最小可变动日期、密码最大可变动日期、密码过期前警告天数、密码失效天数、账号失效日和保留未使用。

一个用户可以属于多个组，而一个组也可以包含多个用户，与组群相关的配置文件也是两个，分别是/etc/group和/etc/gshadow。

与用户新建、更改参数、删除有关的命令分别为useradd、usermod、userdel，密码设置命令则为passwd。与组群新建、修改、删除有关的命令分别为groupadd、groupmod、groupdel。

批量创建和删除用户，共介绍了三种方法，分别是采用newusers命令(两个配置文件)、useradd命令与passwd --stdin命令(一个配置文件)以及useradd命令与xargs命令(不需要任何配置文件，只需要输入四个对应的参数)。

7.7 习题

一、知识问答题

1. 简述用户和组群的关系。
2. 简述在Linux系统中用户账户有哪些分类。
3. 简述管理用户账户的配置文件有哪些？并描述这些文件各字段的含义。
4. 简述/etc/shadow文件存在的意义。
5. 简述运行一个新建用户后系统所要做的工作。
6. 简述chage命令的功能。
7. 简述xargs命令的功能。
8. 简述检查用户登录身份的命令有哪些，各自的功能又是什么。
9. 简述实现某普通用户禁止登录的几种方法。
10. 简述如何使得在登录界面不允许root登录。

二、命令操作题

1. 查看系统最后创建的三个组群，查看系统最后创建的四个用户。

2. 统计当前系统中一共有多少用户。
3. 添加用户 user1，为其指定附加组 group1，并设置一年后账户到期。
4. 添加用户 user2，为其指定 ID 号为 1500。
5. 修改某用户密码过期时间为当前时间的六个月之后。
6. 锁定某用户使其无法登录，然后再解锁，使其可以登录。
7. 查看当前登录用户的相关信息。
8. 查看用户名带有字母 t 的所有用户的详细信息。
9. 查看禁止登录系统的所有用户的详细信息。
10. 查看允许登录系统的所有用户的详细信息。

三、脚本编程题

1. 编写一个 Shell 脚本，通过交互式参数 flag 控制脚本功能，flag 为 add 时批量添加以你的学号开始的 10 位同学用户（学号依次增加 1），用户初始密码与学号相同；flag 为 del 时将这 10 个同学用户批量删除；而 flag 为其他值，则直接报错退出。

2. 编写一个 Shell 脚本，通过命令行参数 flag 控制脚本功能，flag 为 add 时，添加一个新组为 class1，然后添加属于这个组的 30 个用户，用户名的形式为 stdxx，其中 xx 从 01 到 30；flag 为 del 时，先删除 30 个用户，再删除新组 class1；而 flag 为其他值，则直接报错退出。

第 8 章　Linux 的软件安装与管理

学习目标

(1) 对 RPM 软件包有具体的理解。
(2) 掌握通过 rpm 命令实现软件包的安装、卸载与升级。
(3) 掌握 dnf 命令的使用方法。
(4) 理解源码安装的步骤。

相信读者对 Windows 下的软件的安装已经非常熟悉了，在 Windows 系统下安装软件时，只需双击软件的安装程序或者用一些解压缩软件解压缩即可安装。但在 Linux 系统下安装软件不同于 Windows，可以说是难度高于 Windows。Linux 软件的扩展名有很多，例如 rpm、tar.gz、tar.Z、bin 等，通过扩展名可以了解软件格式，进而了解软件安装。而 Linux 软件的安装大体上有三种方法，分别是 rpm 安装、dnf 安装和源码安装。接下来分别介绍这三种软件安装方法。

8.1　Linux 软件包概述

Linux 下的软件包众多，且几乎都是经 GPL 授权、免费开源(无偿公开源代码)的。这意味着如果你具备修改软件源代码的能力，只要你愿意可以随意修改。其中，GPL 的全称 General Public License，中文名称为“通用性公开许可证”，简单理解 GPL 就是一个保护软件自由的一个协议，经 GPL 协议授权的软件必须开源。

Linux 下的软件包可细分为两种，分别是源码包和二进制包。

(1) 源码包：实际上，源码包就是一大堆源代码程序，由程序员按照特定的格式和语法编写出来。由于计算机只能识别机器语言，也就是二进制语言，所以源码包的安装需要一名“翻译官”将源代码翻译成二进制语言，这名“翻译官”通常被称为编译器。“编译”指的是从源代码到直接被计算机(或虚拟机)执行的目标代码的翻译过程，编译器的功能就是把源代码翻译为二进制代码，让计算机识别并运行。

由于源码包的安装需要把源代码编译为二进制代码，因此安装时间较长。为了解决使用源码包安装方式的这些问题，Linux 软件包的安装出现了使用二进制包的安装方式。

(2) 二进制包：二进制包，也就是源码包经过成功编译之后产生的包。由于二进制包在发布之前就已经完成了编译的工作，因此用户安装软件的速度较快，且安装过程报错概率大大减小。二进制包是 Linux 下默认的软件安装包，因此二进制包又被称为默认安装软件包。

目前主要有以下两大主流的二进制包管理系统。

(1) RPM 包管理系统：功能强大，安装、升级、查询和卸载非常简单方便，因此很多Linux 发行版都默认使用此机制作为软件安装的管理方式，如 Fedora、CentOS、SuSE 等。

(2) DPKG 包管理系统：由 Debian Linux 所开发的包管理机制，通过 DPKG 包，Debian Linux 就可以进行软件包管理，主要应用在 Debian 和 Ubuntu 等发行版中。

这两种机制或多或少都会有软件依赖的问题，每个软件都有对依赖的检查，目前各个Linux 开发商都提供了线上升级机制(类似于 Windows 系统下的各种软件管家)，通过这个机制在安装时只要有网络，就能够取得开发商所提供的任何软件。其中在 DPKG 管理机制上就开发出 apt 的线上升级机制；在 RPM 上则根据开发商的不同，有 Red Hat 系统的 yum(Yellow dog Updater Modified)和 dnf(Dandified Yum)，SuSE 系统的 YOU(Yast Online Update)等机制。

综上所述，在 Fedora 29 环境下软件安装主要采用三种方式。

(1) RPM 软件包方式，有点类似于 Windows 系统下的.msi 或.exe，软件包(相当于 Windows 的某个程序的所有文件)的安装路径和文件名称基本是固定的，但是不会安装相关关联依赖包，类似 Windows 下安装.netframwwork 包一样，必须已经有一定的系统环境，才能顺利安装 RPM 文件。

(2) dnf(yum)方式，类似于 Windows 系统下的各种软件管家，也有点类似安卓的应用商店，安装一个程序时会把关联的程序一起安装，确保安装后软件直接可以运行。

(3) 源码包方式，类似于 Windows 里面的 Visual Studio 直接写出来的原始程序，在 VS 中需要把程序编译后才能生成能够运行的.exe 文件，这种方式就和源码安装程序方式类似，首先要将源码包编译，然后安装才能使用，这种方式较 RPM 方式和 dnf 方式更为复杂。

8.2 RPM 软件包安装

在 Red Hat Linux 推出 RPM 包之前，Linux 操作系统下的软件主要以源码形式发布。对于使用者而言需要自行编译软件，安装和卸载都不方便，门槛较高。Linux 发布厂商针对当前的主流硬件与操作系统平台先进行编译等过程，再将编译好的二进制程序提供给用户。用户只需要选择与自己的系统平台一致或者类似的二进制程序直接安装即可。

RPM 是 Red Hat Package Manager 的缩写，其本意就是 Red Hat 软件包管理，是由 Red Hat 公司开发出来的 Linux 下软件包管理工具。由于其使用简单、操作方便，可以实现软件的查询、安装、卸载、升级和验证等功能，为 Linux 使用者节省大量时间，逐渐被其他 Linux 发行商所借用，现已经成为 Linux 平台下通用的软件包管理方式，例如 Fedora、Red Hat、Suse、Mandrake 等主流 Linux 发行版本都默认采用了这种软件包管理方式。

8.2.1 RPM 软件包介绍

1. RPM 的软件依赖机制

RPM 是以一种资料库记录的方式来将所需要的软件安装到 Linux 系统的一套管理机制。RPM 最大的特点就是将要安装的软件先进行编译，然后打包成为 RPM 机制的文件。在安装时，RPM 会先依照软件里的数据查询相依赖的软件是否满足，如果满足则进行安装，如果不满足则不安装。安装时会将该软件的信息写入 RPM 的数据库中，以便未来的查询、验证与反安装。

在使用 RPM 进行软件安装时也会遇到一些问题，首先软件安装的环境必须与打包时的环境一致或相当，并且在安装时需要满足某些软件的依赖，而且在卸载时需要特别小心，最底层的软件不可先移除，否则可能造成整个系统出现问题。

RPM 里有默认的数据库记录该软件安装时必须具备的依赖属性软件，当安装到 Linux 主机时，RPM 会依照软件里面的数据查询 Linux 主机的依赖属性软件是否满足，若满足则予以安装，否则报错退出。

综上所述，RPM 软件包具有如下两个优点。

（1）已经编译完成且打包完毕，软件传输与安装很方便，不需要重新编译。

（2）由于软件的信息都已经记录在 Linux 主机的数据库上（/var/lib/rpm），很方便查询、升级与卸载。

2. RPM 与 SRPM

为了解决不同厂商提供的软件不能在其他 Linux 版本上安装运行的问题，在安装软件时可以使用 SRPM。SRPM 是 Source RPM 的意思，RPM 文件里面含有原始码，所提供的软件内容并没有经过编译。通常 SRPM 的扩展名是以 * src.rpm 这种格式来命名的。虽然 SRPM 的内容是原始码，但是仍然含有该软件所需要的相关软件依赖以及所有 RPM 文件所提供的数据。同时，与 RPM 不同的是，SRPM 也提供了参数配置档。所以如果下载的是 SRPM，那么要安装该软件时就必须要注意以下事项。

（1）将该软件以 RPM 管理的方式编译，此时 SRPM 会被编译成为 RPM 文件。

（2）将编译完成的 RPM 文件安装到 Linux 系统中。

通常一个软件在发布时，都会同时发布该软件的 RPM 与 SRPM。RPM 文件必须要在相同的 Linux 环境下才能够安装，可以通过修改 SRPM 内的参数配置，然后重新编译产生能适合当前 Linux 环境的 RPM 文件，如此一来，就可以将该软件安装到新系统中。

3. RPM 的文件格式

通过 RPM 软件包的文件名可以知道这个软件的版本、适用的平台、编译释出的次数。在 Linux 下有很多以 rpm 为扩展名的软件包，这便是 RPM 包。每个 RPM 包中包含了已经编译好的二进制可执行文件，类似于 Windows 下的.exe 文件。其实就是将软件源码文件进行编译安装，然后进行封装，就成了 RPM 包。此外，RPM 包中还包含了运行可执行文件所需要的其他文件，这点也与 Windows 下的软件包类似。RPM 文件的格式如图 8.1 所示。

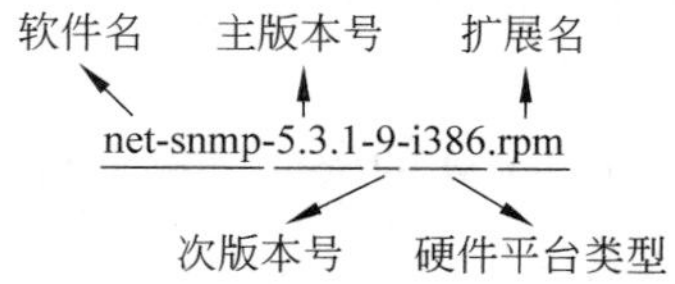

图 8.1　RPM 文件的格式

安装和卸载、查询相比较，对 rpm 文件格式要求也是不同的，安装软件包需要用软件包的全名，而卸载和查询需要的是软件包的名称，也就是不带扩展名的名称。因为 RPM 需要适用不同的硬件平台类型，而不同平台设置的参数有所区别，具体如表 8.1 所示。

表 8.1　不同平台设置的参数

i386	几乎适用所有的 x86 平台
i686	奔腾以后的 CPU，当前主流
x86_64	64 位的 CPU
noarch	没有任何硬件等级的限制

而对于 Fedora 系统而言，一般会在通用的 RPM 文件格式基础上加入 Fedora 的版本号（如 fc29）。

```
[root@localhost ~]#rpm  -qa  |  grep vim
vim-X11-8.1.1991-2.fc29.x86_64
vim-filesystem-8.1.1991-2.fc29.noarch
vim-enhanced-8.1.1991-2.fc29.x86_64
vim-common-8.1.1991-2.fc29.x86_64
vim-minimal-8.1.450-1.fc29.x86_64
```

4. RPM 的安装路径

通常情况下，RPM 包采用系统默认的安装路径，所有安装文件会按照类别分散安装到如下目录。

（1）/etc/：配置文件安装目录。

（2）/usr/bin/：可执行的命令安装目录。

（3）/usr/lib/：程序所使用的函数库保存位置。

（4）/usr/share/doc/：基本的软件使用手册保存位置。

（5）/usr/share/man/：帮助文件保存位置。

RPM 包的默认安装路径是可以通过相关 rpm 命令查询的。除此之外，RPM 包也支持手动指定安装路径，但此方式并不推荐。因为一旦手动指定安装路径，所有的安装文件会集中安装到指定位置，且系统中用来查询安装路径的命令也无法使用（需要进行手工配置才能被系统识别），得不偿失。与 RPM 包不同，SRPM 源码包的安装通常采用手动指定安装路径（习惯安装到/usr/local/中）的方式。

在图形界面下，只要双击 rpm 软件包即可安装，这类似于 Windows 下的.exe 文件。

当然也可以在终端下利用rpm命令安装。rpm命令具有非常强大的功能,结合不同的命令选项及子选项主要可以实现以下两类功能。

(1) 安装、升级和卸载RPM软件包。

(2) 查询、验证和维护RPM软件包。

8.2.2 rpm命令:安装、升级和卸载

在日常系统管理工作中,安装、升级和卸载软件包是管理应用程序最基本的工作内容。下面介绍一下使用rpm命令实现这些操作时基本的命令选项。

操作演示
rpm命令:安装、升级和卸载

-i:在当前系统中安装(install)一个新的RPM软件包。

-e:卸载指定名称的软件包。

-U:检查并升级系统中的某个软件包,若该软件包原来并未安装,则等同于-i选项。

-F:检查并更新系统中的某个软件包,若该软件包原来并未安装,则放弃安装。

-h:在安装或升级过程中,以#显示安装进度。

-v:显示软件安装过程中的详细信息。

-force:强制安装某个软件包,当需要替换已安装的软件包及文件,或者安装一个比当前使用的软件版本更旧的软件时,可以使用此选项。

-nodeps:在安装或升级、卸载一个软件包时,不检查与其他软件包的依赖关系。

首先需要特别声明的是,虚拟机在安装Fedora 29系统时默认的系统语言是中文(zh_CN.UTF-8),但是本章的有些操作的显示结果中会出现一些乱码,其实是英译中翻译的问题,反而造成了一些理解的困扰。如果出现了乱码的现象,可以临时将终端的显示语言变更为英文(en)。

```
[root@localhost ~]#echo $LANG
zh_CN.UTF-8
[root@localhost ~]#export LANG=en
[root@localhost ~]#echo $LANG
en
```

然后需要下载待安装的RPM软件包到本地,具体命令介绍参见8.3.2节。

```
[root@localhost ~]#mkdir -p /root/download
[root@localhost ~]#dnf install --downloadonly --downloaddir='/root/download' sysstat
...
Is this ok [y/N]: y
Downloading Packages:
```

```
(1/2): lm_sensors-libs-3.5.0-2.fc29.x86_64.rpm     20 kB/s |  41 kB     00:02
(2/2): sysstat-11.7.3-2.fc29.x86_64.rpm            94 kB/s | 409 kB     00:04
--------------------------------------------------------------------------------
Total                                              60 kB/s | 450 kB     00:07
Complete!
The downloaded packages were saved in cache until the next successful
transaction.
You can remove cached packages by executing 'dnf clean packages'.

[root@localhost ~]#cd  download/
[root@localhost download]#ll
total 464
-rw-r--r--. 1 root root  41872 Jun 26 18:43 lm_sensors-libs-3.5.0-2.fc29.x86
_64.rpm
-rw-r--r--. 1 root root 419296 Jun 26 18:43 sysstat-11.7.3-2.fc29.x86_64.rpm
```

1. RPM 软件的安装

RPM 软件安装的方式具体包括以下三种。

1）普通安装：-ivh [package name]

大多数的 rpm 软件都可以使用这个命令来进行安装。而参数可以随意组合，例如：-i、-iv、-ih 等，-i 是必不可少的。

```
[root@localhost download]#rpm  -ivh  lm_sensors-libs-3.5.0-2.fc29.x86_64.
rpm
Verifying…                         ################################# [100%]
Preparing…                         ################################# [100%]
Updating / installing…
   1:lm_sensors-libs-3.5.0-2.fc29
                                   ################################# [100%]

[root@localhost download]#rpm  -ivh  sysstat-11.7.3-2.fc29.x86_64.rpm
Verifying…                         ################################# [100%]
Preparing…                         ################################# [100%]
Updating / installing…
   1:sysstat-11.7.3-2.fc29         ################################# [100%]

//因为 sysstat 依赖于 lm_sensor-libs,所以要先安装后者,然后 sysstat 才能安装成功
//可以卸载后分别使用 -i、-iv、-ih 分别看一下显示效果
```

2）测试安装：-ivh -test [package name]

只对安装进行测试，并不实际安装，多用来检测软件的依赖关系。

```
[root@localhost download]#rpm  -ivh  --test  sysstat-11.7.3-2.fc29.x86_
64.rpm
Verifying…                ##################################[100%]
Preparing…                ##################################[100%]
   package sysstat-11.7.3-2.fc29.x86_64 is already installed

//先删除 sysstat 再检测一下
[root@localhost download]#rpm  -e  sysstat

[root@localhost download]#rpm  -ivh  --test  sysstat-11.7.3-2.fc29.x86_
64.rpm
Verifying…                ##################################[100%]
Preparing…                ##################################[100%]
//报告可以安装

//再删除其依赖包 lm_sensors-libs,再检测一下
[root@localhost download]#rpm -e lm_sensors-libs
[root@localhost download]#rpm  -ivh  --test  sysstat-11.7.3-2.fc29.x86_
64.rpm
error: Failed dependencies:
   libsensors.so.4()(64bit) is needed by sysstat-11.7.3-2.fc29.x86_64
//报告因为缺少依赖,所以该 RPM 包不能成功安装
```

3）强制安装：-ivh -force [package name]

忽略软件的依赖关系，强制安装该软件，有可能成功，也有可能失败，具体结果要结合具体情况而定。请注意，即使报告安装成功了，但由于该软件依赖关系不满足，则该软件可能不能启动。若软件没有依赖关系，强制安装跟普通安装的效果是相同的。因此，--force 选项尽量不要使用。

```
[root@localhost download]#rpm  -ivh  sysstat-11.7.3-2.fc29.x86_64.rpm
error: Failed dependencies:
   libsensors.so.4()(64bit) is needed by sysstat-11.7.3-2.fc29.x86_64

[root@localhost download]#rpm  -ivh  --force  sysstat-11.7.3-2.fc29.x86_
64.rpm
error: Failed dependencies:
   libsensors.so.4()(64bit) is needed by sysstat-11.7.3-2.fc29.x86_64

/*可以看到对于 sysstat 因为有相关依赖包没有安装,无论是普通安装还是加了选项的强制
安装都不成功*/

//而在下面安装了 lm_sensors-libs 之后,--force 的强制安装其实跟普通安装效果相同
```

```
[root@localhost download]#rpm  -ivh  lm_sensors-libs-3.5.0-2.fc29.x86_
64.rpm
Verifying…                    ##################################[100%]
Preparing…                    ##################################[100%]
Updating / installing…
   1:lm_sensors-libs-3.5.0-2.fc29
                              ##################################[100%]
[root@localhost download]#rpm  -ivh  --force  sysstat-11.7.3-2.fc29.x86_
64.rpm
Verifying…                    ##################################[100%]
Preparing…                    ##################################[100%]
Updating / installing…
   1:sysstat-11.7.3-2.fc29    ##################################[100%]
```

2. RPM 软件的卸载

如果某个软件安装后不再需要，或者为了腾出空间，则可以卸载该软件。rpm 命令同样也提供了软件卸载的功能。确定了要卸载的软件名称，rpm 命令的参数 e 的作用是使 rpm 进入卸载模式，后面的软件包名可以带版本，但是更多是对不带版本的软件包名进行卸载。

```
[root@localhost download]#rpm  -e  sysstat
//或者#rpm -e  sysstat-11.7.3-2.fc29.x86_64  效果相同
```

在安装时有强制安装，卸载时也有强制卸载。由于系统中各个软件包之间相互有依赖关系。如果因存在依赖关系而不能卸载，rpm 将给予提示并停止卸载，可以加入 --nodeps 参数来直接卸载，但是请注意忽略依赖关系的卸载可能会导致系统中其他的一些软件无法使用。因此，该选项也请大家尽量避免使用。

```
[root@localhost download]#rpm  -e  sysstat-11.7.3-2.fc29.x86_64  --nodeps
```

3. RPM 软件的升级

升级软件包用于较新版本软件包替代旧版本软件包，应使用带-U 或-F 参数的 rpm 命令完成，可以通过下面的操作比较一下 Uvh 与 Fvh 的区别。

(1) Uvh：后面的软件没有安装过，也会予以安装。

(2) Fvh：只有已经安装的软件才会被升级。

```
[root@localhost ~]#rpm  -e  sysstat
[root@localhost download]#rpm  -Uvh  sysstat-11.7.3-2.fc29.x86_64.rpm
Verifying…                    ##################################[100%]
Preparing…                    ##################################[100%]
```

```
Updating / installing…
   1:sysstat-11.7.3-2.fc29  ###################################[100%]

[root@localhost download]#rpm  -e  sysstat
[root@localhost download]#rpm  -Fvh  sysstat-11.7.3-2.fc29.x86_64.rpm

//可以看到在sysstat没有安装的情况下,Uvh会安装该包,而Fvh则什么也不做
```

8.2.3 rpm命令：查询、验证和维护

1. RPM软件包的查询

rpm命令查询RPM软件包信息的各选项如下。

-q：查询已知名称的软件包是否已经安装。

-qa：显示当前系统中以RPM方式安装的所有软件列表。

-qi：查看指定软件包的名称、版本、许可协议、用途描述等详细信息。

-ql：显示指定的软件包在当前系统中安装的所有目录、文件列表。

-qf：查看指定的文件或目录是哪个软件包所安装的。

-qp：针对尚未安装的RPM软件包文件进行查询。

-qpi：查看指定软件包的名称、版本、许可协议、用途描述等详细信息。

-qpl：查看该软件包准备要安装的所有目标目录、文件列表。

（1）查询某个软件包是否已经安装。

```
[root@localhost download]#rpm  -e  sysstat
[root@localhost download]#rpm  -Fvh  sysstat-11.7.3-2.fc29.x86_64.rpm
[root@localhost download]#rpm  -q  sysstat
package sysstat is not installed
//我们在上面的操作基础上确认一下Fvh是否安装该软件包,可以看到确实没有

[root@localhost download]#rpm  -ivh  sysstat-11.7.3-2.fc29.x86_64.rpm
Verifying…                  ###################################[100%]
Preparing…                  ###################################[100%]
Updating / installing…
   1:sysstat-11.7.3-2.fc29  ###################################[100%]
[root@localhost download]#rpm  -q  sysstat
sysstat-11.7.3-2.fc29.x86_64
//ivh安装后,-q就可以查询出来
```

（2）查询系统当前所有软件列表，一般是跟管道结合起来使用。

```
[root@localhost download]#rpm  -qa
...

[root@localhost download]#rpm  -qa  |  grep sysstat
sysstat-11.7.3-2.fc29.x86_64
[root@localhost download]#rpm  -qa  |  grep vim
vim-X11-8.1.1991-2.fc29.x86_64
vim-filesystem-8.1.1991-2.fc29.noarch
vim-enhanced-8.1.1991-2.fc29.x86_64
vim-common-8.1.1991-2.fc29.x86_64
```

（3）列出某个软件包的所有安装文件。

```
[root@localhost download]#rpm  -ql  sysstat
/etc/profile.d/colorsysstat.csh
/etc/profile.d/colorsysstat.sh
/etc/sysconfig/sysstat
/etc/sysconfig/sysstat.ioconf
...
[root@localhost download]#rpm  -ql  vim-X11
/usr/bin/evim
/usr/bin/gex
/usr/bin/gview
/usr/bin/gvim
/usr/bin/gvimdiff
/usr/bin/gvimtutor
/usr/bin/vimtutor
/usr/bin/vimx
/usr/lib/.build-id
/usr/lib/.build-id/7a
/usr/lib/.build-id/7a/979c07471a66cb6b6fb959eed08c627dca54f9
/usr/share/applications/gvim.desktop
/usr/share/icons/hicolor/16x16/apps/gvim.png
/usr/share/icons/hicolor/32x32/apps/gvim.png
/usr/share/icons/hicolor/48x48/apps/gvim.png
/usr/share/icons/hicolor/64x64/apps/gvim.png
/usr/share/icons/locolor/16x16/apps/gvim.png
/usr/share/icons/locolor/32x32/apps/gvim.png
/usr/share/man/man1/evim.1.gz
/usr/share/metainfo/gvim.appdata.xml

//可以看到编辑器 gvim 属于 vim-X11 软件包,而 vim 命令则不在该软件包中
```

(4) 查询某个文件或命令属于哪个软件包。一般先用 whereis 命令查询得到该文件的绝对路径。

```
[root@localhost download]#whereis  ls
ls: /bin/ls /usr/share/man/man1/ls.1.gz /usr/share/man/man1p/ls.1p.gz
[root@localhost download]#rpm  -qf  /bin/ls
coreutils-8.30-4.fc29.x86_64

[root@localhost download]#whereis  vim
vim: /usr/bin/vim  /usr/share/vim /usr/share/man/man1/vim.1.gz
[root@localhost download]#rpm -qf  /usr/bin/vim
vim-enhanced-8.1.1991-2.fc29.x86_64

[root@localhost download]#whereis  gvim
gvim: /usr/bin/gvim  /usr/share/man/man1/gvim.1.gz
[root@localhost download]#rpm  -qf  /usr/bin/gvim
vim-X11-8.1.1991-2.fc29.x86_64
```

2. RPM 软件包的验证

验证软件包是使用/var/lib/rpm 下面的数据库内容来比较目前 Linux 系统环境下的对应的文件。验证的手段主要包括比较文件的尺寸、MD5 校验码、文件权限、类型、属主和用户组等。验证错误信息具体解释如下。

(1) S file Size differs：文件大小是否被改动。

(2) M Mode differs(includes permissions and file type)：文件的属性和类型是否被改动。

(3) 5 MD5 sum differs：MD5 内容是否被改动。

(4) D Device major/minor number mismatch：设备的主/次代码是否被改动。

(5) L readLink(2) path mismatch：Link 路径是否被改动。

(6) U User ownership differs：文件的所有人是否被改动。

(7) G Group ownership differs：文件的组是否被改动。

(8) T mTime differs：文件的修改时间是否被改动。

(9) missing：文件遗漏(不存在)。

rpm 命令采用带参数-V 的命令来验证一个软件包。用户可以使用以下三种包选项来查询待验证的软件包。

(1) rpm -V：验证单个软件包,命令格式如下。

```
[root@localhost ~]#rpm -V  vim-X11
[root@localhost ~]#rpm -V  vim-X11-8.1.1991-2.fc29.x86_64
//没有错误,系统没有输出
//也可以看到,在验证的时候可以写全,也可以不加版本号
```

下面把命令 gvim 改名后，再验证一下，是否会报错。

```
[root@localhost ~]#mv  /usr/bin/gvim   /usr/bin/gvim.bak
//此时 gvim 文件应该就不存在了

[root@localhost ~]#rpm  -V  vim-X11
遗漏     /usr/bin/gvim

//下面将环境变量 LANG 临时从中文(zh_CN)改为英文 en, 再看一下输出的验证
[root@localhost ~]#echo  $LANG
zh_CN.UTF-8
[root@localhost ~]#export  LANG=en
[root@localhost ~]#echo  $LANG
en
[root@localhost ~]#rpm  -V  vim-X11
missing     /usr/bin/gvim
```

(2) rpm -Vf：验证包含特定文件的软件包。

```
//接着上面的操作,继续验证某个特定文件
[root@localhost ~]#rpm  -Vf  /usr/bin/gvim
missing     /usr/bin/gvim

[root@localhost ~]#mv  /usr/bin/gvim.bak  /usr/bin/gvim
[root@localhost ~]#rpm  -Vf  /usr/bin/gvim
//此时 gvim 被重新 mv 生成,系统没有输出,表明没有错误

[root@localhost  ~]]#rpm  -qf  /etc/passwd
setup-2.12.1-1.fc29.noarch
[root@localhost  ~]#rpm  -Vf  /etc/passwd
.M…   c /etc/fstab
.M…   c /etc/shadow
.M…G…   g /var/log/lastlog

/* 上面操作表明,setup 这个软件包里面有三个文件的属性有变动,但是请注意,这并不意味着
该软件包出现问题 */
```

(3) rpm -Va：验证所有已安装的软件包。

```
[root@localhost ~]#rpm -Va
prelink: /usr/bin/dig: at least one of file's dependencies has changed
since prelinking
S.?…     /usr/bin/dig
```

```
prelink: /usr/bin/host: at least one of file's dependencies has changed
since prelinking
S.?…     /usr/bin/host
prelink: /usr/bin/nslookup: at least one of file's dependencies has changed
since prelinking
S.?…     /usr/bin/nslookup
prelink: /usr/bin/nsupdate: at least one of file's dependencies has changed
since prelinking
S.?…     /usr/bin/nsupdate
…
//输出结果跟系统当时的状态相关
```

3. 维护 RPM 数据库

RPM 数据库用于记录在 Linux 操作系统中安装、卸载、升级应用程序的相关信息，由 RPM 软件包管理系统自动完成维护，一般不需要用户干预。当 RPM 数据库发生损坏(可能是由于误删文件、非法关机、病毒破坏等导致)，且操作系统无法自动修复时，将导致无法正常使用 rpm 命令，这时可以执行以下操作来重建 RPM 数据库。

```
[root@localhost ~]#rpm --initdb
```

8.3 dnf 安装

目前，随着 Linux 软件管理方法的不断完善，新的软件包管理器层出不穷，例如，Fedora Core 里的 dnf，SuSE Linux 下的 YaST2，Debian 下的 apt-get 等。目前这些软件包管理器集成在整个系统设置工具里，能够完成软件的安装、卸载、在线升级等多种操作，类似于 Windows Update。这些工具一般都可以同时在字符界面和图形界面使用，都是具有向导性质的，简单易学。

8.3.1 yum 与 dnf

1. yum 概述

使用 Red Hat、Fedora 的 Linux 用户肯定都为 RPM 著名的 Dependency Hell(相依性地狱)而头疼(这也是所有基于 RPM 的 Linux 发行版都有的问题)。其含义是各个软件编译和安装路径不同，有可能会产生不一致的类库需求，从而导致依赖地狱。若要装卸某个软件，需要梳理清楚所有依赖性问题，十分麻烦。即使强制卸载了软件，也可能导致相关的一部分软件会崩溃。

对标于 Debian 下的 apt-get，基于 RPM 的 Linux 发行版开发了可以自动解决依赖关系的包管理工具 yum。与 apt 相比，yum 的功能一点也不弱，甚至还有许多胜过 apt 之处。例如，yum 是 Fedora 系统自带的，因此它能使用 Fedora 官方的软件源，完成各种官方发布的各种升级。对于第三方软件源的支持，大多数支持 apt 的 Repository（资源库）也能支持 yum，例如 freshrpms、fedora.us、livna 等。此外 yum 有一个比较详细的日志，可以查看何时升级安装了什么软件包。

yum 是 Yellow dog Updater Modified 的缩写。Yellow dog 是一个 Linux 的发行版（分支），Red Hat（红帽）将这种升级技术用到自己的发行版，形成了现在的 yum，原理和 apt 类似，但 apt 是编译代码，执行效率远高于用 Python 语言编写的 yum。

yum 的理念是使用一个中心仓库（Repository）管理一部分甚至一个发行版的应用程序相互关系，根据计算出来的软件依赖关系进行相关的升级、安装、删除等操作，减少了 Linux 用户一直头痛的软件依赖的问题。这一点上，yum 和 apt 相同。apt 原为 Debian（也是一款操作系统，是 Linux 的一个发行版）的 deb 类型软件管理所使用，但是现在也能用到 Red Hat 门下的 RPM 了。

每一个 RPM 软件的头（Header）里面都会记录该软件的依赖关系，那么如果可以将该头的内容记录下来并且进行分析，可以知道每个软件在安装之前需要额外安装哪些基础软件。也就是说，在服务器上面先以分析工具将所有的 RPM 包进行分析，然后将该分析记录下来，只要在进行安装或升级时先查询该记录的文件，就可以知道所有相关联的软件。

yum 的基本工作流程如图 8.2 所示，主要包括两部分内容：

（1）服务器端：在服务器上面存储了所有的 RPM 软件包，然后以相关的功能去分析每个 rpm 文件的依赖性关系，将这些数据记录成文件存储在服务器的某特定目录内。

（2）客户机端：如果需要安装某个软件时，通过 yum 配置文件，下载服务器上面记录的依赖性关系文件（可通过 WWW 或 FTP 方式），通过对服务器端下载的记录数据进行分析，然后取得所有相关的软件，一次全部下载下来进行安装。

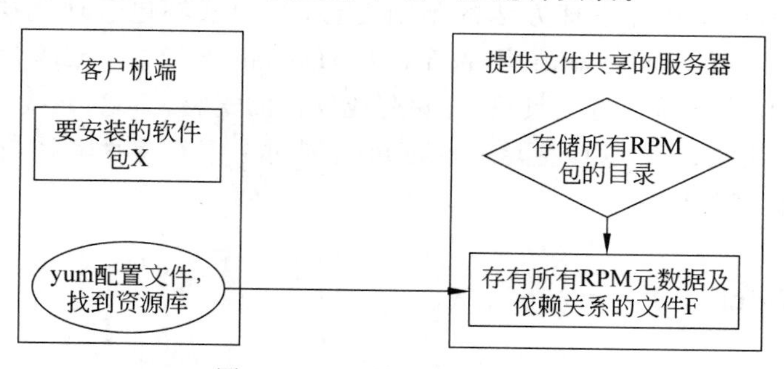

图 8.2　yum 的基本工作流程

在使用 yum 安装软件包之前，需指定好 yum 下载 RPM 包的位置，此位置称为 yum 源。yum 源指的就是软件安装包的来源，在使用 yum 安装软件时至少需要一个 yum 源，既可以使用网络作为 yum 源，也可以将本地光盘作为 yum 源。

（1）网络 yum 源：一般情况下，只要主机网络正常，可以直接使用网络 yum 源，不需要对配置文件做任何修改。网络 yum 源配置文件位于/etc/yum.repos.d/目录下，只要扩展名为 *.repo 的文件都是 yum 源的配置文件。

（2）本地 yum 源：在无法联网的情况下，yum 可以考虑用本地光盘（或安装映像文件)作为yum源。Linux系统安装映像文件中就含有常用的rpm包,可以使用压缩文件打开映像文件(iso文件),进入其Packages子目录,该子目录下含有几乎所有常用的rpm包,因此使用系统安装映像作为本地yum源没有任何问题。

2. yum的后继:dnf

dnf是Red Hat新一代的RPM软件包管理器,首先出现在Fedora 18这个发行版中,并在Fedora 22中取代了yum,正式成为Fedora 22的默认包管理器。启动dnf项目的原因是由于yum的三大问题:API缺乏文档、有问题的依赖解决算法及无法重构内部函数。dnf致力于解决这些yum的问题,同时克服了yum包管理器的一些瓶颈,提升了包括用户体验、内存占用、依赖分析、运行速度等多方面的性能。dnf由yum中分支出来,采用了基于SAT的依赖解决算法,使用RPM、libsolv和hawkey库进行包管理操作,按照相同的语义逻辑保留了命令行接口的一致性。从Fedora Core 22开始就只有dnf,官方不再提供yum了。当然也可以自己下载yum,只是yum程序的名称被改名为yum-deprecated,而且从命令行调用yum会被重定向到dnf。

dnf默认使用Metalink给出推荐的镜像列表,保证用户使用的镜像仓库足够新,并且能够尽快得到安全更新,从而提供更好的安全性。所以通常情况下使用默认配置即可,无须更改配置文件。但是由于Metalink需要从国外的Fedora项目的服务器上获取元信息,所以对于校园内网、无国外访问等特殊情况,Metalink并不适用,这时候就需要配置一些国内的dnf源。国内常使用的源如阿里巴巴、中科大、清华大学、网易等都没有被纳入官方提供的源中。如果在dnf使用过程中下载失败或者下载速度不够理想,可以考虑配置上述的国内源,使得dnf在下载时直接使用国内源。配置国内源时请注意以下三点:

(1) 因为国内源的配置和对应版本的目录结构变动比较频繁,在配置时一定要去对应的网站下载最新的配置文件。具体配置方法也请查找网上最新的攻略。

(2) 网上很多攻略说要删掉/etc/yum.repos.d目录下所有的原来的文件,或者让改名备份一下。其实没有必要,最好保留原始源,保持国内源和原始国外源并存的状态,因为国内源不一定能够保证永远有效。

(3) 各个国内的源基本没有什么区别,所以只用1、2个国内源就可以了,完全没有必要添加太多的源。

8.3.2 dnf命令的使用

dnf命令的选项有许多,在此列出常用的命令选项,如表8.2所示。

表8.2 dnf命令的常用命令选项

命令选项	选项说明
dnf install[package name]	安装某一软件
dnf list[package name]	列出所指定软件包

续表

命令选项	选项说明
dnf list	列出所有可安装的软件包
dnf info[package name]	使用 dnf 获取软件包信息
dnf info	列出所有软件包的信息
dnf list installed	列出所有已安装的软件包
dnf list extras	列出所有已安装但不在资源库内的软件包
dnf info installed	列出所有已安装的软件包信息
dnf info extras	列出所有已安装但不在资源库内的软件包信息

下面将依次介绍 dnf 命令对软件的搜索、安装、卸载、更新等操作。需要注意的是，dnf 都是对 rpm 软件包进行操作，而且要使用 dnf 命令时一定要能联网，否则不能使用。

1. 使用 dnf 搜索软件

使用 dnf 的搜索功能来查找已配置的仓库中可用的软件，或系统中已安装的软件。搜索结果的格式依赖于所用的选项。如果查询没有给出结果，说明没有满足要求的软件。

(1) 列出用户系统上的所有来自软件库源的可用软件包和所有已经安装在系统上的软件包。

```
[root@localhost ~]#dnf  list
…
Installed Packages
GConf2.x86_64  3.2.6-21.fc29                           @anaconda
…
Available Packages
afterburn.x86_64            4.2.0-1.module_f29+6827+808d84e0 updates-modular
…
```

列出所有安装了的 RPM 包。

```
[root@localhost ~]#dnf  list  installed
…
Installed Packages
GConf2.x86_64  3.2.6-21.fc29                           @anaconda
…
```

列出来自所有可用软件库的可供安装的软件包。

```
[root@localhost ~]#dnf  list  available
…
```

```
Available Packages
afterburn.x86_64          4.2.0-1.module_f29+6827+808d84e0  updates-modular
...
```

(2) 若要搜索某一软件,可使用命令 dnf list [package name]。

```
[root@localhost ~]#dnf list sysstat
...
Installed Packages
sysstat.x86_64               11.7.3-2.fc29                       @System
```

(3) 如果不知道软件的名称,可以使用 search 选项。search 选项可以检测所有可用的软件的名称、描述、概述和已列出的维护者,查找匹配的值。例如要安装一个 Instant Message(即时通信),但又不知到底有哪些,这时可用 dnf search message 这样的指令进行搜索,dnf 会搜索所有可用 rpm 的描述,列出所有描述中和 message 有关的 rpm 包,可以从中选择特定的软件进行下一步的安装,而且 search 可以用通配符,如"?",* 等。

```
[root@localhost ~]#dnf  search  message
...
============Summary Matched: message==============================
dbus.x86_64 : D-BUS message bus
dbus-daemon.x86_64 : D-BUS message bus
dbus-common.noarch : D-BUS message bus configuration
perl-Digest.noarch : Modules that calculate message digests
gmime30.x86_64 : Library for creating and parsing MIME messages
perl-Pod-Usage.noarch : Print a usage message from embedded POD documentation
gettext.x86_64 : GNU libraries and utilities for producing multi-
lingual messages

[root@localhost ~]#dnf  search  vim-*
...
============Summary Matched: vim-*=============================
vim-X11.x86_64 : The VIM version of the vi editor for the X Window System - GVim
vim-common.x86_64 : The common files needed by any version of the VIM editor
vim-minimal.x86_64 : A minimal version of the VIM editor
vim-enhanced.x86_64 : A version of the VIM editor which includes
recent enhancements
vim-filesystem.noarch : VIM filesystem layout
```

(4) 当想要查看是哪个软件包提供了系统中的某一文件时,可以使用 provides 选项。

```
[root@localhost ~]#dnf provides  /bin/bash
...
```

```
bash-4.4.23-5.fc29.x86_64 : The GNU Bourne Again shell
Repo         : @System
Matched from:
Provide      : /bin/bash

[root@localhost ~]#dnf provides  /usr/bin/gvim
…
vim-X11-2:8.1.1991-2.fc29.x86_64 : The VIM version of the vi editor for the
X Window
: System - GVim
Repo         : @System
Matched from:
Filename     : /usr/bin/gvim

//从上面可知,/bin/bash 来自于 bash 软件包,而 gvim 命令则来自于 vim-X11 软件包
```

(5) 当想在安装某一个软件包之前查看它的详细信息时,可以通过 info 选项查看软件包详情。

```
[root@localhost ~]#dnf  info  sysstat
…
已安装的软件包
名称      : sysstat
版本      : 11.7.3
发布      : 2.fc29
架构      : x86_64
大小      : 1.4 M
源        : sysstat-11.7.3-2.fc29.src.rpm
仓库      : @System
小结      : Collection of performance monitoring tools for Linux
URL       : http://sebastien.godard.pagesperso-orange.fr/
协议      : GPLv2+
描述      : The sysstat package contains the sar, sadf, mpstat, iostat, tapestat,
          : pidstat, cifsiostat and sa tools for Linux.
          :…

/*从上面的结果输出我们可以明显看到,基本只是一些标题类的词语用中文显示,里面的内容(如描述)没有翻译过来,还是英文,所以需要有意地加强在这方面的英文的理解能力,不能完全依赖系统 */

//下面我们把终端显示语言设置为英文,比较一下输出结果有什么差异
[root@localhost ~]#export  LANG=en
[root@localhost ~]#echo  $LANG
```

```
en
[root@localhost ~]#dnf  info sysstat
…
Installed Packages
Name          : sysstat
Version       : 11.7.3
Release       : 2.fc29
Arch          : x86_64
Size          : 1.4 M
Source        : sysstat-11.7.3-2.fc29.src.rpm
Repo          : @System
Summary       : Collection of performance monitoring tools for Linux
URL           : http://sebastien.godard.pagesperso-orange.fr/
License       : GPLv2+
Description   : The sysstat package contains the sar, sadf, mpstat, iostat,
              : tapestat,pidstat, cifsiostat and sa tools for Linux.
```

2. 使用 dnf 安装软件

(1) dnf 在用 install 选项安装软件包时，dnf 会查询数据库有无这一软件包，如果有该软件包，则检查其依赖冲突关系，若没有依赖冲突便下载安装；如果有，则会给出提示，询问是否要同时安装依赖，或删除冲突的包，这个由用户自主判断。

操作演示
dnf 安装软件

下面先通过 info 查看 nano 软件的详情，然后再用 install 选项安装 nano 软件。

```
[root@localhost ~]#dnf  info  nano
…
可安装的软件包
名称        : nano
版本        : 3.0
发布        : 3.fc29
架构        : x86_64
大小        : 567 k
源          : nano-3.0-3.fc29.src.rpm
仓库        : updates
小结        : A small text editor
URL         : https://www.nano-editor.org
协议        : GPLv3+
描述        : GNU nano is a small and friendly text editor.

[root@localhost ~]#dnf  install  nano
```

```
依赖关系解决。
================================================================
软件包架构版本仓库大小
================================================================
安装:
nano     x86_64          3.0-3.fc29            updates          567 k

事务概要
================================================================
安装  1 软件包

总下载:567 k
安装大小:2.2 M
确定吗?[y/N]:y                   #输入 y
下载软件包:
nano-3.0-3.fc29.x86_64.rpm                  183 kB/s | 567 kB   00:03
----------------------------------------------------------------
总计          109 kB/s | 567 kB       00:05
运行事务检查
事务检查成功。
运行事务测试
事务测试成功。
运行事务
准备中                                                    1/1
Installed: nano-3.0-3.fc29.x86_64                                1/1
运行脚本: nano-3.0-3.fc29.x86_64                              1/1
Installed: nano-3.0-3.fc29.x86_64
验证     : nano-3.0-3.fc29.x86_64                              1/1

已安装:
  nano-3.0-3.fc29.x86_64


完毕!
```

如果直接可以确定安装,可以加入-y 参数,这样就不会询问是否需要下载安装。

```
[root@localhost ~]#rpm  -e  sysstat
//先卸载 sysstat 以便接下来安装

[root@localhost ~]#dnf  -y  install  sysstat
…
安装:
```

```
sysstat       x86_64        11.7.3-2.fc29        fedora          409 k

安装  1 软件包

总下载:409 k
安装大小:1.4 M
下载软件包:
sysstat-11.7.3-2.fc29.x86_64.rpm              132 kB/s | 409 kB     00:03
...
已安装:
  sysstat-11.7.3-2.fc29.x86_64

完毕!
```

(2) dnf 也可以支持只下载不安装(默认下载到/var/cache/dnf 目录下,可以通过参数--downloadonly 指定下载目录)。下面操作实现将 sysstat 软件及其相关的依赖包一起下载到指定目录。

```
[root@localhost ~]#rpm  -e  sysstat
[root@localhost ~]#rpm -e   lm_sensors-libs
//删除可能的安装

[root@localhost ~]#mkdir -p  /root/down

//--downloaddir 参数指定下载的目录为刚创建成功的/root/down
[root@localhost~]#dnf -y install --downloadonly --downloaddir=/root/down
sysstat
...
安装:
sysstat         x86_64        11.7.3-2.fc29          fedora          409 k
安装依赖关系:
lm_sensors-libs    x86_64       3.5.0-2.fc29            updates          41 k

安装  2 软件包

总下载:450 k
安装大小:1.5 M
DNF 只会下载事务所需的软件包。
下载软件包:
(1/2): sysstat-11.7.3-2.fc29.x86_64.rpm            196 kB/s | 409 kB     00:02
(2/2): lm_sensors-libs-3.5.0-2.fc29.x86_64.rpm     17 kB/s  |  41 kB     00:02
-------------------------------------------------------------------------------
```

```
总计                                                    64 kB/s | 450 kB     00:07
完毕!

[root@localhost ~]#cd  /root/down
[root@localhost down]#ll
总用量 464
-rw-r--r--. 1 root root   41872 7月   5 10:17 lm_sensors-libs-3.5.0-2.fc29.
x86_64.rpm
-rw-r--r--. 1 root root 419296 7月   5 10:17 sysstat-11.7.3-2.fc29.x86_64.rpm
```

3. 使用 dnf 卸载软件

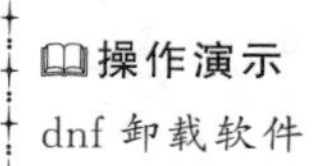

使用 dnf 卸载软件可以分别使用两个选项 remove 或 erase,两者的功能是等同的,也都默认会在删除之前确认一下,所以都可以加上-y 参数让其不再确认直接卸载。

```
[root@localhost down]#dnf  remove  nano
...
移除:
nano        x86_64        3.0-3.fc29              @updates              2.2 M

移除  1 软件包

将会释放空间:2.2 M
确定吗?[y/N]: y                    #会要求确认一下
运行事务检查
事务检查成功。
运行事务测试
事务测试成功。
运行事务
准备中    :                                                            1/1
Erase: nano-3.0-3.fc29.x86_64
运行脚本: nano-3.0-3.fc29.x86_64                                          1/1
删除      : nano-3.0-3.fc29.x86_64                                        1/1
Erase: nano-3.0-3.fc29.x86_64
运行脚本: nano-3.0-3.fc29.x86_64                                          1/1
验证      : nano-3.0-3.fc29.x86_64                                        1/1

已移除:
  nano-3.0-3.fc29.x86_64

完毕!
```

```
[root@localhost down]#dnf -y install nano
...
已安装:
  nano-3.0-3.fc29.x86_64

完毕!

[root@localhost down]#dnf -y erase nano
...
移除 1 软件包

将会释放空间:2.2 M
...
已移除:
  nano-3.0-3.fc29.x86_64

完毕!
```

当没有软件再依赖它们时,某一些用于解决特定软件依赖的软件包将会变得没有存在的意义,下面的命令就是用来自动移除这些没用的孤立软件包。

```
[root@localhost down]#dnf autoremvoe
...
```

虽然卸载了软件,但是 dnf 会把下载的软件包和 metadata(元数据)存储在/var/cache/dnf 目录中,而不会自动删除。如果用户认为它们占用磁盘空间,可以使用 dnf clean 指令进行清除,具体命令如下。

(1) 清除元数据。

```
[root@localhost down]#dnf clean metadata
29 文件已删除
```

(2) 清除下载的 rpm 包。

```
[root@localhost down]#dnf clean packages
2 文件已删除
```

(3) 在使用 dnf 的过程中,会因为各种原因在系统中残留各种过时的文件和未完成的编译工程。我们需要经常使用该命令来删除这些没用的所有垃圾文件。

```
[root@localhost down]#dnf clean all
29 文件已删除
```

4. dnf 更新软件

1）列出所有可更新的软件包

```
[root@localhost down]#dnf  check-update    #或 dnf  list  updates
…
ibRaw.x86_64                   0.19.5-1.fc29                    updates
NetworkManager.x86_64          1:1.12.6-5.fc29                  updates
…

[root@localhost down]#
…
```

2）列出所有可更新的软件包的详细信息

```
[root@localhost down]#dnf  info  updates
…
```

3）更新某个软件

```
[root@localhost ~]#dnf  update  systemd
…
升级：
 systemd              x86_64    239-14.git33ccd62.fc29    updates    3.4 M
 systemd-container    x86_64    239-14.git33ccd62.fc29    updates    406 k
 systemd-libs         x86_64    239-14.git33ccd62.fc29    updates    442 k
 systemd-pam          x86_64    239-14.git33ccd62.fc29    updates    155 k
 systemd-udev         x86_64    239-14.git33ccd62.fc29    updates    1.2 M
…
确定吗？[y/N]: y            #询问是否确定
下载软件包：
(1/5): systemd-libs-239-14.git33ccd62.fc29.x86_64.rpm  144 kB/s | 442 kB
00:03
……
Upgraded: systemd-239-3.fc29.x86_64
Upgraded: systemd-libs-239-3.fc29.x86_64
…
已升级：
systemd-239-14.git33ccd62.fc29.x86_64
…
完毕！
```

4）升级系统中所有可升级的软件包（这个操作需要的时间可能会比较长）

```
[root@localhost down]#dnf  update                  #或 dnf upgrade
…
```

8.3.3 gnome-software的使用

Fedora提供的软件管理器的图形界面跟Windows的添加/删除程序的界面非常类似，底层的实现是基于dnf，然后上面套了一个图形界面，使用起来更友好、方便，但是速度可能会比直接使用命令行要慢一些。

（1）打开软件包管理器，如图8.3所示。软件包管理器主界面如图8.4所示，在该界面可以看到可以安装的软件，而且软件还分了各种类别。

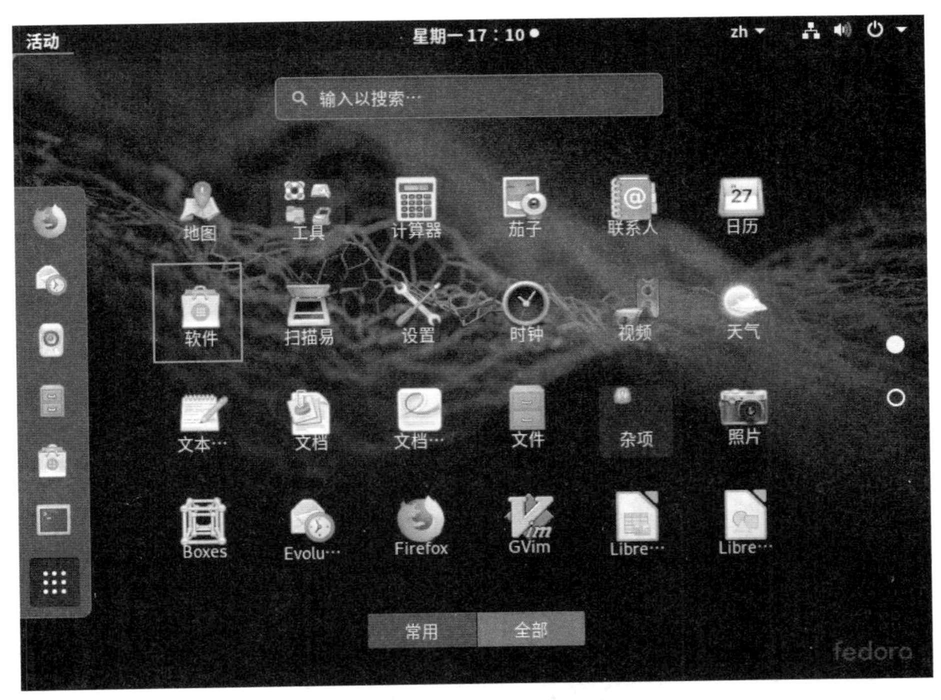

图8.3 打开软件包管理器

（2）单击搜索关键词或通过分类列表，选择想安装的软件包，单击“安装”按钮即可进入安装流程，如图8.5和图8.6所示。

（3）要卸载软件包，每个已安装的软件后面有“移除”选项，如图8.7和图8.8所示。而软件包的升级则直接单击“更新”按钮，选择具体要更新的软件直接更新即可。

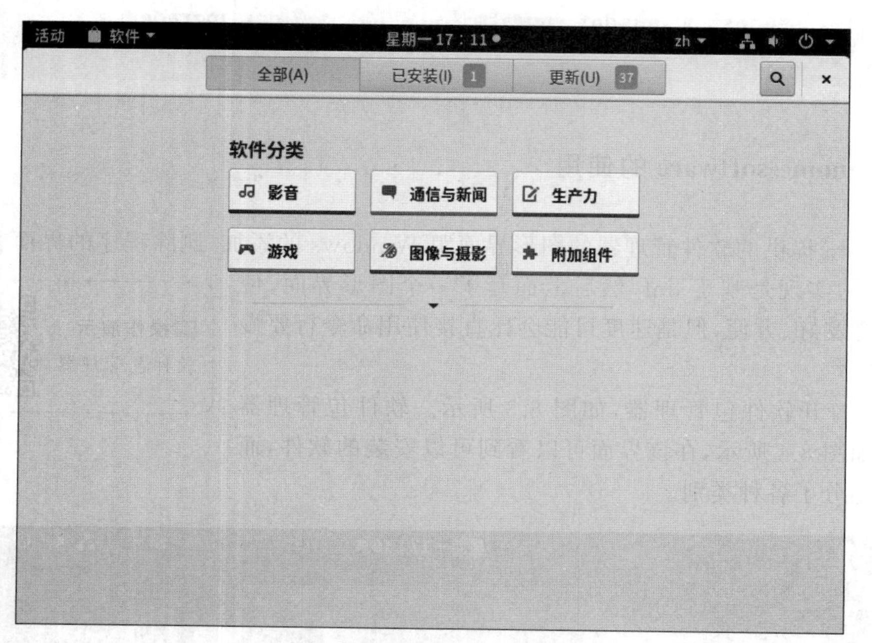

图 8.4　软件包管理器主界面

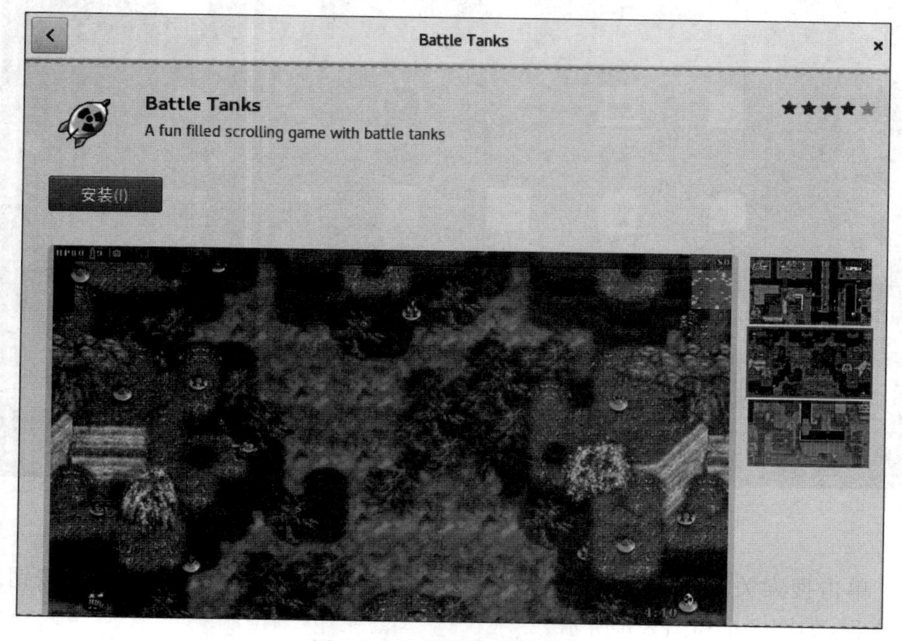

图 8.5　选择要安装的软件

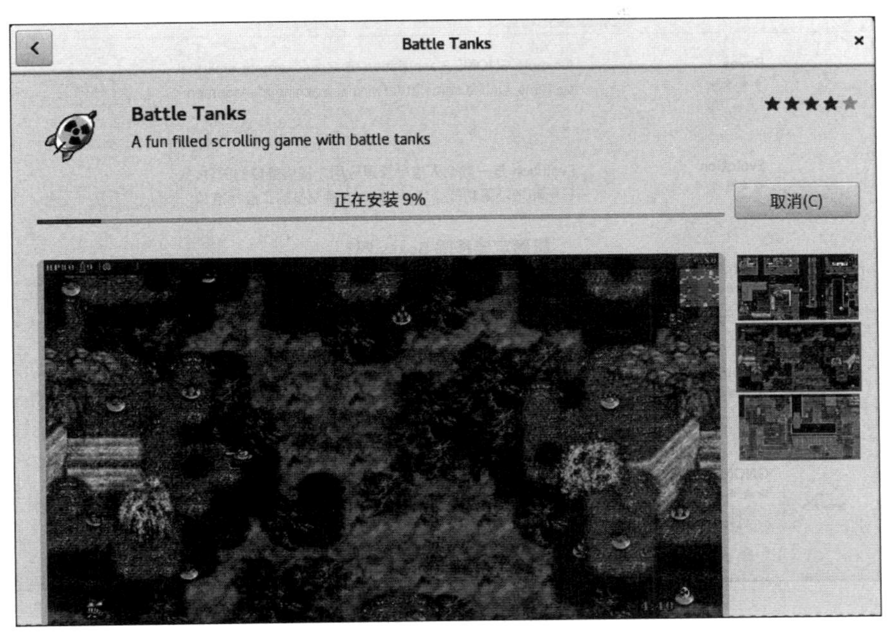

图 8.6 安装软件

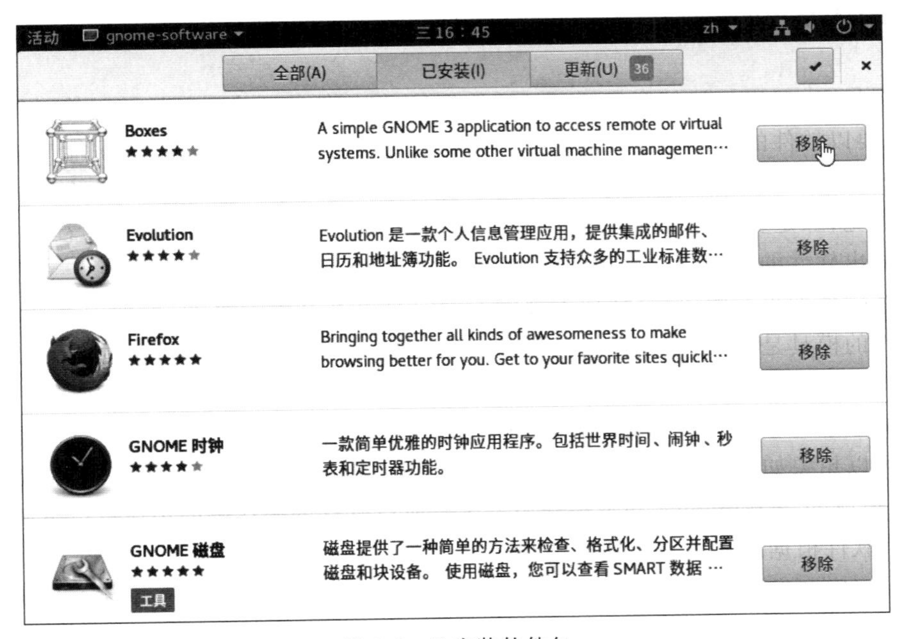

图 8.7 已安装软件包

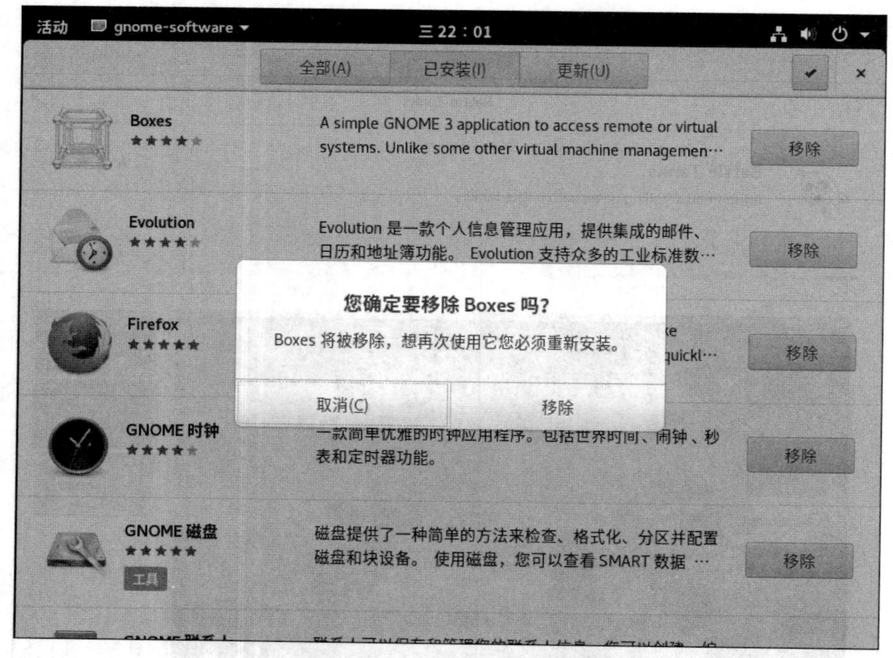

图 8.8　移除软件包

8.4　源码安装

顾名思义,源码包就是源代码可见的软件包,但软件的源代码可见并不等于软件是开源的,还要以软件的许可为准。例如有些软件是源码可见的,但约定用户只能按约定的内容来修改,例如 vbb 论坛程序。所以一个软件是否是开源软件,需要具备两个条件:一是源代码可见;二是要有宽松的许可证书,例如 GPL 证书等。在 GNU Linux 社区中,开发人员在放出软件的二进制软件包的同时,也会提供源代码软件包。

一个软件如果有源码,是任何人都能看到它是怎么开发而来的,就像一个瓶子,例如瓶子制作的模具是什么;需要什么材料;具体的用途以及瓶子的详细说明书等。软件的开放源码与此类似,开发者在给我们软件的同时,也会告诉我们软件是怎么开发出来的;只要我们的水平足够高,所有的代码都在那里,我们就可以修改和定制软件,以适合我们的需要。可以想象如果 Windows 开放源代码,并以 GPL 发布,一样会有 N 多的 Windows 发行版;遗憾的是 Windows 并不是开源系统。所以软件的源代码的用途有以下两点。

(1) 软件根据用户的需要加以定制。

(2) 二次开发,要根据软件的许可证书约定为准,开发者许可二次开发才可以。

由此可见,源码安装的优点是可以满足用户的个性化需求,使得软件更切合机器的硬件配置,还可以使用户自己定制软件功能,即只安装自己需要的模块。此外,用户在源码安装过程中可以自己选择安装路径,这是 RPM 软件包安装所做不到的。当然缺点也很明显,主要如下。

(1) 安装过程中需要开发工具的支持,如GCC等软件;源码安装十分耗时,因为要经过长时间的检测。

(2) 升级和卸载比较麻烦,因为没有与rpm和dnf类似的统一的软件管理机制。

8.4.1 源码安装的步骤

由于Linux操作系统开放源代码,所以大部分软件都是开源软件,此外在网上的很多开源社区也会提供一些常用软件的源码下载。源代码一般以file.tar.gz、file.tar.bz2或file.tar.xz;file.tar.gz和file.tar.bz2格式的解包命令分别为# tar jxvf file.tar.bz2和# tar zxvf file.tar.gz;而tar.xz这种文件其实是两层压缩,外层是.xz压缩方式,内层是.tar压缩方式,所以解压过程也分为两层: # xz -d file.tar.xz,之后就会出现file.tar文件;然后# tar xvf file.tar即可完成解压。

1. 常见的源码安装的三个步骤

常见的源码安装的大致步骤分三步,首先下载并将源码包解压;然后进行配置(configure);最后编译(make),安装软件(make install),具体的详细步骤通过多语言虚拟终端软件mlterm进行演示介绍。

操作演示
常见源码安装步骤

1) 下载并解压缩源码

mlterm的下载网址为http://mlterm.sourceforge.net,在Fedora 29中通过浏览器下载最新的源码包到/root/down目录下,然后解压。

```
[root@localhost ~]#cd /root/down
[root@localhost down]#ll mlterm-3.9.0.tar.gz
-rw-r--r--. 1 root root 4143644 7月  14 20:04 mlterm-3.9.0.tar.gz

//下面对tar.gz文件进行解压
[root@localhost down]#tar zxvf mlterm-3.9.0.tar.gz

[root@localhost down]#ls mlterm*
mlterm-3.9.0.tar.gz

mlterm-3.9.0:
ABOUT-NLS   cocoa        doc           inputmethod  main          script     win32
aclocal.m4  common       drcssixel     java         Makefile.in   scrollbar
android     configure    encodefilter  libind       man           tool
baselib     configure.in etc           libvterm     mlterm.spec   uitoolkit
ChangeLog   contrib      gtk           LICENCE      README        vtemu
```

解开一个包后,进入解压包的目录,一般都能发现README(或readme)、INSTALL(或install)或doc(或DOC)目录。在mlterm目录下就可以看README和doc目录的相关文档，里面会说明如何安装该软件；有时安装文档也会在开发者的主页上有详细的说明及常见问题的处理等，请在下载时注意仔细查阅。

```
[root@localhost down]#cd  mlterm-3.9.0/
[root@localhost mlterm-3.9.0]#less  README
[root@localhost mlterm-3.9.0]#cd  doc/
en/   icon/ ja/   kbd/
```

2）configure 脚本检测配置软件环境

为了避免安装软件时，有某个所必需的安装文件缺失，在安装软件时需要检测当前系统是否拥有安装软件所需的所有文件和工具，如果系统缺少某个文件，就给出提示，直到满足软件所需要的所有要求为止。configure 脚本，也就是压缩包中的检测程序文件，便具有这样的功能。在控制台中输入./configure，可以进行软件安装所需文件的检测测试。多数情况在检测失败时会提示缺少什么文件之类的，都是一些开发工具和开发库等的缺失，所以我们需要在 Fedora 系统中把常用的开发工具都提前安装好，例如 gcc、perl、python、glibc、gtk、make、automake 等开发工具或基础包；其他根据需要还可能要安装一些相应的开发包，一般是文件名包括 dev，例如 kernel-devel；还有一些开发库，例如以 lib 开头的等。

有时本来系统中已经安装了所依赖的包，但系统提示找不到应该怎么办？这时需要我们 configure 脚本运行时给出特定软件的具体路径，以便系统检测时能找到。当然也可以设置一下对应的环境变量，例如 configure 脚本报告 pkgconfig 找不到，那就可以根据具体情况设置一下 PKG_CONFIG_PATH 的环境变量。

```
#export PKG_CONFIG_PATH=/usr/lib/pkgconfig
```

或

```
#export PKG_CONFIG_PATH=/usr/local/lib/pkgconfig
```

然后再来运行./configure 就不会出现该问题。

configure 脚本比较重要的一个参数是 --prefix，使用--prefix 参数，可以指定软件安装目录；当不需要这个软件时，直接删除软件的目录即可。例如：

```
./configure --prefix=/usr/local/test
```

若是--prefix 后面没有目录，则取默认值。每个软件的默认值是不同的，可以通过./configure --help 命令进行查看。

下面指定 mlterm 安装到 /opt/mlterm 目录中。

```
[root@localhost mlterm-3.9.0]#mkdir  -p  /opt/mlterm

//如果是刚安装好的 Fedora 系统会需要安装如下两个依赖
[root@localhost mlterm-3.9.0]#dnf  -y  install  make
[root@localhost mlterm-3.9.0]#dnf  -y  install  libX*
```

```
[root@localhost mlterm-3.9.0]#./configure  --prefix=/opt/mlterm
...
Installation path prefix : /opt/mlterm
Build shared libraries   : yes
Build static libraries   : yes
GUI toolkit              : xlib
BiDi rendering (Fribidi) : yes
Indic rendering          : yes
OpenType Layout          : yes (harfbuzz)
External tools           : mlclient mlconfig mlcc mlterm-menu mlimgloader mlfc
Image processing         : yes
Built-in image library   :
utmp support             :
Type engines             : xcore xft cairo
DnD                      : yes
Input Methods            : XIM kbd skk
Scrollbars               : simple sample extra pixmap_engine
libssh2                  : no
mosh directory           :
GTK+                     : yes (3.0)
libvte                   : no
brlapi                   : no
VT52                     : no
```

上述 configure 脚本直接通过，如果提示缺少某些文件或安装包，需要在 dnf 安装对应的依赖软件 rpm 包，直到脚本测试通过。

3）源码的编译和安装

一般需要利用 gcc 等编译器进行源码的编译，生成目标文件然后以 gcc 进行函数库、主程序、子程序的连接，再生成主要的二进制文件。之后的安装便是将上述的二进制文件以及相关的配置文件复制安装至自己的主机相应目录中。这两个过程直接通过 make 工具简化完成。

首先使用 configure 脚本检查并收集系统软件的相关环境属性后，会建立 Makefile 文件。Makefile 文件是按照某种语法来进行编写的，文件中定义了各个源文件之间的依赖关系，说明了如何编译源文件并生成可执行文件，它通过描述各个源程序之间的关系让 make 工具自动完成编译工作。

使用 make 工具来安装的命令行如表 8.3 所示。

表 8.3　make 命令列表

命　　令	说　　明
make	用于源码编译，生成可执行文件
make install	用于软件安装
make clean	删除临时文件

输入 make 可以完成软件的编译，再输入 make install 便可完成软件的安装，而 make clean 是用于清除编译产生的可执行文件及目标文件。

```
[root@localhost mlterm-3.9.0]#make
...
libtool: link: ar cru .libs/libotl.a  hb.o
libtool: link: ranlib .libs/libotl.a
libtool: link: ( cd ".libs" && rm -f "libotl.la" && ln -s "../libotl.la"
"libotl.la" )
make[1]: 离开目录"/root/down/mlterm-3.9.0/uitoolkit/libotl"

[root@localhost mlterm-3.9.0]#make install
...
```

在 Linux 系统下，无论是安装软件还是项目开发，都会经常用到编译安装命令，也就是 make 和 make install。对于一个包含很多源文件的软件，使用 make 工具可以简单、快速地解决各个源文件之间复杂的依赖关系，而且，make 工具还可以自动完成所有源码文件的编译工作，并且可以只对上次编译后修改过的文件进行增量编译。因此，只要熟练掌握了 make 和 makefile 工具之后，源码安装软件就会非常简单。

2. 其他的源码安装的方式

大多数软件是提供 configure 脚本配置功能的；也有些软件是没有 configure 脚本的，如果没有需要查看一下帮助文件或官网的说明，有可能跳过 configure 直接 make&make install，也有可能使用的是其他的配置工具，例如 cmake(如下面的 Fcitx)等。

也有些软件的源码安装时是不需要 make 和 make install 的。这些其他类型软件大致包括以下内容。

(1) 基于 Perl 和 Python 的程序的安装。

在一般情况下，基于 Perl 语言开发的软件直接使用 #perl file.pl 安装，例如 VMware 的 Linux 版本的安装。

```
[root@localhost vmware-distrib]#perl vmware-install.pl
```

而基于 Python 语言开发的，也得用 python file.py 来安装。一般软件包都有 README 和 INSTALL 或者 DOC 文档，需要根据安装文档进行操作。

(2) 有些安装程序是脚本型的调用；要用 #sh 文件名。例如 NVdia 驱动的安装：#sh NFORCE-Linux-x86-1.0-0306-pkg1.run；也能通过 #chmod 755 NFORCE-Linux-x86-1.0-0306-pkg1.run 和./NFORCE-Linux-x86-1.0-0306-pkg1.run 来安装。

(3) 还有一些是以 file.bin 文件作为安装文件，直接类似操作 # chmod 755 file.bin，然后使用 #./file.bin 完成安装。

在安装过程中，如果出现一些依赖包的缺失，仍然需要使用 dnf 安装对应的依赖 RPM 包。下面通过一个软件 Fcitx

操作演示
Fcitx 依赖包安装

（小企鹅输入法）进行演示介绍。

1）下载并解压源码

小企鹅输入法的官网网址为 https://fcitx-im.org/，相关软件源码包的下载网址为 https://download.fcitx-im.org/。在 Fedora 29 中通过浏览器下载最新的 fcitx-4.2.9.7 版本的压缩包到/root/down 目录下，然后解压。

```
[root@localhost ~]#cd  /root/down
[root@localhost down]#ll
总用量 2132
-rw-r--r--. 1 root root 1706404 7月  13 21:58 fcitx-4.2.9.7.tar.xz

//下面对 tar.xz 文件进行解压
[root@localhost down]#xz  -d  fcitx-4.2.9.7.tar.xz
[root@localhost down]#ls
fcitx-4.2.9.7.tar

[root@localhost down]#tar  xvf  fcitx-4.2.9.7.tar
fcitx-4.2.9.7/
fcitx-4.2.9.7/.clang-format
…

[root@localhost down]#cd  fcitx-4.2.9.7/
[root@localhost fcitx-4.2.9.7]#ls
AUTHORS      MakeLists.txt  COPYING.LIBS  Doxyfile.in  skin    TODO
ChangeLog      config.h.in    COPYING.MIT   INSTALL      src     tools
clang-format.sh  COPYING       data         po          test
cmake       COPYING.LGPL    doc          README       THANKS
```

可以看到，解压之后的软件目录中没有 configure 脚本，INSTALL 文件给出了具体的安装步骤。

```
[root@localhost fcitx-4.2.9.7]#less INSTALL
Basic Install
====================
mkdir build
cd build
cmake .. -DCMAKE_INSTALL_PREFIX=<installdir>
make
make install
…
```

Fcitx 官网也给出了详细的源码安装方法，如图 8.9 和图 8.10 所示。

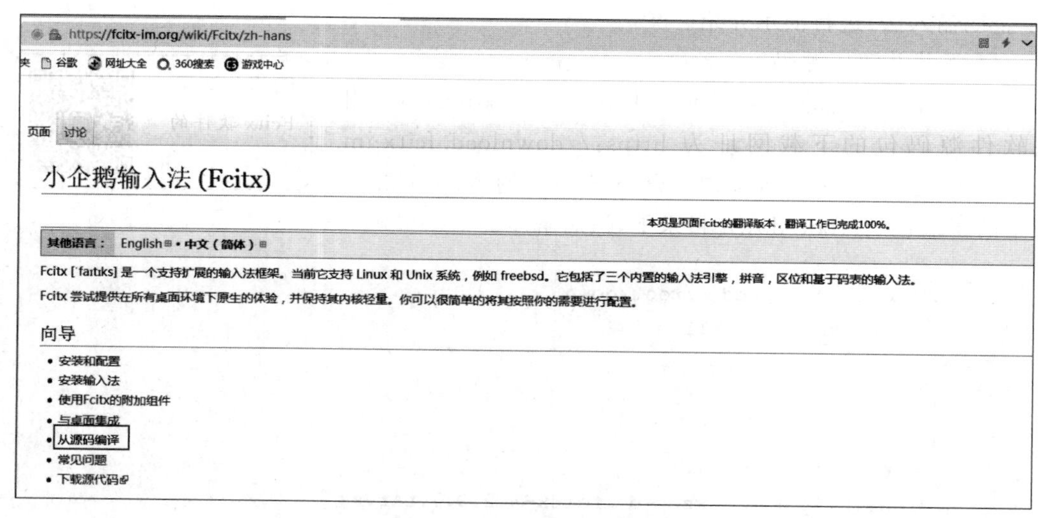

图 8.9　Fcitx 官网界面

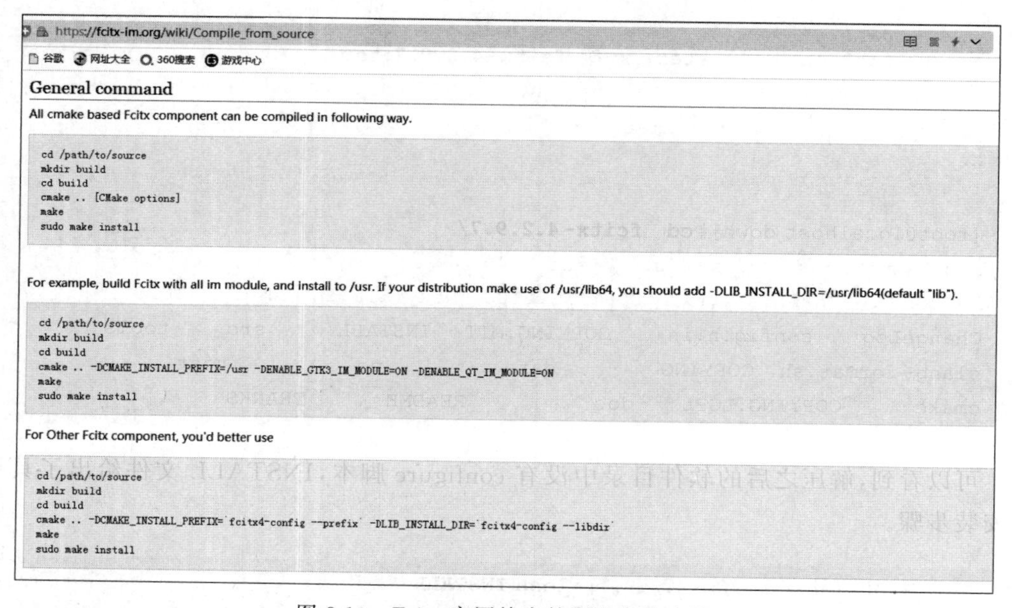

图 8.10　Fcitx 官网给出的源码安装步骤

2）软件环境配置

Fcitx 软件安装需要的依赖包比较多，在网站中已经完整列出，如图 8.11 所示，需要 dnf 将这些包都成功安装。

```
[root@localhost fcitx-4.2.9.7]#dnf  -y  install  cmake*
[root@localhost fcitx-4.2.9.7]#dnf  -y install  intltool #这两个是基本依赖
[root@localhost fcitx-4.2.9.7]#dnf  -y install  cairo-devel
```

```
[root@localhost fcitx-4.2.9.7]#dnf  -yinstall  pango-devel
[root@localhost fcitx-4.2.9.7]#dnf -y install  dbus-devel
[root@localhost fcitx-4.2.9.7]#dnf -y install  dbus-glib-devel
[root@localhost fcitx-4.2.9.7]#dnf -y install  qt-devel
[root@localhost fcitx-4.2.9.7]#dnf -y install  gtk3-devel
[root@localhost fcitx-4.2.9.7]#dnf -y install  gtk2-devel
[root@localhost fcitx-4.2.9.7]#dnf -y  install  gcc-c++
[root@localhost fcitx-4.2.9.7]#dnf -y  install  libicu-devel
[root@localhost fcitx-4.2.9.7]#dnf -y  install  opencc-devel
```

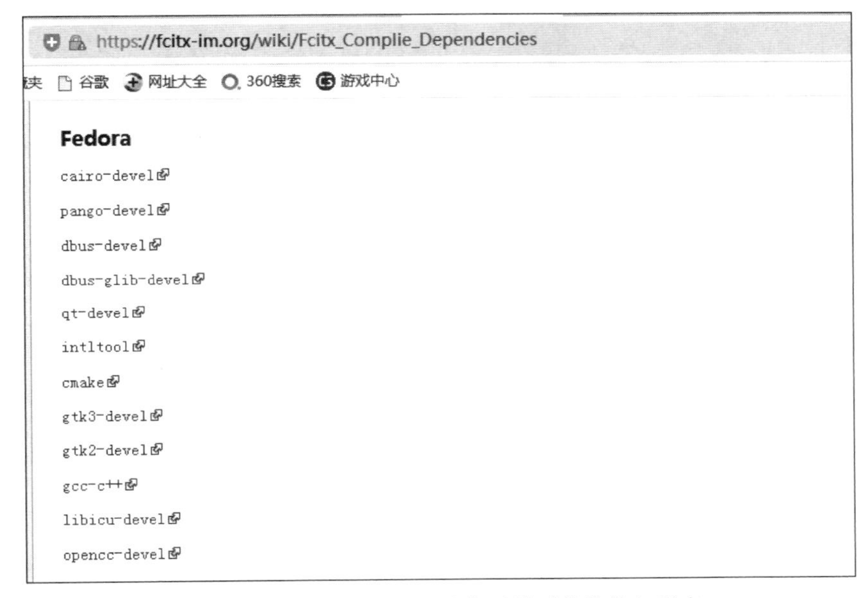

图 8.11 Fcitx 在 Fedora 系统下需要的依赖包列表

下面指定 Fcitx 安装到/opt/fcitx 目录中，开始使用 cmake 工具进行配置，在这个过程中会报告多个依赖包缺失，去网上搜索确定缺失的具体的 RPM 包，然后通过 dnf 安装。

注意：因为每个环境不一样，所以报告的缺失依赖包应该也会有所不同，下面只是演示当前的 Fedora 环境的特定情况。

```
[root@localhost fcitx-4.2.9.7]#mkdir  /opt/fcitx
[root@localhost fcitx-4.2.9.7]#mkdir  build;  cd build
[root@localhost bulid]# cmake  ..  -DCMAKE_INSTALL_PREFIX=/opt/fcitx  -
DENABLE_GTK3_IM_MODULE=ON -DENABLE_QT_IM_MODULE=ON
-- The C compiler identification is GNU 8.2.1
-- The CXX compiler identification is GNU 8.2.1
-- Check for working C compiler: /usr/bin/cc
-- Check for working C compiler: /usr/bin/cc -- works
```

```
-- Detecting C compiler ABI info
-- Detecting C compiler ABI info - done
-- Detecting C compile features
-- Detecting C compile features - done
-- Check for working CXX compiler: /usr/bin/c++
-- Check for working CXX compiler: /usr/bin/c++ -- works
-- Detecting CXX compiler ABI info
-- Detecting CXX compiler ABI info - done
-- Detecting CXX compile features
-- Detecting CXX compile features - done
CMake Error at CMakeLists.txt:10 (find_package):
Could not find a package configuration file provided by "ECM" (requested
  version 0.0.11) with any of the following names:

    ECMConfig.cmake
    ecm-config.cmake

  Add the installation prefix of "ECM" to CMAKE_PREFIX_PATH or set "ECM_DIR"
  to a directory containing one of the above files.  If "ECM" provides a
  separate development package or SDK, be sure it has been installed.


-- Configuring incomplete, errors occurred!
```

(1) 第一次缺失报告：ECMConconfig 缺失，网上搜索发现属于 extra-cmake-modules。

```
[root@localhost bulid]#dnf  -y install  extra-cmake-modules
[root@localhost bulid]#cmake  ..  -DCMAKE_INSTALL_PREFIX=/opt/fcitx  -
DENABLE_GTK3_IM_MODULE=ON -DENABLE_QT_IM_MODULE=ON
…
-- Checking for module 'enchant'
--   Package 'enchant', required by 'virtual:world', not found
-- Could NOT find Enchant (missing: ENCHANT_LIBRARIES ENCHANT_INCLUDE_DIR
ENCHANT_API_COMPATIBLE)
CMake  Error  at  /usr/share/cmake/Modules/FindPackageHandleStandardArgs.
cmake:137 (message):
…
-- Configuring incomplete, errors occurred!
```

(2) 第二次缺失报告：enchant 软件缺失，一般情况需要的是 *-devel 软件包，例如现在应该就需要安装 enchant-devel，但是为了快速，直接 dnf 安装 enchant* 把所有的 enchant 开头的软件包都安装上。

```
[root@localhost bulid]#dnf  -y install  enchant*
[root@localhost bulid]# cmake  ..  -DCMAKE_INSTALL_PREFIX=/opt/fcitx  -DENABLE_GTK3_IM_MODULE=ON -DENABLE_QT_IM_MODULE=ON
...
-- Found Enchant: /usr/lib64/libenchant.so
CMake  Error  at  /usr/share/cmake/Modules/FindPackageHandleStandardArgs.cmake:137 (message):
Could NOT find LibXml2 (missing: LIBXML2_LIBRARY LIBXML2_INCLUDE_DIR)
Call Stack (most recent call first):
  /usr/share/cmake/Modules/FindPackageHandleStandardArgs.cmake:378 (_FPHSA_FAILURE_MESSAGE)
  /usr/share/cmake/Modules/FindLibXml2.cmake: 92 (FIND_PACKAGE_HANDLE_STANDARD_ARGS)
  CMakeLists.txt:100 (find_package)
...
```

(3) 第三次缺失报告为LibXml2缺失，网上搜索发现属于libxml，这里请注意两点：第一，从上面的cmake信息中可以看到enchant已经成功找到，说明上面的安装是有效的；第二，一般rpm软件包的名字都是小写，不过还是最好在网上搜索确认一下。

```
[root@localhost bulid]#dnf  -y install  libxml*
[root@localhost bulid]# cmake  ..  -DCMAKE_INSTALL_PREFIX=/opt/fcitx  -DENABLE_GTK3_IM_MODULE=ON -DENABLE_QT_IM_MODULE=ON
...
-- Checking for module 'iso-codes'
--   Package 'iso-codes', required by 'virtual:world', not found
CMake  Error  at  /usr/share/cmake/Modules/FindPackageHandleStandardArgs.cmake:137 (message):
  Could NOT find IsoCodes (missing: ISOCODES_ISO639_JSON
  ISOCODES_ISO3166_JSON)
Call Stack (most recent call first):
  /usr/share/cmake/Modules/FindPackageHandleStandardArgs.cmake:378 (_FPHSA_FAILURE_MESSAGE)
  cmake/FindIsoCodes.cmake:30 (find_package_handle_standard_args)
  CMakeLists.txt:101 (find_package)
...
```

(4) 第四次缺失报告：iso-codes缺失，依然采用通配符*进行安装。

```
[root@localhost bulid]#dnf  -y install  iso-codes*
[root@localhost bulid]# cmake  ..  -DCMAKE_INSTALL_PREFIX=/opt/fcitx  -DENABLE_GTK3_IM_MODULE=ON -DENABLE_QT_IM_MODULE=ON
...
```

```
-- Checking for module 'xkbfile'
--   Package 'xkbfile', required by 'virtual:world', not found
CMake Error at /usr/share/cmake/Modules/FindPackageHandleStandardArgs.
cmake:137 (message):
  Could NOT find XkbFile (missing: XKBFILE_LIBRARIES
  XKBFILE_MAIN_INCLUDE_DIR)
...
```

(5) 第五次缺失报告：xkbfile 缺失，需要网上搜索一下，xkbfile 前面需要加 lib，否则 dnf 会找不到。

```
[root@localhost bulid]#dnf  -y install  libxkbfile*
[root@localhost bulid]# cmake  ..  -DCMAKE_INSTALL_PREFIX=/opt/fcitx  -
DENABLE_GTK3_IM_MODULE=ON -DENABLE_QT_IM_MODULE=ON
...
-- Checking for module 'json-c'
--   Package 'json-c', required by 'virtual:world', not found
...
```

(6) 第六次缺失报告：json-c 缺失，依然通过 dnf 安装。

```
[root@localhost bulid]#dnf  -y  install  json-c*
[root@localhost bulid]# cmake  ..  -DCMAKE_INSTALL_PREFIX=/opt/fcitx  -
DENABLE_GTK3_IM_MODULE=ON -DENABLE_QT_IM_MODULE=ON
...
CMake Error at /usr/share/cmake/Modules/FindPackageHandleStandardArgs.
cmake:137 (message):
Could NOT find XKeyboardConfig (missing: XKEYBOARDCONFIG_XKBBASE
  XKEYBOARDCONFIG_DATADIR)
...
```

(7) 第七次缺失报告：XKeyboardConfig 缺失，对应的 rpm 包仍然是小写。

```
[root@localhost bulid]#dnf  -y  install xkeyboard-config*
[root@localhost bulid]# cmake  ..  -DCMAKE_INSTALL_PREFIX=/opt/fcitx  -
DENABLE_GTK3_IM_MODULE=ON -DENABLE_QT_IM_MODULE=ON
...
-- Checking for module 'gobject-introspection-1.0'
--   Package 'gobject-introspection-1.0', required by 'virtual: world',
not found
CMake Error at /usr/share/cmake/Modules/FindPkgConfig.cmake:457 (message):
  A required package was not found
...
```

(8) 第八次缺失报告：gobject-introspection 缺失，直接通过 dnf 和通配符把 gobject 开头的所有 RPM 包都安装上，然后再次 cmake 就终于成功了，相关文件会生成在当前目录 build 下。

```
[root@localhost bulid]#dnf -y install gobject*
[root@localhost bulid]#cmake .. -DCMAKE_INSTALL_PREFIX=/opt/fcitx -
DENABLE_GTK3_IM_MODULE=ON -DENABLE_QT_IM_MODULE=ON
...
-- Adding Fcitx Addon x11
...
-- Configuring done
...
-- Generating done
-- Build files have been written to: /root/down/fcitx-4.2.9.7/bulid

[root@localhost bulid]#ll
总用量 344
drwxr-xr-x.  3 root root   4096 7月  14 20:29 cmake
-rw-r--r--.  1 root root 143996 7月  14 20:29 CMakeCache.txt
drwxr-xr-x. 16 root root   4096 7月  14 20:29 CMakeFiles
-rw-r--r--.  1 root root   2078 7月  14 20:29 cmake_install.cmake
-rw-rw-r--.  1 root root   1590 7月  14 20:27 config.h
drwxr-xr-x.  5 root root   4096 7月  14 20:29 data
drwxr-xr-x.  4 root root   4096 7月  14 20:29 doc
drwxr-xr-x.  2 root root   4096 7月  14 20:29 fcitx_cmake_cache
-rw-r--r--.  1 root root 158109 7月  14 20:29 Makefile
drwxr-xr-x.  3 root root   4096 7月  14 20:29 po
drwxr-xr-x.  3 root root   4096 7月  14 20:29 skin
drwxr-xr-x.  9 root root   4096 7月  14 20:29 src
drwxr-xr-x.  6 root root   4096 7月  14 20:29 tools
```

3) 源码的编译和安装

```
[root@localhost bulid]#make
Scanning dependencies of target fcitx-addon-fcitx-kimpanel-ui--headers-1
[  0%] Built target fcitx-addon-fcitx-kimpanel-ui--headers-1
Scanning dependencies of target fcitx-utils
[  1%] Building C object src/lib/fcitx-utils/CMakeFiles/fcitx-utils.dir/
utf8.c.o
...
Scanning dependencies of target desktopfile
[100%] Built target desktopfile

[root@localhost bulid]#make install
```

```
[  0%] Built target fcitx-addon-fcitx-kimpanel-ui--headers-1
[  3%] Built target fcitx-utils
[  4%] Built target fcitx-scanner
...
-- Installing: /opt/fcitx/share/cmake/fcitx/fcitx-extract-kde.sh
-- Installing: /opt/fcitx/share/cmake/fcitx/fcitx-parse-po.sh
-- Installing: /opt/fcitx/share/cmake/fcitx/fcitx-write-po.sh

//安装成功后调用 Fcitx
[root@localhost bulid]#/opt/fcitx/bin/fcitx
...
```

如果想只要输入 fcitx 就能直接运行，有以下两种方法。

(1) 配置环境变量，把/opt/fcitx/bin 目录加进环境变量 PATH 中。

```
#export PATH=".:/bin:/usr/bin:/usr/local/bin:/usr/sbin:/usr/X11R6/bin:/
sbin:/opt/fcitx/bin"
```

(2) 在/usr/bin 中做一个 fcitx 的链接。

```
#ln -s /opt/fcitx/bin/fcitx /usr/bin/fcitx
```

8.4.2 源码软件的卸载与升级

1. 源码软件的卸载

对于源码安装的软件，大体上卸载有三种方法。

1) 利用 make 工具卸载

在进入软件解压之后的目录执行./configure 之后，执行命令 make uninstall。

2) 利用 rm -rf 语句卸载

由于软件可能将文件分散地安装在系统的多个目录中，往往很难删除干净，可以在编译前进行配置时，指定软件将要安装到目标路径：./configure --prefix=目录名(该命令在讲述软件安装的时候已经进行说明了)，这样可以使用 rm -rf 软件目录名命令来进行干净、彻底地卸载。

3) 阅读 README 文件进行卸载

如果以上两种都没有，也可以查看解压后的目录中的软件安装说明，许多软件都有 README 文件，里面可能会有这个软件的特定卸载方式。

2. 源码软件的升级

源码安装的软件一般不会提供软件升级的功能，如果要升级软件，则需要用户手动删除原软件，然后再安装具有新功能、最新版本的软件源码包。

8.5 实验手册

实验1 利用源码安装的方法，安装 sqlite-autoconf-3071300.tar.gz(https://www.sqlite.org/download.html)，并卸载它。

实验步骤：

(1) 用命令 tar -zvxf 解压源码包，并用 cd 进入解压目录。

(2) 用./configure 对软件进行配置，并建立 Makefile 文件。

(3) 用命令 make 对软件进行编译，用命令 make install 安装软件。

(4) 利用命令 make uninstall 卸载软件。

实验目标：了解源码安装软件的步骤，熟练掌握安装软件与卸载软件的命令。

1. 下载并解压软件包

首先通过浏览器下载 sqlite 的一个源码包，在本例中用的是 sqlite-autoconf-3071300.tar 软件包。根据源码包安装的步骤，首先解压软件包，然后用命令 cd 进入该软件的目录下，如下所示。

```
[root@localhost ~]#tar -zvxf sqlite-autoconf-3071300.tar.gz
sqlite-autoconf-3071300/
sqlite-autoconf-3071300/configure.ac
sqlite-autoconf-3071300/sqlite3.pc
sqlite-autoconf-3071300/README
sqlite-autoconf-3071300/sqlite3.pc.in
sqlite-autoconf-3071300/aclocal.m4
sqlite-autoconf-3071300/sqlite3.1
sqlite-autoconf-3071300/ltmain.sh
sqlite-autoconf-3071300/sqlite3.h
sqlite-autoconf-3071300/config.sub
sqlite-autoconf-3071300/depcomp

[root@localhost ~]#cd sqlite-autoconf-3071300
[root@localhost sqlite-autoconf-3071300]#
```

解压软件包后，利用 ll 命令查看文件，可以看到目录中便有源代码文件、configure 文件、README 文件等。请注意，这时没有 Makefile 文件。

```
[root@localhost sqlite-autoconf-3071300]#ll
总用量 8336
-rw-r--r-- 1 1000 users  260666  6月 11 2012 aclocal.m4
-rwxr-xr-x 1 1000 users   43420  6月 11 2012 config.guess
-rw-r--r-- 1 root root    43566  2月  6 10:26 config.log
```

```
-rwxr-xr-x 1 root root     29884  2月   6 10:26 config.status
-rwxr-xr-x 1 1000 users    31743  6月  11 2012 config.sub
-rwxr-xr-x 1 1000 users   697817  6月  11 2012 configure
-rw-r--r-- 1 1000 users     3301  6月  11 2012 configure.ac
-rwxr-xr-x 1 1000 users    15936  6月  11 2012 depcomp
-rw-r--r-- 1 1000 users     9498  6月  11 2012 INSTALL
-rw-r--r-- 1 1000 users     1144  6月  11 2012 README
```

2. configure 脚本配置软件

接着便是配置软件。输入./configure 命令，但是要注意的是，不一定所有软件安装的检测都会用这种方法，一定要在安装前仔细阅读 README 文件，但也有的软件包中的安装软件信息会存储在 INSTALL 文件中，这个文件中会详细介绍如何安装软件。而且在检测完之后会建立 Makefile 文件，可用命令 less Makefile 查看 Makefile 文件，以便下一步的编译与安装。

```
[root@bogon sqlite-autoconf-3071300]#./configure
...
```

Makefile 文件的内容如下所示。

```
#Makefile.in generated by automake 1.11.1 from Makefile.am.
#Makefile.  Generated from Makefile.in by configure.
#Copyright (C) 1994, 1995, 1996, 1997, 1998, 1999, 2000, 2001, 2002,
#2003, 2004, 2005, 2006, 2007, 2008, 2009  Free Software Foundation,
#Inc.
#This Makefile.in is free software; the Free Software Foundation
#gives unlimited permission to copy and/or distribute it,
#with or without modifications, as long as this notice is preserved.
#This program is distributed in the hope that it will be useful,
#but WITHOUT ANY WARRANTY, to the extent permitted by law; without
#even the implied warranty of MERCHANTABILITY or FITNESS FOR A
#PARTICULAR PURPOSE.
pkgdatadir = $(datadir)/sqlite
pkgincludedir = $(includedir)/sqlite
Makefile
```

3. 编译并安装软件

```
[root@bogon sqlite-autoconf-3071300]#make
...
[root@bogon sqlite-autoconf-3071300]#make install
...
```

这样便完成了软件的安装。

4. 卸载软件

用命令 make uninstall,如果系统没有提示错误,则卸载成功。

```
[root@bogon sqlite-autoconf-3071300]#make uninstall
 ( cd '/usr/local/bin' && rm -f sqlite3 )
 ( cd '/usr/local/include' && rm -f sqlite3.h sqlite3ext.h )
 /bin/sh ./libtool   --mode=uninstall rm -f '/usr/local/lib/libsqlite3.la'
 ( cd '/usr/local/share/man/man1' && rm -f sqlite3.1 )
 ( cd '/usr/local/lib/pkgconfig' && rm -f sqlite3.pc )
```

实验2　利用 rpm 命令对 vim-X11(图形界面下的编辑器 gvim 的所属 RPM 软件包)进行安装、检测、卸载等操作。

实验步骤:

(1) 查询软件包的位置。

(2) 检测软件是否已安装。

(3) 安装软件。

(4) 检测已安装的软件。

(5) 卸载软件。

(6) 检测软件是否卸载。

实验目标:

了解并掌握安装、检测、卸载软件的 rpm 命令的使用。

1. 查询 vim-X11 是否安装,如果安装,则卸载

```
[root@localhost ~]#rpm  -qa  | grep  vim-X11
vim-X11-8.1.1991-2.fc29.x86_64

[root@localhost ~]#rpm  -e  vim-X11

[root@localhost ~]#rpm  -q  vim-X11   #与 rpm  -qa  | grep  vim-X11 的功能相同
未安装软件包 vim-X11
```

2. dnf 下载软件包到/root/test 目录

```
[root@localhost ~]#mkdir  -p  /root/test
[root@localhost ~]#dnf -y  install  --downloadonly  --downloaddir="/root/test"
                  vim-X11
[root@localhost ~]#cd  /root/test
[root@localhost test]#ll  vim-X11*
```

```
-rw-r--r--. 1 root root 1645472 7月  15 19:43 vim-X11-8.1.2198-1.fc29.x86_
64.rpm
```

3. 安装软件

```
[root@localhost test]#rpm  -ivh  vim-X11-8.1.2198-1.fc29.x86_64.rpm
Verifying…                  ##################################[100%]
准备中…                     ##################################[100%]
正在升级/安装…
   1:vim-X11-2:8.1.2198-1.fc29
                            ##################################[100%]
```

4. RPM 包的查询

将 vim-X11 安装的所有文件的列表重定向到 vim.txt 文件中。

```
[root@localhost test]#rpm  -ql  vim-X11  >  vim.txt
[root@localhost test]#head  -n  2  vim.txt
/usr/bin/evim
/usr/bin/gex
```

5. RPM 包的检测

安装完 RPM 包之后，可以对 RPM 包进行检测。如果正常是不会显示结果的；如果改变了软件的某文件，便会有错误提示。本例中修改了 evim 文件的文件名称，会报告遗漏缺失；再把 evim 改回来，又报告正常。

```
[root@localhost test]#rpm  -V  vim-X11

[root@localhost test]#mv  /usr/bin/evim   /usr/bin/evim.bak
[root@localhost test]#rpm  -V  vim-X11
遗漏     /usr/bin/evim

[root@localhost test]#mv  /usr/bin/evim.bak   /usr/bin/evim
[root@localhost test]#rpm  -V  vim-X11
```

实验 3　在 Fedora 系统上搭建 Tale(一款基于 Java 语言的轻量级博客开源项目)。

实验步骤：

(1) dnf 安装 Nginx。

(2) dnf 安装 MySQL。

(3) dnf 安装 JDK 运行环境。

(4) 安装 Tale 压缩包。

实验目标：

(1) 了解并掌握dnf的软件安装的命令。

(2) 掌握在Fedora主机部署Web项目的流程。

1. dnf 安装 Nginx

Nginx类似于Apache和Tomcat，也是一种服务器软件。Nginx是一个高性能的HTTP和反向代理服务器，也可以实现负载均衡的功能。与Tomcat相比，Tomcat是一个由Java实现的重量级服务器，而Nginx是一个轻量级服务器。与Apache相比，Nginx能支持处理百万级的TCP连接，10万以上的并发连接。

```
[root@localhost ~]#mkdir  -p  tale
[root@localhost ~]#cd tale
[root@localhost tale]#dnf  -y  install  nginx
...
```

启动Nginx，可执行文件在/usr/sbin目录下。

```
[root@localhost tale]#  /usr/sbin/nginx  -t
...
```

如果想以域名访问或者设置反向代理，需要修改相关的配置文件/etc/nginx/nginx.conf，因为是简单地在本地的Fedora系统上安装Tale，所以这步可以省略。

2. dnf 安装 MySQL 数据库

MySQL是当前在Web应用方面最好的关系数据库管理系统(Relational Database Management System，RDBMS)应用软件之一。Fedora系统提供的MariaDB数据库管理系统则是MySQL的一个分支，主要由开源社区在维护，采用GPL授权许可。MariaDB的目的是完全兼容MySQL，包括API和命令行，使之能轻松地成为MySQL的代替品。

```
[root@localhost tale]#dnf -y  install  mariadb-server  mariadbmariadb
-devel
...
```

启动MariaDB服务，并为Tale创建后台数据库。

```
[root@localhost tale]#systemctl  start  mariadb.service

[root@localhost tale]#mysql  -u root  -p
Enter password: #默认没有密码,直接回车即可
Welcome to the MariaDB monitor.  Commands end with ; or \g.
Your MariaDB connection id is 10
Server version: 10.3.18-MariaDB MariaDB Server
```

```
Copyright (c) 2000, 2018, Oracle, MariaDB Corporation Ab and others.

Type 'help;' or '\h' for help. Type '\c' to clear the current input statement.

MariaDB [(none)]>create database `tale` default character set utf8 collate
utf8_general_ci;
Query OK, 1 row affected (0.001 sec)

MariaDB [(none)]>exit;
```

3. dnf 安装 JDK 运行环境

Tale 是用 Java 实现的，所以需要 Java 环境。

```
[root@localhost tale]#dnf  -y  install   java-1.8.0-openjdk*
...
```

验证 Java 环境。

```
[root@localhost tale]#java  -version
openjdk version "1.8.0_232"
OpenJDK Runtime Environment (build 1.8.0_232-b09)
OpenJDK 64-Bit Server VM (build 25.232-b09, mixed mode)
```

4. 安装 Tale 压缩包

Tale 相关介绍可以参阅网站 https://github.com/otale/tale，相关源码包可以从网站 https://github.com/otale/tale/releases/下载到/root/tale 目录下，然后使用 tar 解压缩。

```
[root@localhost tale]#ll  tale.tar.gz
-rw-r--r--. 1 root root 17568931 7月  15 22:00 tale.tar.gz

[root@localhost tale]#tar  -zxvf  tale.tar.gz
...
```

Tale 软件不需要像之前介绍的常用软件那样需要安装，而是在压缩包里面提供了一个 Shell 脚本，不要安装直接运行即可，然后打开 Fedora 系统的浏览器，输入 http://127.0.0.1：9000 并按回车键就可以开始自己的博客历程了，如图 8.12 所示。

```
[root@localhost tale]#chmod  +x  tool
[root@localhost tale]#./tool  start
```

```
Starting tale …
(pid=7265) [OK]
```

图 8.12 Tale 博客网站首界面

实验 4 选作内容，根据个人兴趣和需求在 Fedora 系统上选择安装 Visual Studio Code、Python3 Django 或 spice-gtk，本实验仅仅通过该项目来学习具体怎么安装，而不需要涉及怎么使用。

(1) Visual Studio Code 简称 VS Code，是微软公司开发的一款跨平台的源代码编辑器。它具有内置的调试支持、嵌入式 Git 控件、语法突出显示、代码完成、代码重构和代码片段。

(2) Python 作为当前、最火爆、最热门，也是最主要的 Web 开发语言之一，在其三十多年的历史中出现了数十种 Web 框架，例如 Django、Tornado、Flask、Twisted、Bottle 和 Web.py 等，它们有的历史悠久，有的发展迅速，还有的已经停止维护。Django 发布于 2003 年，是当前 Python 世界里最负盛名且最成熟的 Web 框架，最初被用来制作在线新闻的 Web 站点。Django 的各模块之间结合得比较紧密，所以在功能强大的同时又是一个相对封闭的系统(依然是可以自定义的)，但是其健全的在线文档及开发社区，使开发者在遇到问题时能找到解决办法。

(3) spice-gtk 是基于红帽的 spice 远程连接协议的一套客户端核心源码，上层有一套 virt-viewer，也是客户端源代码，只不过 spice-gtk 属于底层直接对话协议的项目，而 virt-viewer 是基于 spice-gtk 的更加偏向于界面的项目。

8.6 本章小结

Linux 下安装软件大体上分三种方法，分别是源码安装、RPM 软件包安装和 dnf 安装软件。

1. 源码安装

源码安装软件可以根据用户自己的需求只安装自己所需要的部分，并且可以自己设定安装路径。

大致的安装步骤分为如下三步。

（1）在网上下载并解压源码包。

（2）进入软件目录，用./configure 命令进行配置，给软件设置安装路径和具体参数。

（3）对软件编译和安装。编译软件用命令 make，安装软件用命令 make install。

该方式安装更灵活，可以对软件的各个部分进行灵活配置。例如 Apache、MySQL、PHP 各个版本可以灵活配置安装。其缺点包括需要自己安装依赖软件、缺乏统一管理、升级与卸载手段匮乏。

2. RPM 包安装

该方式软件安装有两种方式：一种是与 Window 系统的软件安装方式一致，双击软件包即可安装该软件；而另一种方式是利用 rpm 命令安装 RPM 软件包，rpm 命令常用选项组合包括内容如下。

-ivh：安装显示安装进度--install--verbose--hash。

-Uvh：升级软件包--Update。

-qpl：列出 RPM 软件包内的文件信息[Query Package list]。

-qpi：列出 RPM 软件包的描述信息[Query Package install package(s)]。

-qf：查找指定文件属于哪个 RPM 软件包[Query File]。

-Va：校验所有的 RPM 软件包，查找丢失的文件[View Lost]。

-e：删除包。

3. dnf 方式安装

该方式属于"傻瓜"安装方式，类似 360 软件管家的"一键安装"，但 dnf 只是对 RPM 软件包操作，而且必须要联网才能用 dnf。

dnf 安装软件的命令：dnf install [package name]

dnf 卸载软件的命令：dnf remove [package name]

dnf 升级软件的命令：dnf update [package name]

用户还可以根据需要，用命令 dnf clean 来清除缓存，释放磁盘空间。

Linux 系统下软件的三种安装方式，首先肯定首选 dnf 安装，因为相应的依赖包可以自动帮你安装，非常方便；而如果没有在 dnf 库中，如果有 RPM 包，尽可能地用 RPM 包，主要是方便和易于管理(升级和卸载);源码安装应该作为最后一个选择方案,源码安装的具体步骤主要还是以软件的安装文档为准。

8.7 习题

一、知识问答题

1. 简述 Linux 下的软件包的分类。
2. 对当前各个 Linux 发行版中主流的软件管理机制进行简要的分析比较。
3. 简述使用 RPM 软件包管理的用途是什么。
4. 简述为什么会出现 RPM 著名的 Dependency Hell(相依性地狱)。
5. 简述 rpm 命令中选项 Uvh 和 Fvh 的区别。
6. 简述 rpm 命令中强制安装的缺点和不足。
7. 分析比较 yum 和 dnf 的关系。
8. 简述 yum 的缺点和不足。
9. 简述什么是 dnf 的镜像仓库,添加一个镜像仓库的大致步骤。
10. 简要比较 Linux 下软件安装的各种方式。

二、命令操作题

1. 依次完成如下操作。

(1) 查看 finger 软件包是否已经安装,如果安装则删除。

(2) dnf 只下载不安装 finger 软件包到当前目录。

(3) 用 rpm 命令安装 finger。

(4) 查看 finger 是否已经安装成功。

2. 将阿里巴巴的 dnf 源配置到 Fedora 系统中。
3. 在 Fedora 系统上安装一个成熟好用的中文输入法软件。
4. 在 Fedora 系统上安装软件,实现 Windows 和 Fedora 系统的文件传送。
5. 在 Fedora 系统上安装软件,实现两个 Fedora 系统的文件传送。
6. 在 Fedora 系统上安装 Visual Studio Code 软件。
7. 在 Fedora 系统上安装 Python3 Django 软件。
8. 在 Fedora 系统上安装 spice-gtk 软件。

附录A　模拟试题精选

试题说明

(1) 考试环境与实验环境相同,都是虚拟机VMware下的Fedora 29系统环境。

(2) 开机之前增加一个10 GB的新磁盘sdb,并设置为NAT的联网方式。

(3) 考试过程中的每一步操作的输入命令与运行结果均要截图保存以便老师评定成绩。

A.1　模拟试题1及答案

A.1.1　模拟试题1

一、基本命令操作(25分,共5小题,每小题5分)

1. 设置命令别名kaoshi,其功能为输出一行文字"I will finish the test by myself",并显示确认。

2. 将用户涉及的两个配置文件(详细信息与密码)拼接成文件linux.txt,接着对该文件排序去冗后,截取其6~9行,仍然重定向输出为linux.txt。

3. 分屏查看命令wget的帮助文件。

4. 一条命令获取本机IP地址(如192.168.23.89)的网段前缀(23)。

5. 确认命令sort所属的RPM包,并将该RPM包中的所有文件的信息追加保存到文件linux.txt。

二、磁盘与文件系统(20分,共4小点,每小点5分)

1. 对新增磁盘sdb进行写性能的测试:共测试前600 MB内容(bs=5 MB)。

2. 对新增磁盘sdb进行磁盘分区操作:划分一个900 MB的普通分区sdb1,再划分一个1 GB的普通分区sdb2。

3. 将系统所有磁盘与分区的信息,保存为文件disk.txt;再将当前系统分区的挂载情况追加保存到文件disk.txt。

4. 测试并记录从分区sdb1写到sdb2的所需要的时间:共测试前500 MB内容(bs=4 MB)。

三、Shell编程(20分)

1. 实现Shell脚本test_file.sh,功能如下。

(1) 命令行输入文件名 file1,文件名格式为"前缀.后缀"(如 test.abcd 或 aaa.txt)。

(2) 判断该文件是否存在。

① 如果存在,则将该文件改名为 file2(file2=前缀_当前时间.后缀),如此时是 20191205 20:05:53,则 file2=test_20191205200553.abcd。

② 如果不存在,则创建一个空白文件。

2. 运行脚本三次,其中 file1 均输入为 test.abcd。

四、批量用户添加与删除(25 分)

1. 实现 Shell 脚本 muser.sh,功能如下。

(1) 命令行输入存储有用户名信息的配置文件,如 user.txt 文件的内容为"test001\n test002\n test003",判断该文件是否存在,如果不存在,直接报错退出。

(2) 交互式输入一个变量 flag,并对 flag 值进行判断。

① 如果 flag 是 add,则以该配置文件为依据,实现批量用户的添加。

采用命令 useradd 依次创建这三个用户 test001、test002、test003。

采用命令 passwd 初始化这三个用户的密码与用户名相同。

② 而如果 flag 是 del,则实现以该配置文件为依据,实现批量用户的删除。

采用命令 userdel 删除对应的用户名。

③ 而如果 flag 为其他值,则输出错误信息 ERROR FLAG。

2. 运行脚本,输入参数 add,复制 passwd 为 passwd_add.txt 作为验证。

再运行脚本,输入参数 del,复制 passwd 为 passwd_del.txt 作为验证。

第三次运行脚本,输入错误的 flag 信息,如 move,则报错退出。

五、考试文件打包提交(10 分)

1. 将最近的 100 条操作历史命令保存为 history.txt。

2. 将所有新建与修改过的文件打包为 linuxtest.tgz。

A.1.2 模拟试题 1 参考答案

一、基本命令操作(25 分,共 5 小题,每小题 5 分)

```
[root@localhost ~]#mkdir test ; cd test
```

1. 设置命令别名 kaoshi,其功能为输出一行文字"I will finish the test by myself",并显示确认。

```
[root@localhost test]#alias kaoshi='echo  "I will finish the test by myself"  '
[root@localhost test]#kaoshi
I will finish the test by myself
```

2. 将用户涉及的两个配置文件(详细信息与密码)拼接成文件 linux.txt,接着对该文件排序去冗后，截取其 6～9 行，仍然重定向输出为 linux.txt。

```
//方法一：分步完成
    [root@localhost test]#cat  /etc/passwd  /etc/shadow  > linux.txt
    [root@localhost test]#sort  linux.txt  >  linux_sorted.txt
    [root@localhost test]#uniq  linux_sorted.txt  >  linux_uniqed.txt
    [root@localhost test]#head -n 9 linux_uniqed.txt | tail -n 4 linux_uniqed.
txt > linux.txt
    [root@localhost test]#cat linux.txt
    …

//方法二：排序去冗通过管道一步完成
    [root@localhost test]#cat  /etc/passwd  /etc/shadow  > linux.txt
    [root@localhost test]#cat  linux.txt  |  sort | uniq | head -n 9 | tail -n 4
> temp.txt
    [root@localhost test]#mv temp.txt  linux.txt
注：必须先重定向到临时 temp.txt，绝对不能直接运行如下命令，会导致 linux.txt 文件
为空：
    #cat  linux.txt  |  sort | uniq | head -n 9 | tail -n 4 > linux.txt
```

3. 分屏查看命令 wget 的帮助文件。

```
[root@localhost test]#man  wget  |  less
…
```

4. 一条命令获取本机 IP 地址（如 192.168.23.89）的网段中前缀（23）。

```
[root@localhost ~]#ifconfig
ens33: flags=4163<UP,BROADCAST,RUNNING,MULTICAST>  mtu 1500
        inet 192.168.239.128  netmask 255.255.255.0  broadcast 192.168.239.255
        inet6 fe80::cca4:c6ed:8d71:4532  prefixlen 64  scopeid 0x20<link>
        ether 00:0c:29:98:52:ff  txqueuelen 1000  (Ethernet)
        RX packets 681346  bytes 1021651175 (974.3 MiB)
        RX errors 80  dropped 107  overruns 0  frame 0
        TX packets 190672  bytes 10422930 (9.9 MiB)
        TX errors 0  dropped 0 overruns 0  carrier 0  collisions 0
        device interrupt 19  base 0x2000
…
注：可以看到在本虚拟机网卡为 ens33，而其对应的 IP 地址在第二行，以 netmask 为关键字过
滤，然后再截取
    [root@localhost ~]#ifconfig  ens33 | grep netmask  | gawk '{print $2}'
    192.168.239.128
    [root@localhost ~]#ifconfig  ens33 | grep netmask  | gawk '{print $2}' | cut
-c9-11
    239
```

5. 确认命令 sort 所属的 RPM 包，并将该 RPM 包中的所有文件的信息追加保存到文件 linux.txt。

```
[root@localhost ~]#whereis sort
sort: /usr/bin/sort /usr/share/man/man1/sort.1.gz /usr/share/man/man3/sort.
3pm.gz /usr/share/man/man1p/sort.1p.gz
[root@localhost ~]#rpm  -qf  /usr/bin/sort
coreutils-8.30-4.fc29.x86_64
[root@localhost ~]#rpm  -ql   coreutils
/usr/bin/arch
/usr/bin/base32
…
[root@localhost ~]#rpm -ql   coreutils  >>  linux.txt
```

二、磁盘与文件系统(**20** 分,共 **4** 小点,每小点 **5** 分)

1. 对新增磁盘 sdb 进行写性能的测试：共测试前 600 MB 内容(bs=5 MB)。

```
[root@localhost ~]#time dd if=/dev/zero of=/dev/sdb bs=5M count=120
记录了 120+0 的读入
记录了 120+0 的写出
629145600 字节(629 MB)已复制,2.21528 秒,284 MB/秒

real 0m2.217s
user 0m0.001s
sys  0m2.133s
```

2. 对新增磁盘 sdb 进行磁盘分区操作：划分一个 900 MB 的普通分区 sdb1，再划分一个 1 GB 的普通分区 sdb2。

```
[root@localhost test]#fdisk  /dev/sdb
…
Command (m for help): n
Command action
   e   extended
   p   primary partition (1-4)
p
Partition number (1-4): 1
First cylinder (1-1305, default 1):
Using default value 1
Last cylinder, +cylinders or +size{K,M,G} (1-1305, default 1305): +900M

Command (m for help): n
Command action
```

```
   e   extended
   p   primary partition (1-4)
p
Partition number (1-4): 2
First cylinder (117-1305, default 117):
Using default value 117
Last cylinder, +cylinders or +size{K,M,G} (117-1305, default 1305): +1024M

Command (m for help): p
…
   Device Boot      Start         End      Blocks   Id  System
/dev/sdb1               1         116      931738+  83  Linux
/dev/sdb2             117         248     1060290   83  Linux

Command (m for help): w
The partition table has been altered!

Calling ioctl() to re-read partition table.
Syncing disks.
```

3. 将系统所有磁盘与分区的信息，保存为文件 disk.txt；再将当前系统分区的挂载情况追加保存到文件 disk.txt。

```
[root@localhost test]#fdisk  -l  > disk.txt
[root@localhost test]#df  -hT  >> disk.txt
[root@localhost test]#cat  disk.txt
…
```

4. 测试并记录从分区 sdb1 写到 sdb2 的所需要的时间：共测试前 500 MB 内容(bs=4 MB)。

```
[root@localhost test]#time  dd  if=/dev/sdb1  of=/dev/sdb2  bs=4M  count
=125
记录了 125+0 的读入
记录了 125+0 的写出
524288000 字节(524 MB)已复制,3.00928 秒,174 MB/秒

real 0m3.049s
user 0m0.000s
sys  0m2.652s
```

三、Shell 编程(20 分)

1. 实现 Shell 脚本 test_file.sh，功能如下。

（1）命令行输入文件名 file1，文件名格式为“前缀.后缀”（如 test.abcd 或 aaa.txt）。

（2）判断该文件是否存在。

① 如果存在，则将该文件改名为 file2（file2＝前缀_当前时间.后缀），如此时是 20191205 20：05：53，则 file2＝test_20191205200553.abcd。

② 如果不存在，则创建一个空白文件。

脚本实现 1：如果后缀位数固定，例如文件的后缀固定为 abcd，具体实现如下。

```
[root@localhost test]#vim test_file.sh
#!/bin/bash

file=$1
if  [  -f  $file  ];  then
        length=${#file}
        len=$(($length-5))
        str=${file:0:$len}
        file2="$str""_"`date +%Y%m%d%H%M%S`".abcd"
        echo  "$file exists and will be move to $file2"
        mv  $file  $file2
else
       echo  "$file does no exist and will be touched"
       touch  $file
fi
exit 0
```

注意：因为需要将文件分为前缀和后缀，而文件后缀固定为.abcd 长度为 5，所以总长度－5 就为前缀的长度，从而实现子串 str 截取。

脚本实验 2：当然也可以实现一个相对通用的版本，下面的脚本直接对输入的文件名字，以“.”为分隔符获得前缀 str1 与后缀 str2，然后与命令 date 完成拼接得到 file2。

```
#!/bin/bash

file=$1

if  [  -f  $file  ];  then
       str1=${file%.*}
       str2=${file#*.}
       file2="$str1""_"`date +%Y%m%d%H%M%S`"."""$str2"
       echo  "$file exists and will be move to $file2"
       mv  $file  $file2

else
       echo  "$file does no exist and will be touched"
       touch  $file
```

```
fi
exit 0
```

2. 运行脚本三次，其中 file1 均输入为 test.abcd。

```
[root@localhost test]# ./test_file.sh  test.abcd
test.abcd does no exist and will be touched
[root@localhost test]# ./test_file.sh  test.abcd
test.abcd exists and will be move to test_20191105160402.abcd
[root@localhost test]# ./test_file.sh  test.abcd
test.abcd does no exist and will be touched
[root@localhost test]# ll  test*
-rw-r--r--. 1 root root 0 11 月   5 16:03 test_20191105160402.abcd
-rw-r--r--. 1 root root 0 11 月   5 16:04 test.abcd
//第一次不存在而创建,第二次运行存在所以改名,第三次运行还要重新创建
```

四、批量用户添加与删除(25 分)

1. 实现 Shell 脚本 muser.sh，功能如下。

(1) 命令行输入存放有用户名信息的配置文件，如 user.txt 文件的内容为“test001\n test002\n test003”，判断该文件是否存在，如果不存在，直接报错退出。

(2) 交互式输入一个变量 flag，并对 flag 值进行判断。

① 如果 flag 是 add，则以该配置文件为依据，实现批量用户的添加。

采用命令 useradd 依次创建这三个用户 test001、test002、test003。

采用命令 passwd 初始化这三个用户的密码与用户名相同。

② 而如果 flag 是 del，则实现以该配置文件为依据，实现批量用户的删除。

采用命令 userdel 删除对应的用户名。

③ 而如果 flag 为其他值，则输出错误信息 ERROR FLAG。

```
[root@localhost test]# vim  muser.sh
#!/bin/bash

if  [  ! -f  "$1"  ];then
        echo "$1 no exist!"
        exit 1
fi

read -p "flag: " flag
if  [  "$flag"  !=  "add"  ] && [  "$flag"  !=  "del"  ];  then
        echo  "ERROR FLAG"
        exit  1
fi
```

```
usernames=`cat $1`
for username in $usernames
do
    if  [  "$flag"  ==  "add"  ];  then
        useradd  $username
        echo  $username  |  passwd  --stdin  $username
    else
        echo  "$username will be deleted!"
        userdel  -r  $username
    fi
done
exit 0
```

2. 运行脚本,输入参数 add,复制 passwd 为 passwd_add.txt 作为验证。
再运行脚本,输入参数 del,复制 passwd 为 passwd_del.txt 作为验证。
第三次运行脚本,输入错误的 flag 信息,如 move,则报错退出。

```
[root@localhost test]#chmod  +x  *.sh
[root@localhost test]#cat  >  user.txt
test001
test002
test003
^C
[root@localhost test]#./muser.sh  user.txt
flag: add
更改用户 test001 的密码。
passwd:所有的身份验证令牌已经成功更新。
更改用户 test002 的密码。
passwd:所有的身份验证令牌已经成功更新。
更改用户 test003 的密码。
passwd:所有的身份验证令牌已经成功更新。

[root@localhost test]#cp  /etc/passwd  passwd_add.txt

[root@localhost test]#./muser.sh  user.txt
flag: del
test001 will be deleted!
test002 will be deleted!
test003 will be deleted!
[root@localhost test]#cp  /etc/passwd  passwd_del.txt

[root@localhost test]#./muser.sh user.txt
```

```
flag: move
ERROR FLAG!
```

五、考试文件打包提交(10 分)

1. 将最近的 100 条操作历史命令保存为 history.txt。

```
[root@localhost test]#history 100  >  history.txt
```

2. 将所有新建与修改过的文件打包为 linuxtest.tgz。

```
[root@localhost ~]#tar  -zcvf  linuxtest.tgz  /root/test/*
...
```

A.2 模拟试题 2 及答案

A.2.1 模拟试题 2

一、基本命令操作(20 分,共 4 小题,每小题 5 分)

1. 将/proc/cpuinfo 与/proc/meminfo 内容合并,然后排序去冗重定向保存到文件 linux.txt。

2. 将文件 linux.txt 的读写权限设置为 rw-rw-rw-,属主修改为 test.test。

3. 将用户名带有字母 t 的所有用户的详细信息,追加保存到文件 linux.txt。

4. 有一条命令获取硬件网卡的掩码地址(如 255.255.255.0)。

二、磁盘与文件系统(20 分,共 4 小点,每小点 5 分)

1. 对新增磁盘 sdb 进行分区操作:划分两个普通分区 sdb1(1 GB)与 sdb2(1.5 GB)。

2. 将 sdb1 格式化为 ext3,并挂载到目录/home/sdb1;再将 sdb2 格式化为 ext4,并挂载到目录/home/sdb2,并确认挂载成功。

3. 将这两个分区 sdb1 与 sdb2 依次卸载,并确认卸载成功。

4. 将这两个分区 sdb1 与 sdb2 依次删除,并确认删除成功。

三、Shell 编程(20 分)

1. 实现 Shell 脚本 testshell.sh,功能如下。

(1) 命令行输入一个参数 filename(如 test)。

(2) 交互式输入一个参数 count(如 4)。

(3) 获取明天的日期 date(如 20170129)。

(4) 以 filename_date(如 test_20170129)作为文件名字开始,依次加 1 天,创建 count

个空白文件。在此例中需要创建4个空白文件：test_20170129、test_20170130、test_20170131、test_20170201。

2. 运行该脚本，filename输入test，count输入4，确认对应的4个文件被创建。

四、批量用户添加与删除(25分)

1. 实现Shell脚本muser.sh，该脚本事先不需要任何配置文件，会在脚本中根据输入的参数完成一个配置文件的创建，具体功能如下。

(1) 命令行输入一个参数：要生成的配置文件的名字(如user.passwd)。

(2) 对配置文件进行判断，如果该文件已存在，则删除它。

(3) 交互式输入变量flag(可为add或del)，如果flag既不是add也不是del，则打印错误信息要求重新输入，直到两者之一为止。

(4) 再交互式输入4个参数：前缀、后缀位数、开始序号、终止序号，基于这4个参数生成配置文件(user.passwd)。

(5) 如果flag为add，基于新生成的配置文件采用useradd批量添加用户，使用chpasswd命令确定用户密码与用户名相同。

(6) 如果flag为del，基于新生成的配置文件，运行一条命令删除这些用户。

2. 运行脚本，先add再交互输入：前缀=test，位数=5，开始序号=98，终止序号=102，确认用户添加成功，复制passwd为passwd_add.txt作为验证。

3. 再运行脚本输入del删除刚刚创建成功的这些用户(只保留102)，确认用户删除成功，复制passwd为passwd_del.txt作为验证。

五、软件包的安装与卸载(15分，共3小点，每小点5分)

1. 确认命令gvim所属的RPM包版本，采用RPM命令删除该RPM包，并确认删除成功。

2. 以dnf方式只下载不安装该RPM包，其中下载目录指定为/root。

3. 采用rpm的强制安装方式实现该RPM包的安装。

A.2.2 模拟试题2参考答案

一、基本命令操作(20分，共4小题，每小题5分)

```
[root@localhost ~]#mkdir test ; cd test
```

1. 将/proc/cpuinfo与/proc/meminfo内容合并，然后排序去冗重定向保存到文件linux.txt。

```
[root@localhost test]#cat  /proc/cpuinfo  /proc/meminfo  | sort  | uniq  >
linux.txt
```

2. 将文件 linux.txt 的读写权限设置为 rw-rw-rw-,属主修改为 test.test。

```
[root@localhost test]#ll
总用量 12
-rw-r--r--. 1 root root 4466 2月   8 09:11 linux_sorted.txt
-rw-r--r--. 1 root root 2168 2月   8 09:11 linux.txt
[root@localhost test]#chmod  666  linux.txt

注:如果 test 用户不存在,需要使用 useradd 和 passwd 命令创建。
[root@localhost test]#chown  test.test  linux.txt
[root@localhost test]#ll  linux.txt
-rw-rw-rw-. 1 test.test root 2168 2月   8 09:11 linux.txt
```

3. 将用户名带有字母 t 的所有用户的详细信息,追加保存到文件 linux.txt。

```
[root@localhost test]#cat  /etc/passwd |  cut -d ":"  -f 1  | grep  't'
root
shutdown
…
test

[root@localhost test]#cat  /etc/passwd | cut  -d ":"  -f 1 | grep  't'  |
xargs -n 1 finger  >> linux.txt
[root@localhost test]#tail  -n 10  linux.txt
Login: tcpdump                          Name:
Directory: /                            Shell: /sbin/nologin
Never logged in.
No mail.
No Plan.
Login: test                             Name: test
Directory: /home/test                   Shell: /bin/bash
Last login 六 3月  4 15:17 2017 (CST) on tty2
No mail.
No Plan.
```

4. 有一条命令获取硬件网卡的掩码地址(如 255.255.255.0)。

```
[root@localhost test]#ifconfig  ens33 |  grep netmask
        inet 192.168.239.128  netmask 255.255.255.0  broadcast 192.168.239.255
[root@localhost test]#ifconfig  ens33 |  grep netmask  |  gawk  '{print $4}'
255.255.255.0
```

二、磁盘与文件系统(20 分,共 4 小点,每小点 5 分)

1. 对新增磁盘 sdb 进行分区操作:划分两个普通分区 sdb1(1 GB)与 sdb2(1.5 GB)。

```
[root@localhost test]#fdisk  /dev/sdb
……
Command (m for help): n
Command action
   e   extended
   p   primary partition (1-4)
p
Partition number (1-4): 1
First cylinder (1-1305, default 1):
Using default value 1
Last cylinder, +cylinders or +size{K,M,G} (1-1305, default 1305): +1024M

Command (m for help): n
Command action
   e   extended
   p   primary partition (1-4)
p
Partition number (1-4): 2
First cylinder (117-1305, default 117):
Using default value 117
Last cylinder, +cylinders or +size{K,M,G} (117-1305, default 1305): +1536M

Command (m for help): w
The partition table has been altered!

Calling ioctl() to re-read partition table.
Syncing disks.
```

2. 将 sdb1 格式化为 ext3，并挂载到目录/home/sdb1；再将 sdb2 格式化为 ext4，并挂载到目录/home/sdb2，并确认挂载成功。

```
[root@localhost test]#mkfs  -t  ext3  /dev/sdb1
mke2fs 1.44.3 (10-July-2018)
...
正在分配组表:完成
正在写入 inode 表:完成
创建日志(4096 个块)完成
写入超级块和文件系统账户统计信息:已完成

[root@localhost test]#mkfs  -t  ext4  /dev/sdb2
...

[root@localhost test]#mkdir  -p  /home/sdb1
```

```
[root@localhost test]#mkdir  -p  /home/sdb2
[root@localhost test]#mount  /dev/sdb1  /home/sdb1
[root@localhost test]#mount  /dev/sdb2  /home/sdb2
[root@localhost test]#df  -hT
...
```

3. 将这两个分区 sdb1 与 sdb2 依次卸载,并确认卸载成功。

```
[root@localhost test]#umount  /home/sdb1
[root@localhost test]#umount  /home/sdb2
[root@localhost test]#df  -Th
...
```

4. 将这两个分区 sdb1 与 sdb2 依次删除,并确认删除成功。

```
[root@localhost test]#fdisk  /dev/sdb
...
Command (m for help): d
Partition number (1-4): 2

Command (m for help): d
Selected partition 1

Command (m for help): p

Disk /dev/sdb: 10.7 GB, 10737418240 bytes
255 heads, 63 sectors/track, 1305 cylinders
Units = cylinders of 16065 * 512 = 8225280 bytes
Sector size (logical/physical): 512 bytes / 512 bytes
I/O size (minimum/optimal): 512 bytes / 512 bytes
Disk identifier: 0xac871b1d

   Device Boot      Start         End      Blocks   Id  System

Command (m for help): w
The partition table has been altered!

Calling ioctl() to re-read partition table.
Syncing disks.
[root@localhost test]#fdisk -l
...
```

三、Shell 编程(20 分)

1. 实现 Shell 脚本 testshell.sh,功能如下。

(1) 命令行输入一个参数 filename(如 test)。

(2) 交互式输入一个参数 count(如 4)。

(3) 获取明天的日期 date(如 20170129)。

(4) 以 filename_date(如 test_20170129)作为文件名字开始,依次加 1 天,创建 count 个空白文件。在此例中需要创建 4 个空白文件:test_20170129、test_20170130、test_20170131、test_20170201。

```
[root@localhost test]#vim  testshell.sh
#!/bin/bash

filename=$1
read -p "Please input the count:"  count

i=1
while [ "$i" -le "$count" ]
do
        date=`date -d "$i days" +"%Y%m%d"`
        file="$filename""_""${date}"
        touch $file
        i=$(($i+1))
done

exit 0
```

也可以改用 for 循环实现该脚本。

```
[root@localhost test]#vim  testshell2.sh
#!/bin/bash

filename=$1
read -p "Please input the count:" count

for  (( i=1; $i<=$count; i++ ))
do
        date=`date -d "$i days" +"%Y%m%d"`
        file="$filename""_""${date}"
        touch $file
done

exit 0
```

2. 运行该脚本,filename 输入 test,count 输入 4,确认对应的 4 个文件被创建。

```
[root@localhost test]#chmod  +x  *.sh
[root@localhost test]#./testshell.sh  test
Please input the count: 4

[root@localhost test]#ll  test*
-rw-r--r--. 1 root root   0 11 月   5 17:32 test_20191106
-rw-r--r--. 1 root root   0 11 月   5 17:32 test_20191107
-rw-r--r--. 1 root root   0 11 月   5 17:32 test_20191108
-rw-r--r--. 1 root root   0 11 月   5 17:32 test_20191109
-rwxr-xr-x. 1 root root 236 11 月   5 17:31 testshell.sh
```

四、批量用户添加与删除(25 分)

1. 实现 Shell 脚本 muser.sh,该脚本事先不需要任何配置文件,会在脚本中根据输入的参数完成一个配置文件的创建,具体功能如下。

(1) 命令行输入一个参数:要生成的配置文件的名字(如 user.passwd)。

(2) 对配置文件进行判断,如果该文件已存在,则删除它。

(3) 交互式输入变量 flag(可为 add 或 del),如果 flag 既不是 add 也不是 del,则打印错误信息要求重新输入,直到两者之一为止。

(4) 再交互式输入 4 个参数:前缀、后缀位数、开始序号、终止序号,基于这 4 个参数生成配置文件(user.passwd)。

(5) 如果 flag 为 add,基于新生成的配置文件采用 useradd 批量添加用户,使用 chpasswd 命令确定用户密码与用户名相同。

(6) 如果 flag 为 del,基于新生成的配置文件,运行一条命令删除这些用户。

```
[root@localhost test]#vim muser.sh
#!/bin/bash

accountfile=$1
if  [  -f  "$accountfile"  ];then
        rm  -f  "$accountfile"
fi

while  [  "$flag" != "add"  ] && [  "$flag" != "del"  ]
do
        read  -p  "Please inpu flag (add or del): "  flag
done

read  -p  "qianzhui:  "  username_start
read  -p  "weishu:  "  nu_nu
```

```
read  -p  "starnum:  "  nu_start
read  -p  "endnum:  "  nu_end
for  ((  i=$nu_start; i<=$nu_end; i++  ))
do
    nu_len=${#i}
    nu_diff=$(($nu_nu-$nu_len))
    if  [  "$nu_diff"  !=  "0"  ];  then
         nu_n=0000000000
         nu_nn=${nu_n:0:$nu_diff}
    fi
    account="$username_start""$nu_nn""$i"
    echo  "$account:$account"  >>  "$accountfile"

done

if  [  "$flag"=="add"  ]; then
    cat  "$accountfile"  |  cut  -d":"  -f1  |  xargs  -n  1  useradd
    pwunconv
    chpasswd < "$accountfile"
    pwconv
else
    cat  "$accountfile"  |  cut  -d":"  -f1|  xargs  -n  1  userdel  -r
fi

exit  0
```

2. 运行脚本，先 add 再交互输入：前缀＝test，位数＝5，开始序号＝98，终止序号＝102，确认用户添加成功，复制 passwd 为 passwd_add.txt 作为验证。

```
[root@localhost test]#chmod  +x  *.sh
[root@localhost test]#./muser.sh  user.passwd
Please inpu flag (add or del): add
qianzhui: test
weishu: 5
starnum: 98
endnum: 102

[root@localhost testuser]#tail  -n  5  /etc/passwd
test00098:x:1012:1012::/home/test00098:/bin/bash
test00099:x:1013:1013::/home/test00099:/bin/bash
test00100:x:1014:1014::/home/test00100:/bin/bash
test00101:x:1015:1015::/home/test00101:/bin/bash
test00102:x:1016:1016::/home/test00102:/bin/bash
[root@localhost test]#cp  /etc/passwd  passwd_add.txt
```

3. 再运行脚本输入 del 删除刚刚创建成功的这些用户(只保留 102),确认用户删除成功,复制 passwd 为 passwd_del.txt 作为验证。

```
[root@localhost testuser]#./muser.sh  user.passwd
Please input flag (add or del): del
qianzhui:  test
weishu:  5
starnum:  98
endnum:  101
[root@localhost testuser]#tail  -n  2  /etc/passwd
student20190010:x:1011:1011::/home/student20190010:/bin/bash
test00102:x:1016:1016::/home/test00102:/bin/bash

[root@localhost test]#cp  /etc/passwd  passwd_del.txt
```

五、软件包的安装与卸载(15 分,共 3 小点,每小点 5 分)

1. 确认命令 gvim 所属的 RPM 包版本,采用 rpm 命令删除该 RPM 包,并确认删除成功。

```
[root@localhost test]#whereis gvim
gvim: /usr/bin/gvim /usr/share/man/man1/gvim.1.gz
[root@localhost test]#rpm  -qf  /usr/bin/gvim
vim-X11-8.1.2198-1.fc29.x86_64
[root@localhost test]#rpm  -e  vim-X11
[root@localhost test]#rpm  -qa  |  grep  vim-X11
[root@localhost test]#
```

2. 以 dnf 方式只下载不安装该 RPM 包。

```
[root@localhost test]#dnf  -y  install  --downloadonly  --downloaddir="/
root/test"  vim-X11
…

[root@localhost test]#ll  vim-X11-*
-rw-r--r--. 1 root root 1645472 7月  16 10:42 vim-X11-8.1.2198-1.fc29.x86_
64.rpm
```

3. 采用 rpm 的强制安装方式实现该 RPM 包的安装。

```
[root@localhost test]#rpm  -ivh  --force  vim-X11-8.1.2198-1.fc29.x86_
64.rpm
Verifying…                    ##################################[100%]
准备中…                        ##################################[100%]
```

```
正在升级/安装…
   1:vim-X11-2:8.1.2198-1.fc29
                              ################################[100%]

[root@localhost test]#rpm -qa  | grep vim-X11
vim-X11-8.1.2198-1.fc29.x86_64
```

A.3 模拟试题3及答案

A.3.1 模拟试题3

一、基本命令操作(25分,共5小题,每小题5分)

1. 对磁盘分区自动启动的配置文件的内容排序去冗输出为 disk.txt。

2. 将 disk.txt 的文件内容再次追加写入 disk.txt,然后将该文件设置为所有人都有写的权限,并显示确认。

3. 设置全局变量 TIME,其值为当前系统的时间,顺序为年月日时分,如201911262005。

4. 一条命令显示允许登录系统的所有用户的详细信息,并追加保存到文件 user.txt。

5. 一条命令获取并显示硬件网卡的 MAC 地址(00:0C:29:38:0C:5A)。

二、磁盘与文件系统(20分,共4小点,每小点5分)

1. 对新增磁盘 sdb 进行分区操作:划分一个1.6 GB的普通分区 sdb1,再划分一个2.1 GB的 swap 分区 sdb2。

2. 查看当前 swap 设备的组成情况,将分区 sdb2 格式化后添加到 swap 设备中,请确认添加成功。

3. 将分区 sdb1 格式化成 ext4 文件系统,将其挂载到目录/home/test;并在该目录下使用 dd 命令创建500 MB的大文件500M.img,并记录创建所花时间。

4. 针对500M.img 创建 loop 设备(格式化为 ext4 文件系统),并将其挂载到目录/home/test2。

三、Shell 编程(20分)

实现 Shell 脚本 testshell.sh 输出九九乘法表。

四、批量用户添加与删除(25分)

1. 实现 Shell 脚本 muser.sh,功能如下。

(1) 脚本不需要配置文件,也不会生成任何配置文件。

(2) 命令行输入4个参数:前缀、位数、起始序号、数量。

(3) 交互式输入变量 flag,如果 flag 既不是 add 也不是 del,则打印错误信息要求重新输入，直到两者之一。

(4) 如果 flag 为 add，则构建循环，采用 useradd 批量添加用户，使用 passwd 命令设置用户密码统一为 123456。

(5) 如果 flag 为 del，则依据前缀参数运行一个命令删除刚刚创建成功的这些用户。

2. 运行脚本两次，命令行输入均为：前缀=linux，后缀位数=4，终止序号=98，数量=5。

第一次 flag=add 确认用户添加成功，复制 passwd 为 passwd_add.txt 作为验证。

第二次 flag=del 确认用户删除成功，复制 passwd 为 passwd_del.txt 作为验证。

五、软件包的安装与卸载(10 分，共 2 小点，每小点 5 分)

1. dnf 方式卸载命令 sar 所在的 RPM 包(请教师确认考试环境中该命令已经被安装)。

2. 仍旧以 dnf 方式将其再次安装。

A.3.2 模拟试题 3 参考答案

一、基本命令操作(25 分，共 5 小题，每小题 5 分)

```
[root@localhost ~]#mkdir test ; cd test
```

1. 对磁盘分区自动启动的配置文件的内容排序去冗输出为 disk.txt。

```
[root@localhost test]#cat /etc/fstab | sort | uniq > disk.txt
```

2. 将 disk.txt 的文件内容再次追加写入 disk.txt，然后将该文件设置为所有人都有写的权限，并显示确认。

```
[root@localhost test]#cat disk.txt disk.txt > temp.txt
[root@localhost test]#mv temp.txt disk.txt
mv:是否覆盖'disk.txt'? y
[root@localhost test]#ll disk.txt
-rw-r--r--. 1 root root 922 11月  5 22:21 disk.txt

[root@localhost test]#chmod ugo+w disk.txt
[root@localhost test]#ll disk.txt
-rw-rw-rw-. 1 root root 922 11月  5 22:21 disk.txt
```

3. 设置全局变量 TIME，其值为当前系统的时间，顺序为年月日时分，如 201901262005。

```
[root@localhost test]#vim /root/.bash_profile
在最后一行加上(注意是倒引号` `):
```

```
TIME=`date +%Y%m%d%H%M`
export TIME
保存退出之后,输入:
[root@localhost test]#source /root/.bash_profile
[root@localhost test]#echo $TIME
202002081849
```

4. 一条命令显示允许登录系统的所有用户的详细信息,并追加保存到文件 user.txt。

```
[root@localhost test]#cat  /etc/passwd  | grep bash
root:x:0:0:root:/root:/bin/bash
test:x:1000:1000:test:/home/test:/bin/bash
[root@localhost test]#cat  /etc/passwd  | grep bash |  cut -d ":" -f 1
root
test
[root@localhost test]#cat  /etc/passwd  | grep bash | cut -d ":" -f 1 | xargs -n
1 finger  >> user.txt
[root@localhost test]#tail  -n  5  user.txt
Login: test                     Name: test
Directory: /home/test                   Shell: /bin/bash
Last login 六 3月  4 15:17 2017 (CST) on tty2
No mail.
No Plan.
```

5. 一条命令获取并显示硬件网卡的 MAC 地址(00:0C:29:38:0C:5A)。

```
[root@localhost test]#ifconfig  ens33
ens33: flags=4163<UP,BROADCAST,RUNNING,MULTICAST>  mtu 1500
        inet 192.168.239.128  netmask 255.255.255.0  broadcast 192.168.239.255
        inet6 fe80::cca4:c6ed:8d71:4532  prefixlen 64  scopeid 0x20<link>
        ether 00:0c:29:98:52:ff  txqueuelen 1000  (Ethernet)
        RX packets 754056  bytes 1123327041 (1.0 GiB)
        RX errors 50  dropped 62  overruns 0  frame 0
        TX packets 315723  bytes 17236834 (16.4 MiB)
        TX errors 0  dropped 0 overruns 0  carrier 0  collisions 0
        device interrupt 19  base 0x2000

[root@localhost test]#ifconfig  ens33  | grep ether
        ether 00:0c:29:98:52:ff  txqueuelen 1000  (Ethernet)
[root@localhost test]#ifconfig  ens33  |  grep  ether |  gawk  '{print $2}'
00:0c:29:98:52:ff
```

二、磁盘与文件系统(20 分,共 4 小点,每小点 5 分)

1. 对新增磁盘 sdb 进行分区操作：划分一个 1.6 GB 的普通分区 sdb1,再划分一个 2.1 GB 的 swap 分区 sdb2。

```
[root@localhost test]#fdisk /dev/sdb
…

命令(输入 m 获取帮助):n
分区类型
   p   主分区 (0 个主分区,0 个扩展分区,4 空闲)
   e   扩展分区 (逻辑分区容器)
选择 (默认 p):p
分区号 (1-4, 默认  1): (回车)
第一个扇区 (2048-20971519, 默认 2048): (回车)
上个扇区,+sectors 或 +size{K,M,G,T,P} (2048-20971519, 默认 20971519): +1.6G

创建了一个新分区 1,类型为 Linux,大小为 1.6 GiB。

命令(输入 m 获取帮助):n
分区类型
   p   主分区 (1 个主分区,0 个扩展分区,3 空闲)
   e   扩展分区 (逻辑分区容器)
选择 (默认 p):p
分区号 (2-4, 默认  2): (回车)
第一个扇区 (3328000-20971519, 默认 3328000): (回车)
上个扇区,+sectors 或 +size{K,M,G,T,P} (3328000-20971519, 默认 20971519): +2.1G

创建了一个新分区 2,类型为 Linux,大小为 2.1 GiB。

命令(输入 m 获取帮助):t
分区号 (1,2, 默认  2): 2
Hex 代码(输入 L 列出所有代码):82

已将分区 Linux 的类型更改为 Linux swap / Solaris。

命令(输入 m 获取帮助):p
Disk /dev/sdb:10 GiB,10737418240 字节,20971520 个扇区
单元:扇区 / 1 * 512 = 512 字节
扇区大小(逻辑/物理):512 字节 / 512 字节
I/O 大小(最小/最佳):512 字节 / 512 字节
磁盘标签类型:dos
磁盘标识符:0x4c943eb5
```

```
设备        启动      起点      末尾      扇区大小  Id  类型
/dev/sdb1   2048      3327999   3325952   1.6G      83  Linux
/dev/sdb2   3328000   7727103   4399104   2.1G      82  Linux swap / Solaris

命令(输入 m 获取帮助):w
分区表已调整。
将调用 ioctl() 来重新读分区表。
正在同步磁盘。

[root@localhost test]#fdisk  -l
…
设备        启动      起点      末尾      扇区大小  Id  类型
/dev/sdb1   2048      3327999   3325952   1.6G      83  Linux
/dev/sdb2   3328000   7727103   4399104   2.1G      82  Linux swap / Solaris
…
```

2. 查看当前 swap 设备的组成情况，将分区 sdb2 格式化后添加到 swap 设备中，请确认添加成功。

```
[root@localhost test]#free
total        used        free        shared  buff/cache   available
Mem:   2016276      958260      553680        5996       504336        898800
Swap:   2097148      283648      1813500
[root@localhost test]#swapon -s
文件名      类型        大小      已用      权限
/dev/dm-1   partition   2097148   283648    -2

[root@localhost test]#mkswap  /dev/sdb2
正在设置交换空间版本 1,大小 = 2.1 GiB (2252337152  字节)
无标签,UUID=c69f8bea-cdb3-4f7b-a88f-c3b70501607e

[root@localhost test]#swapon  /dev/sdb2
[root@localhost test]#free
total        used        free        shared  buff/cache   available
Mem:   2016276      960264      551380    6000     504632      896800
Swap:   4296696      283648      4013048
[root@localhost test]#swapon -s
文件名      类型        大小      已用      权限
/dev/dm-1   partition   2097148   283648    -2
/dev/sdb2   partition   2199548   0         -3

//可以看到 sdb2 分区添加之后,Swap 设备的总大小(total)从 2097148 提升到 4296696
```

3. 将分区 sdb1 格式化成 ext4 文件系统,将其挂载到目录/home/test;并在该目录下使用 dd 命令创建 500 MB 的大文件 500M.img,并记录创建所花时间。

```
[root@localhost test]#mkfs  -t  ext4  /dev/sdb1
mke2fs 1.44.3 (10-July-2018)
创建含有 415744 个块(每块 4k)和 104000 个 inode 的文件系统
文件系统 UUID:154196b2-9cbf-485e-8766-8cb46b8b2480
超级块的备份存储于下列块:
    32768, 98304, 163840, 229376, 294912

正在分配组表:完成
正在写入 inode 表:完成
创建日志(8192 个块)完成
写入超级块和文件系统账户统计信息:已完成

[root@localhost test]#mkdir -p  /home/test
[root@localhost test]#mount /dev/sdb1  /home/test
[root@localhost test]#time  dd  if=/dev/zero of=/home/test/500M.img  bs=1M
                      count=500
记录了 500+0 的读入
记录了 500+0 的写出
524288000 bytes (524 MB, 500 MiB) copied, 0.843361 s, 622 MB/s

real   0m0.892s
user   0m0.001s
sys    0m0.587s

[[root@localhost test]#ll  /home/test/500M.img
-rw-r--r--. 1 root root 524288000 7月  16 11:05 /home/test/500M.img
```

4. 针对 500M.img 创建 loop 设备(格式化为 ext4 文件系统),并将其挂载到目录/home/test2。

```
[root@localhost test]#mkfs -t ext4  /home/test/500M.img
mke2fs 1.44.3 (10-July-2018)
丢弃设备块:完成
创建含有 512000 个块(每块 1k)和 128016 个 inode 的文件系统
文件系统 UUID:08aacd11-9b31-4162-ac79-e7689e7b77f6
超级块的备份存储于下列块:
    8193, 24577, 40961, 57345, 73729, 204801, 221185, 401409

正在分配组表:完成
正在写入 inode 表:完成
创建日志(8192 个块)完成
```

```
写入超级块和文件系统账户统计信息:已完成

[root@localhost test]#mkdir -p /home/test2
[root@localhost test]#mount -o loop /home/test/500M.img /home/test2
[root@localhost test]#df -hT
文件系统        类型   容量   已用   可用   已用%   挂载点
...
/dev/sdb1     ext4  1.6G  5.2M  1.5G  1%     /home/test
/dev/loop0    ext4  477M  2.3M  445M  1%     /home/test2
```

三、**Shell 编程(20 分)**

实现 Shell 脚本 testshell.sh 输出九九乘法表。

```
[root@localhost test]#vim testshell.sh
#!/bin/bash

for i in "1" "2" "3" "4" "5" "6" "7" "8" "9"
do
        for j in "1" "2" "3" "4" "5" "6" "7" "8" "9"
        do
                if [ $j -lt $i ]; then
                    k=$((i * j))
                    echo -n $i*$j=$k$'\t'
                elif [ $j -eq $i ]; then
                    k=$((i * j))
                    echo $i*$j=$k
                fi
        done
done

exit 0
[root@localhost test]#chmod +x *.sh
[root@localhost test]#./testshell.sh
1*1=1
2*1=2  2*2=4
3*1=3  3*2=6   3*3=9
4*1=4  4*2=8   4*3=12  4*4=16
5*1=5  5*2=10  5*3=15  5*4=20  5*5=25
6*1=6  6*2=12  6*3=18  6*4=24  6*5=30  6*6=36
7*1=7  7*2=14  7*3=21  7*4=28  7*5=35  7*6=42  7*7=49
8*1=8  8*2=16  8*3=24  8*4=32  8*5=40  8*6=48  8*7=56  8*8=64
9*1=9  9*2=18  9*3=27  9*4=36  9*5=45  9*6=54  9*7=63  9*8=72  9*9=81
```

四、批量用户添加与删除(25 分)

1. 实现 Shell 脚本 muser.sh,功能如下。

(1) 脚本不需要配置文件,也不会生成任何配置文件。

(2) 命令行输入 4 个参数:前缀、位数、起始序号、数量。

(3) 交互式输入变量 flag,如果 flag 既不是 add 也不是 del,则打印错误信息要求重新输入,直到两者之一。

(4) 如果 flag 为 add,则构建循环,采用 useradd 批量添加用户,使用 passwd 命令设置用户密码统一为 123456。

(5) 如果 flag 为 del,则依据前缀参数运行一个命令删除刚刚创建成功的这些用户。

```
[root@localhost test]#vim muser.sh
#/bin/bash

username_start=$1
nu_nu=$2
nu_start=$3
count=$4

until [ "$flag" == "add" ] || [ "$flag" == "del" ]
do
    read -p "flag(add or del):" flag
done

if  [  "$flag"  ==  "add"  ];  then
    nu_end=$((nu_start+count-1))
    for((i=$nu_start; $i<=$nu_end; i++))
    do
        nu_len=${#i}
        nu_diff=$(($nu_nu-$nu_len))
        if  [  "$nu_diff"  !=  "0"  ];  then
            nu_n=0000000000
            nu_nn=${nu_n:0:$nu_diff}
        fi
        account="$username_start""$nu_nn""$i"
        useradd $account
        echo 123456 | passwd --stdin $account
    done

elif  [  "$flag"  ==  "del"  ];  then
    cat /etc/passwd | cut -d ":" -f 1 | grep $username_start | xargs -n 1 userdel
-r
```

```
fi

exit 0
```

2. 运行脚本两次，命令行输入均为：前缀＝linux，后缀位数＝4，终止序号＝98，数量＝5。

第一次 flag＝add 确认用户添加成功，复制 passwd 为 passwd_add.txt 作为验证。

第二次 flag＝del 确认用户删除成功，复制 passwd 为 passwd_del.txt 作为验证。

```
[root@localhost test]# chmod +x muser.sh
[root@localhost test]# ./muser.sh  linux 4 98 5
flag(add or del): 123456
flag(add or del): abc
flag(add or del): add
更改用户 linux0098 的密码。
passwd:所有的身份验证令牌已经成功更新。
更改用户 linux0099 的密码。
passwd:所有的身份验证令牌已经成功更新。
更改用户 linux0100 的密码。
passwd:所有的身份验证令牌已经成功更新。
更改用户 linux0101 的密码。
passwd:所有的身份验证令牌已经成功更新。
更改用户 linux0102 的密码。
passwd:所有的身份验证令牌已经成功更新。
[root@localhost test]# cp /etc/passwd  passwd_add.txt
[root@localhost test]# tail -n 5  passwd_add.txt
linux0098:x:1001:1001::/home/linux0098:/bin/bash
linux0099:x:1002:1002::/home/linux0099:/bin/bash
linux0100:x:1003:1003::/home/linux0100:/bin/bash
linux0101:x:1004:1004::/home/linux0101:/bin/bash
linux0102:x:1005:1005::/home/linux0102:/bin/bash

[root@localhost test]# ./muser.sh  linux 4 98 5
flag(add or del): del
[root@localhost test]# cp /etc/passwd  passwd_del.txt
[root@localhost test]# tail -n 2  passwd_del.txt
tcpdump:x:72:72::/:/sbin/nologin
test:x:1000:1000:test:/home/test:/bin/bash
```

五、软件包的安装与卸载（10分，共2小点，每小点5分）

1. dnf 方式卸载命令 sar 所在的 rpm 包（请教师确认考试环境中该命令已经被安装）。
2. 仍旧以 dnf 方式将其再次安装。

```
[root@localhost test]#whereis sar
sar: /usr/bin/sar /usr/share/man/man1/sar.1.gz
[root@localhost test]#rpm  -qf  /usr/bin/sar
sysstat-11.7.3-2.fc29.x86_64

[root@localhost test]#dnf  -y  remove  sysstat
...

[root@localhost test]#rpm  -q  sysstat

[root@localhost test]#dnf  -y  install  sysstat
...

[root@localhost test]#rpm  -qa | grep  sysstat
sysstat-11.7.3-2.fc29.x86_64
```

A.4 模拟试题 4 及答案

A.4.1 模拟试题 4

一、基本命令操作(30 分,共 6 小题,每小题 5 分)

1. 设置全局命令别名 lread,运行结果为显示文件/proc/meminfo 的第 10～13 行内容。

2. 记录从设备 zero 复制 1 GB 数据到设备 null(bs=4 MB)的时间。

3. 一条命令显示禁止登录系统的所有用户的详细信息,并追加保存到文件 linux.txt。

4. 一条命令对硬件网卡(如 eth1)的信息进行过滤截取,最后得到其 MTU 值(如 1500)。

5. 请将系统所有已经安装的 RPM 软件包中含有 net 字符串的相关 RPM 包的版本信息,追加保存到 linux.txt 中。

6. 统计文件/etc/passwd 文件的单词数和行数,再次追加保存到 linux.txt 中,并将该文件的读写权限设置为 rwxr-xrw-,并确认。

二、磁盘与文件系统(20 分,共 4 小点,每小点 5 分)

1. 对新建磁盘 sdb,划分一个 1 GB 的普通分区 sdb1,再划分一个 2 GB 的 swap 分区 sdb2。

2. 对分区 sdb1 做 ext4 文件系统,并挂载到目录/home/test,然后在该目录下建立一个 300 MB 的大文件,名为 300M.img。

3. 将分区 sdb2 与文件 300M.img 添加成 swap 设备。

4. 列出当前 swap 设备,保存到 disk.txt,然后将当前 swap 设备的使用情况,追加保存到 disk.txt。

三、Shell 编程(25 分)

1. 实现 Shell 脚本 testshell.sh 为一个整数的四则计算器,功能如下。

(1) 循环交互式要求输入两个整数变量 num1、num2 和符号变量 sign,其中 sign 可以为+、-、*、/。

(2) 设置变量 count 记录计算器有效的计算次数。

(3) 如果 sign 不属于这四种运算符则输出 Wrong Flag 后要求其继续要求输入。

(4) 根据 sign 分别完成运算,如 2 + 3,则输出 2+3=5。

(5) 循环的终止条件是当且仅当这两个数值均为 0,输出 END。

(6) 退出循环后输出变量 count 的值,程序结束。

2. 运行该脚本,依次完成 6 次计算 10+23、23-23、10 * 24、24/10、23#23、0+0。

四、批量用户添加与删除(25 分)

1. 实现 Shell 脚本 muser2.sh,功能如下。

(1) 脚本不需要配置文件,也不会生成任何配置文件。

(2) 命令行输入 4 个参数:前缀、后缀位数、终止序号、数量。

(3) 交互式输入变量 flag(可为 add 或 del),如果 flag 既不是 add 也不是 del,则直接打印错误信息后退出程序。

(4) 如果 flag 是 add,则构建循环,采用 useradd 批量添加用户,使用 passwd 命令设置用户密码与用户名相同;复制 passwd 为 passwd_add.txt 作为验证。

(5) 如果 flag 是 del,则构建循环,采用 userdel 删除这些用户,复制 passwd 为 passwd_del.txt 作为验证。

2. 运行脚本,命令行输入:前缀=test,位数=5,终止序号=103,数量=9。输入 flag 为 add,确认用户添加成功,确认 passwd_add.txt 文件存在。

3. 再次运行脚本,命令行输入:前缀=test,位数=5,终止序号=103,数量=8,flag=del 确认 8 个用户成功删除并还仍有一个用户存在,确认 passwd_del.txt 文件存在。

A.4.2 模拟试题 4 参考答案

一、基本命令操作(30 分,共 6 小题,每小题 5 分)

```
[root@localhost test]#mkdir test ;  cd test
```

1. 设置全局命令别名 lread,运行结果为显示文件/proc/meminfo 的第 10~13 行内容。

```
[root@localhost test]#vim  /root/.bashrc
注:在最后一行加入(注意是单引号)
alias lread=' head  -n  13  /proc/meminfo |  tail  -n  4 '

[root@localhost test]#source  /root/.bashrc
[root@localhost test]#lread
Active(file):      143588 kB
Inactive(file):    111712 kB
Unevictable:            0 kB
Mlocked:                0 kB
[root@localhost test]#cp  /root/.bashrc  bashrc
注:复制保存修改过的配置文件
```

2. 记录从设备 zero 复制 1 GB 数据到设备 null(bs=4 MB)的时间。

```
[root@localhost test]#time  dd  if=/dev/zero  of=/dev/null  bs=4M  count
=256
记录了 256+0 的读入
记录了 256+0 的写出
1073741824 字节(1.1 GB)已复制,0.137593 秒,7.8 GB/秒

real    0m0.176s
user    0m0.000s
sys     0m0.139s
```

3. 一条命令显示禁止登录系统的所有用户的详细信息,并追加保存到文件 linux.txt。

```
root@localhost test]#cat  /etc/passwd  | grep nologin | cut -d ":" -f 1 | xargs
-n 1 finger  >> linux.txt
```

4. 一条命令对硬件网卡(如 eth1)的信息进行过滤截取,最后得到其 MTU 值(如 1500)。

```
[root@localhost test]#ifconfig  ens33
ens33: flags=4163<UP,BROADCAST,RUNNING,MULTICAST>  mtu 1500
        inet 192.168.239.128  netmask 255.255.255.0  broadcast 192.168.239.255
        inet6 fe80::cca4:c6ed:8d71:4532  prefixlen 64  scopeid 0x20<link>
        ether 00:0c:29:98:52:ff  txqueuelen 1000  (Ethernet)
        RX packets 1002  bytes 735506 (718.2 KiB)
        RX errors 0  dropped 0  overruns 0  frame 0
        TX packets 853  bytes 63359 (61.8 KiB)
        TX errors 0  dropped 0 overruns 0  carrier 0  collisions 0
        device interrupt 19  base 0x2000
```

```
[root@localhost test]#ifconfig  ens33 | grep mtu
ens33: flags=4163<UP,BROADCAST,RUNNING,MULTICAST>  mtu 1500
[root@localhost test]#ifconfig  ens33 |  grep mtu |  gawk  '{print $4}'
1500
```

5. 请将系统所有已经安装的 RPM 软件包中含有 net 字符串的相关 RPM 包的版本信息，追加保存到 linux.txt 中。

```
[root@localhost test]#rpm  -qa |  grep net
mysql-connector-net-devel-6.9.9-7.fc29.x86_64
…

[root@localhost test]#rpm  -qa|  grep net  >>  linux.txt
```

6. 统计文件/etc/passwd 文件的单词数和行数，再次追加保存到 linux.txt 中，并将该文件的读写权限设置为 rwxr-xrw-，并确认。

```
[root@localhost test]#cat  /etc/passwd  | wc  -lw
    43      91
[root@localhost test]#cat  /etc/passwd  | wc -lw  >> linux.txt
[root@localhost test]#chmod  755  linux.txt
[root@localhost test]#ll  linux.txt
-rwxr-xr-x. 1 root root 6618 11 月  6 10:33 linux.txt
```

二、磁盘与文件系统（20 分，共 4 小点，每小点 5 分）

1. 对新建磁盘 sdb，划分一个 1 GB 的普通分区 sdb1，再划分一个 2 GB 的 swap 分区 sdb2。

```
[root@localhost test]#fdisk /dev/sdb
注：具体步骤请参阅模拟题 2 的第二大题
(这里仅语言描述：输入 n 回车；输入 p 回车，选择 primary；输入 1 回车，确认分区号；输入起始位置，直接回车；输入分区大小，+1024 MB 回车；
输入 n 回车；输入 p 回车，选择 primary；输入 2 回车，确认分区号；输入起始位置，直接回车；输入分区大小，+2048 MB 回车；输入 t，修改系统 ID；输入 2，选择分区号；输入 82，改成 swap 的 ID；
输入 p 查看分区信息，确认后输入 w 保存退出。)
```

2. 对分区 sdb1 做 ext4 文件系统，并挂载到目录/home/test，然后在该目录下建立一个 300 MB 的大文件，名为 300M.img。

```
[root@localhost  test]#mkfs -t ext4 /dev/sdb1
…
```

```
[root@localhost  test]#mkdir -p /home/test
[root@localhost  test]#mount /dev/sdb1 /home/test
[root@localhost  test]#dd if=/dev/zero of=/home/test/300M.img bs=1M count
=300
…
```

3. 将分区 sdb2 与文件 300M.img 添加成 swap 设备。

```
[root@localhost test]#mkswap  /dev/sdb2
…
[root@localhost test]#mkswap  /home/test/300M.img
…
[root@localhost test]#swapon  -S
…
[root@localhost test]#swapon  /dev/sdb2
[root@localhost test]#swapon  /home/test/300M.img
```

4. 列出当前 swap 设备,保存到 disk.txt,然后将当前 swap 设备的使用情况,追加保存到 disk.txt。

```
[root@localhost test]#swapon  -S  >> disk.txt
[root@localhost test]#free  >> disk.txt
```

三、Shell 编程(25 分)

1. 实现 Shell 脚本 testshell.sh 为一个整数的四则计算器,功能如下。

(1) 循环交互式要求输入两个整数变量 num1、num2 和符号变量 sign,其中 sign 可以为+、-、*、/。

(2) 设置变量 count 记录计算器有效的计算次数。

(3) 如果 sign 不属于这四种运算符则输出 Wrong Flag 后要求其继续要求输入。

(4) 根据 sign 分别完成运算,如 2 + 3,则输出 2+3=5。

(5) 循环的终止条件是当且仅当这两个数值均为 0,输出 END。

(6) 退出循环后输出变量 count 的值,程序结束。

```
[root@localhost test]#vim  testshell.sh
#!/bin/bash

count=0
while [ 1 ]
do
    echo "please enter number1 sign number2:"
    read -p "num1= " num1
    read -p "sign= " sign
```

```
    read -p "num2= " num2

    if  [  "$num1"  ==  "0"  ] && [  "$num2"  =  "0"  ];  then
        echo "count = $count"
        echo " END "
        exit 0
    fi

    case $sign in
    "+")
        result=$((num1+num2))
        ;;
    "-")
        result=$((num1-num2))
        ;;
    "*")
        result=$((num1*num2))
        ;;
    "/")
        result=$((num1/num2))
        ;;
    *)
        result="Wrong"
        count=$((count-1))
        ;;
    esac

    count=$((count+1))
    echo "$num1 $sign $num2 = $result"

done
exit 0
```

注意：也可以参考 6.3.3 节中的代码改用一个基于管道和 bc 实现。

2. 运行该脚本，依次完成 6 次计算 10＋23、23－23、10＊24、24/10、23＃23、0＋0。

```
[root@localhost test]# ./testshell.sh
please enter number1 sign number2:
num1=10
sign= +
num2=23
10 + 23 = 33
please enter number1 sign number2:
```

```
num1= 23
sign= -
num2=23
23 - 23 = 0
please enter number1 sign number2:
num1= 10
sign= *
num2=24
10 * 24 = 240
please enter number1 sign number2:
num1= 24
sign=/
num2=10
24 / 10 = 2
please enter number1 sign number2:
num1=23
sign= #
num2=23
23 #23 = Wrong
please enter number1 sign number2:
num1=0
sign= +
num2= 0
count = 4
 END
```

四、批量用户添加与删除(25 分)

1. 实现 Shell 脚本 muser2.sh,功能如下。

(1) 脚本不需要配置文件,也不会生成任何配置文件。

(2) 命令行输入 4 个参数:前缀、后缀位数、终止序号、数量。

(3) 交互式输入变量 flag(可为 add 或 del),如果 flag 既不是 add 也不是 del,则直接打印错误信息后退出程序。

(4) 如果 flag 是 add,则构建循环,采用 useradd 批量添加用户,使用 passwd 命令设置用户密码与用户名相同;复制 passwd 为 passwd_add.txt 作为验证。

(5) 如果 flag 是 del,则构建循环,采用 userdel 删除这些用户,复制 passwd 为 passwd_del.txt 作为验证。

```
[root@localhost test]#vim  muser2.sh
#!/bin/bash

username_start=$1
```

```
nu_nu=$2
nu_end=$3
count=$4

read -p "flag:" flag

if [ "$flag" == "add" ];then
    for (( i=($nu_end-$count+1);  i<=$nu_end;  i++ ))
    do
        nu_len=${#i}
        nu_diff=$(($nu_nu-$nu_len))
        if [ "$nu_diff" != "0" ]; then
            nu_nn=0000000000
            nu_nn=${nu_n:1:$nu_diff}
        fi
        account="$username_start""$nu_nn""$i"
        useradd $account
        echo  $account  |  passwd --stdin $account
    done
    cp  /etc/passwd  passwd_add.txt

elif [ "$flag" == "del" ];  then
    for (( i=($nu_end-$count+1);  i<=$nu_end;  i++ ))
    do
        nu_len=${#i}
        nu_diff=$(($nu_nu-$nu_len))
        if [ "$nu_diff" != "0" ];  then
            nu_nn=0000000000
            nu_nn=${nu_n:1:$nu_diff}
        fi
        account="$username_start""$nu_nn""$i"
        userdel  -r  $account
    done
    cp  /etc/passwd  passwd_del.txt

else
        echo "Wrong FLAG!"
fi
echo "OK"

exit 0
```

注意：当前的实现是在if中嵌套for，也可以改用在for循环中调用if-else结构，请自行改写。

2. 运行脚本，命令行输入：前缀＝test，位数＝5，终止序号＝103，数量＝9。输入flag

为 add,确认用户添加成功,确认 passwd_add.txt 文件存在。

```
[root@localhost test]#chmod  +x  *.sh
[root@localhost test]#./muser2.sh  test  5  103  9
flag:add
更改用户 test00095 的密码。
passwd:所有的身份验证令牌已经成功更新。
更改用户 test00096 的密码。
passwd:所有的身份验证令牌已经成功更新。
更改用户 test00097 的密码。
passwd:所有的身份验证令牌已经成功更新。
更改用户 test00098 的密码。
passwd:所有的身份验证令牌已经成功更新。
更改用户 test00099 的密码。
passwd:所有的身份验证令牌已经成功更新。
更改用户 test00100 的密码。
passwd:所有的身份验证令牌已经成功更新。
更改用户 test00101 的密码。
passwd:所有的身份验证令牌已经成功更新。
更改用户 test00102 的密码。
passwd:所有的身份验证令牌已经成功更新。
更改用户 test00103 的密码。
passwd:所有的身份验证令牌已经成功更新。
OK
[root@localhost test]#cat  passwd_add.txt
…
test00095:x:522:522::/home/test00095:/bin/bash
test00096:x:523:523::/home/test00096:/bin/bash
test00097:x:524:524::/home/test00097:/bin/bash
test00098:x:525:525::/home/test00098:/bin/bash
test00099:x:526:526::/home/test00099:/bin/bash
test00100:x:527:527::/home/test00100:/bin/bash
test00101:x:528:528::/home/test00101:/bin/bash
test00102:x:529:529::/home/test00102:/bin/bash
test00103:x:530:530::/home/test00103:/bin/bash
```

3. 再次运行脚本,命令行输入:前缀=test,位数=5,终止序号=103,数量=8,flag=del 确认 8 个用户成功删除并还仍有一个用户存在,确认 passwd_del.txt 文件存在。

```
[root@localhost test]#./muser2.sh  test  5  103  8
flag:del
OK
[root@localhost test]#cat  passwd_del.txt
…
test00095:x:522:522::/home/test00095:/bin/bash
```

附录B　课程设计案例

系统管理员每天需要做大量管理任务，请编写 Shell 脚本来减轻他的工作负担。要求如下。

(1) 编写一个主文本菜单，通过输入各菜单项的编号，调用以下(2)～(6)小题的子菜单。

(2) 添加"用户管理"子菜单，其有 3 项功能如下。

① 查看当前系统下所有用户的信息。

② 添加用户账号，允许交互式输入用户名和密码。

③ 删除用户账户，允许交互式输入账号名，需要验证用户是否存在。

(3) 添加"磁盘管理"子菜单。其有 3 项功能如下。

① 查看当前系统硬盘分区情况。

② 添加 swap 分区，大小可选。

③ 格式化分区，分区可选。

(4) 添加"计算器"子菜单，实现四则运算，并允许浮点运算。

(5) 添加"自动备份"子菜单，允许设置时间周期，输入需要备份的源文件目录，生成的归档文件要求是一个以日期时间命名的压缩文件。

(6) 加分项：自行添加其他功能。

(7) 撰写详细的设计和实现报告。

图书资源支持

感谢您一直以来对清华版图书的支持和爱护。为了配合本书的使用，本书提供配套的资源，有需求的读者请扫描下方的“书圈”微信公众号二维码，在图书专区下载，也可以拨打电话或发送电子邮件咨询。

如果您在使用本书的过程中遇到了什么问题，或者有相关图书出版计划，也请您发邮件告诉我们，以便我们更好地为您服务。

我们的联系方式：

地　　址：北京市海淀区双清路学研大厦 A 座 714

邮　　编：100084

电　　话：010-83470236　010-83470237

客服邮箱：2301891038@qq.com

QQ：2301891038（请写明您的单位和姓名）

资源下载：关注公众号“书圈”下载配套资源。

资源下载、样书申请

书圈

获取最新书目

观看课程直播